U0323125

冶金工业出版社

普通高等教育"十四五"规划教材

爆 炸 动 力 学

戴 俊 编著

本书数字资源

北 京

冶 金 工 业 出 版 社

2023

内 容 提 要

本教材内容包括爆炸力学的基本概念、研究内容和发展现状，炸药爆炸的基本理论，炸药的起爆机理与起爆方法，炸药爆破、爆破破岩、光面爆破的原理与技术，炸药的爆轰理论与爆炸载荷作用，弹性应力波理论，弹塑性应力波理论，霍普金森岩石动力学实验技术，爆炸力学的数值模拟，爆炸相似律及应用等。

本教材可作为土木工程研究生"爆炸动力学"课程的教学用书，也可供土木工程高年级本科生使用，还可供相关专业的研究和工程技术人员参考。

图书在版编目 (CIP) 数据

爆炸动力学/戴俊编著. —北京：冶金工业出版社，2023.7
普通高等教育 "十四五" 规划教材
ISBN 978-7-5024-9524-4

Ⅰ.①爆…　Ⅱ.①戴…　Ⅲ.①爆炸力学—高等学校—教材
Ⅳ.①O38

中国国家版本馆 CIP 数据核字（2023）第 099865 号

爆炸动力学

出版发行 冶金工业出版社		**电　话**	(010)64027926
地　址 北京市东城区嵩祝院北巷 39 号		**邮　编**	100009
网　址 www.mip1953.com		**电子信箱**	service@mip1953.com

责任编辑 于昕蕾　卢 蕊　**美术编辑** 吕欣童　**版式设计** 郑小利
责任校对 王永欣　**责任印制** 禹 蕊
三河市双峰印刷装订有限公司印刷
2023 年 7 月第 1 版，2023 年 7 月第 1 次印刷
787mm×1092mm　1/16；17.25 印张；415 千字；262 页
定价 43.00 元

投稿电话　(010)64027932　投稿信箱　tougao@cnmip.com.cn
营销中心电话　(010)64044283
冶金工业出版社天猫旗舰店　yjgycbs.tmall.com
(本书如有印装质量问题，本社营销中心负责退换)

前　　言

    本教材是作者多年来从事爆炸动力学研究的总结，部分属于作者取得的研究与教学成果。

    本教材涵盖以下内容：（1）爆炸力学的基本概念、研究内容和发展现状；（2）炸药爆炸的起爆原理与爆破网路设计；（3）岩石爆破的基本原理；（4）炸药的爆轰理论与爆轰参数计算；（5）爆破破岩原理与方法；（6）光面爆破原理与技术；（7）弹性应力波理论；（8）弹塑性应力波理论；（9）霍普金森杆爆炸动力学实验技术；（10）岩石爆炸的相似模拟技术；（11）爆炸相似律及应用。

    本教材不仅立足于传授知识，而且更关注于培养学生技能，立足培养社会主义建设所需要的合格人才。国家建设与发展需要大量的高素质人才，教学应注意与时俱进，让学生掌握最新的专业知识，使其拥有能够应用所学专业知识解决工程实际问题的本领。

    本教材既可作为土木工程研究生"爆炸动力学"课程的教学用书，也可供土木工程高年级本科生使用，还可供岩石力学、隧道工程、道路与隧道工程、水利、水电工程、采矿工程、防灾减灾工程与防护工程等相关专业的研究和工程技术人员参考。

    当今，科学技术的发展日新月异，大量新知识、新观点不断涌现，爆炸理论技术的发展也不例外，加之爆炸理论与技术的复杂性，给本教材的编写增添了不少难度，如内容取舍在新知识、新成果取舍的把握方面，难以做到全面和精准，加之作者的知识水平和时间所限，书中不足之处在所难免，希望读者在继续关注本教材的同时，能多提出宝贵的意见。

    作者在成书的过程中，参阅了大量的文献资料，在此对文献作者深表感谢。最后，作者真诚感谢为本书出版提供帮助的一切机构和个人。

作　者

2022 年 12 月

目　　录

1 绪　论

1.1　爆炸动力学概述

1.1.1　爆炸动力学的概念与研究范围

爆炸动力学也称爆炸力学，是力学的一个分支。爆炸力学是一门研究爆炸的发生和发展规律以及爆炸的力学效应的利用和防护的学科，它从力学角度研究化学爆炸、核爆炸、电爆炸、粒子束爆炸（又称辐射爆炸）、高速碰撞等能量突然释放或急剧转化的过程和由此产生的激波（又称冲击波）、高速流动、大变形和破坏、抛掷等效应。爆炸力学是流体力学、固体力学和物理学、化学之间的一门交叉学科，在武器研制、交通运输、采矿与隧道工程、水利水电建设、矿藏开发、机械加工等方面有广泛应用。

1.1.2　爆炸动力学的发展简史

火药最早发明于中国，在 8 世纪中唐时期已有火药的原始配方。在 10 世纪的宋代初期开始以火药制作火箭火炮。17 世纪明代的宋应星已明确指出火药可按配方不同用于直击（发射）或爆击（爆炸），并说明火药爆炸时"虚空静气受冲击而开"，科学地描述了爆炸在空气中形成冲击波的现象。大约在 14 世纪，火药传入欧洲。1846 年硝化甘油发明后，瑞典化学家 A. B. 诺贝尔制成几种安全混合炸药，并在 1865 年发明雷管引爆炸药，实现了威力巨大的高速爆轰（又称爆震，是一个伴有大量能量释放的化学反应传输过程。反应区前沿为一以超声速运动的激波，称爆轰波），从此开创了炸药应用的新时代，并促进了冲击波和爆轰波的理论研究。W. J. M. 兰金和 P. H. 许贡组研究了冲击波的性质，后者又完整地解决了冲击载荷下杆中弹性波的传播问题。D. L. 查普曼和 E. 儒盖各自独立地创立了平稳自持爆轰理论，后者还写出第一本爆炸力学著作《炸药的力学》。第二次世界大战期间，爆炸的力学效应问题引起许多著名科学家的重视。G. I. 泰勒研究了炸药作用下弹壳的变形和飞散，并首先用不可压缩流体模型研究锥形罩空心药柱形成的金属射流及其对装甲的侵彻作用。I. V. 泽利多维奇和 J. von 诺伊曼研究了爆轰波的内部结构，使爆轰理论取得巨大进展。J. G. 科克伍德等建立了水下爆炸波的传播理论。原子武器的研制极大地促进了凝聚态炸药爆轰、固体中的激波和高压状态方程以及强爆炸理论的研究。泰勒、诺伊曼和 L. I. 谢多夫各自建立了点源强爆炸的自模拟理论，以 R. G. 麦奎因为代表的美国科学家对固体材料在高压下的物理力学性能作了系统研究。经过这一时期的工作，终于形成了爆炸力学。第二次世界大战后，核武器和常规武器的效应及其防护措施的研究继续有所发展，在爆破工程中研究出多种新型的控制爆破技术，出现了利用爆炸进行材料成型、焊接、硬化、合成的爆炸加工技术。同这些新技术发展相适应，爆炸力学也就发展成为包括爆轰学、冲击波理论、应力波理论、材料动力学、空中爆炸和水中爆炸力学、高速碰撞动力学（包含穿甲力学、终点弹道学）、粒子束高能量密度动力学、爆破工程力学、爆炸工艺力学、爆炸结构动力学、瞬态力学测量技术等分支学科和研究领域的体系了。

1.1.3　爆炸动力学的特点

爆炸动力学研究高功率密度的能量转化过程，大量能量通过高速的波动来传递，历时极短而强度极大。另外，研究中常需考虑力学因素和化学物理因素的耦合、流体特性与固体特性的耦合、载荷和介质的耦合等，因此，多学科的渗透和结合成为爆炸动力学发展的必要条件。爆炸研究促进了流体和固体介质中冲击波理论、流体弹塑性理论、黏塑性固体动力学的发展。爆炸在固体中产生的高应变率、大变形、高压和热效应等推动了凝聚态物质高压状态方程、非线性本构关系、动态断裂理论和热塑不稳定性理论的研究。爆炸瞬变过程的研究则推动了各种快速采样的实验技术，其中包括高速摄影、脉冲 X 射线照相、瞬态波形记录和数据处理技术的发展。爆炸动力学还促进了二维、三维及具有各种分界面的非定常计算力学的发展。爆炸现象十分复杂，并不要求对所有因素都进行精确的描述，因此抓住主要矛盾进行实验和建立简化模型，特别是运用和发展各种相似律或模型律，具有重要意义。

1.1.4　爆炸动力学的研究内容

爆炸波在介质中的传播以及波所引起的介质流动、变形、破坏和抛掷现象是爆炸力学研究的中心内容。爆炸包括空中爆炸、水下爆炸、地下爆炸和高速碰撞等。对于空中核爆炸，须考虑高温、高压条件下包括辐射在内的空气热力学平衡性质和非平衡性质。对于水下爆炸，水的高速空化及其消失是常要考虑的重要因素。对于地下爆炸和高速碰撞，则须考虑高温、高压、高应变率条件下介质的本构关系和破坏准则。爆轰的流体力学理论是波在可反应介质中当化学反应和力学因素强烈耦合时的流体力学理论。气相、液相、固相、混合相物质的稳态和非稳态爆轰、爆燃和爆轰间的转化、起爆机理和爆轰波结构等都是爆轰学研究的对象。此外还有与工程应用直接联系的工程爆破理论和技术，爆炸加工的理论和工艺，抗核爆炸防护工程中结构动力学和岩土动力学问题，同常规武器设计相联系的内弹道学、终点弹道学以及爆炸动力学的数值模拟方法与相似律及应用等。

1.2　爆　破　技　术

爆破技术是利用炸药爆炸的能量破坏某种物体的原结构，并实现不同工程目的所采取的药包布置和起爆方法的一种工程技术。这种技术涉及数学、力学、物理学、化学和材料动力学、工程地质学等多种学科。作为工程爆破能源的炸药，蕴藏着巨大的能量。1kg 普通工业炸药爆炸时释放的能量为 $3.52 \times 10^6 J$，温度高达 3000℃，经过快速的化学反应所产生的功率为 $4.72 \times 10^8 kW$，其气体压力达几千到一万多兆帕，远远超过了一般物质的强度。在这种高温、高压作用下，被爆破的介质（如岩石等）呈现为流体或弹塑性体状态，完全破坏了原来的结构。

工业炸药必须用雷管才能引爆，比较安全。现代起爆方法有电力起爆法和非电起爆法两种方式，前者由电热点燃电雷管内的灼热桥丝引爆炸药；后者则由导火索的火焰或导爆索、导爆管传递的冲击波引爆雷管，从而起爆药包。

爆破作业的步骤是向要爆破的介质钻出的炮孔或开挖的药室或在其表面敷设炸药，放入起爆雷管，然后引爆。根据药包形状和装药方式的不同，爆破方法主要分为三大类：

（1）炮孔法。在介质内部钻出各种孔径的炮孔，经装药、放入起爆雷管、堵塞孔口、联线等工序起爆的，统称炮孔法爆破。如用手持式风钻钻孔的，孔径在 50mm 以下、孔深在 4m 以下的，为浅孔爆破；孔径和孔深大于上述数值的，为深孔爆破；在孔底或其他部位事先用少量炸药扩出一个或多个药壶形的，为药壶法爆破。炮孔法是岩土爆破技术的基本形式。

（2）药室法。药室法是在山体内开挖坑道、药室，装入大量炸药的爆破方法，一次能爆下的土石方数量几乎是不受限制的，在每个药室里装入的炸药有千吨以上的。中国四川省攀枝花市狮子山大爆破（1971 年）总装药量 10162.2t，爆破 1140 万立方米，在世界上也是最大规模的爆破之一。药室法爆破广泛应用于露天开挖堑壕、填筑路堤、基坑等工程，特别是在露天矿的剥离工程和筑坝工程，能有效地缩短工期、节省劳动力，而且需用的机械设备少，并不受季节和地方条件的限制。

（3）裸露药包法。不需钻孔，直接将炸药包贴放在被爆物体表面进行爆破的方法。它在清扫地基的破碎大孤石和对爆下的大块石做二次爆破等工作方面，具有独特作用，仍然是常用的有效方法。

在上述三种爆破方法的基础上，根据各种工程目的和要求，采取不同的药包布置形式和起爆方法，形成了许多各具特色的现代爆破技术，主要有以下几种：

（1）微差爆破。微差爆破也称毫秒爆破，是 20 世纪 40 年代出现的爆破新技术。在雷管内装入适当的缓燃剂，或连接在起爆网络上的延期装置，以实现延期的时间间隔，这种系列产品间隔时间一般以 13~25ms 为一段。通过不同时差组成的爆破网络，一次起爆后，可以按设计要求顺序使各炮孔内的药包依次起爆，获得良好的爆破效果。

微差爆破的特点是各药包的起爆时间相差微小，被爆破的岩块在移动过程中互相撞击，形成极其复杂的能量再分配，使岩石破碎均匀，缩短抛掷距离，减弱地震波和空气冲击波的强度，既可改善爆破质量，不致砸坏附近的设施，又能提高作业机械的使用效率，有较大经济效益，在采矿和采石工程中广泛应用。

（2）光面爆破和预裂爆破。20 世纪 50 年代末期，由于钻孔机械的发展，出现了一种密集钻孔小装药量的爆破新技术。在露天堑壕、基坑和地下工程的开挖中，使边坡形成比较陡峻的表面；使地下开挖的坑道面形成预计的断面轮廓线，避免超挖或欠挖，并能保持围岩的稳定。

实现光面爆破的技术措施有两种：一种方法是开挖至边坡线或轮廓线时，预留一层厚度为炮孔间距1.2倍左右的岩层，在炮孔中装入做功能力低的小药卷，使药卷与孔壁间保持一定的空隙，爆破后能在孔壁面上留下半个炮孔痕迹；另一种方法是先在边坡线或轮廓线上钻凿与壁面平行的密集炮孔，首先起爆以形成一个沿炮孔中心线的破裂面，以阻隔主体爆破时地震波的传播，还能隔断应力波对保留面岩体的破坏作用，通常称预裂爆破。这种爆破的效果，无论在形成光面或保护围岩稳定，均比光面爆破好，是隧道和地下厂房以及路堑和基坑开挖工程中常用的爆破技术。

（3）定向爆破。20 世纪 50 年代末和 60 年代初期，在中国推行过定向爆破筑坝，3 年左右时间内用定向爆破技术筑成了 20 多座水坝，其中广东韶关南水大坝（1960 年），一次装药量 1394.3t，爆破 226 万立方米，填成平均高为 62.5m 的大坝，技术上达到了国际先进水平。

定向爆破是利用最小抵抗线在爆破作用中的方向性这个特点，设计时利用天然地形或人工改造后的地形，使最小抵抗线指向需要填筑的目标。这种技术已广泛地应用在水利筑坝、矿山尾矿坝和填筑路堤等工程上。它的突出优点是在极短时期内，通过一次爆破完成土石方工程挖、装、运、填等多道工序，节约大量的机械和人力，费用省，工效高；缺点是后续工程难跟上，而且受到某些地形条件的限制。

（4）拆除爆破。不同于一般的工程爆破，对由爆破作用引起的危害有更加严格的要求，多用于城市或人口稠密、附近建筑物群集的地区拆除房屋、烟囱、水塔、桥梁以及厂房内部各种构筑物基座的爆破，称为拆除爆破或城市爆破。

拆除爆破所要求控制的内容有：控制爆破破坏的范围，只爆破建筑物需要拆除的部位，保留其余部分的完整性；控制爆破后建筑物的倾倒方向和坍塌范围；控制爆破时产生的碎块飞出距离、空气冲击波强度和音响的强度；控制爆破所引起的建筑物地基振动及其对附近建筑物的振动影响，也称爆破地震效应。

（5）水下爆破。水下爆破是将炸药装填在海底或水下进行工程爆破的技术，是和露天爆破相对的另一个领域。举凡疏通航道，炸除礁石，拆毁水下沉船、建筑物，开挖港口码头和航道基坑，以及处理码头堤坝的软弱地基等类爆破，都属于水下爆破的范畴。

水下爆破也和露天爆破一样，都要用裸露钻孔和药室装药等方法实现爆破目的；不同的是水下施工比较复杂、困难，长期以来多由潜水员在水下进行钻孔和装药等技术作业。工作范围既受水深的限制，又受潮汐水流的影响，效果欠佳。

由于水作为介质的阻力远比空气大，因此计算装药量时，必须考虑水的深度，才能保证爆破效果；同时水介质传播冲击波的能力也远大于空气，附近若有其他水工建筑物时，多采取气泡帷幕方法，降低水中冲击波的峰值压力，作为防护手段。

20 世纪 80 年代以来，试验成功了水下压缩爆破方法，以水为传播压力的介质，压实水下淤泥等类软土地基，代替过去用机械船挖除淤泥的清基方法，既经济又方便，有效地扩大了水下爆破的应用范围。

（6）地下爆破。地下爆破不同于露天和水下爆破，通常是在一个狭窄的工作面上进行钻爆作业，因此，它的特点是装药量少或使用做功能力低的炸药，多炮眼，装药量分散，爆破作用力均匀分布，属于前述松动爆破的情况，最大限度地减少对围岩的破坏程度，技术上的要求也比较严格。

地下爆破从技术上可分为两种：一是起掘进作用的掏槽爆破。其目的是在只有一个自由面的条件下，首先在工作面中央形成较小但有足够深度的槽穴，这个槽穴是整个地下坑道、隧道等施工开挖中的先导。掏槽爆破的炮孔布置方法很多，必须根据地质构造、断面大小和施工机械等条件，确定良好的掏槽眼（孔）的布置形式。二是要使地下坑道造成一定横断面形式的成型爆破。这种布孔法称周边孔，也称刷帮爆破。爆破的作用力是在两个临空面上均匀分布的，除了要使炸落的岩石块度均匀、便于清渣、抛置不太远、不致打坏支撑等以外，还应保证坑道开挖限界外的围岩受到最小的破坏，以减少超挖的数量。

随着地下工业的发展，为开挖地下飞机场、库、厂房等大面积空间的工程，地下爆破技术也逐渐向大规模的大钻孔爆破技术发展。但目前地下大爆破技术经验较少。自从光面、预裂爆破技术应用于地下工程以后，促进了锚杆喷混凝土支护技术的发展，每次爆破的超挖量减少到了最低量，围岩的稳定性大为增加，使地下工程收到很大的经济效益。

1.3 应力波理论

在生产技术、军事技术和科学研究等广泛领域的一系列实际问题中，甚至就在日常生活中，可以观察到物体在冲击载荷下的力学响应往往与静载荷下的有显著不同。例如，飞石打击在窗玻璃上时往往首先在玻璃的背面造成碎裂崩落。又如，对一金属杆端部施加轴向静载荷时，变形基本上是沿杆均匀分布的，但当施加轴向冲击载荷时（如打钎、打桩等），则变形分布极不均匀，残余变形集中于杆端。子弹着靶时，变形呈蘑菇状也正类似于此。固体力学的动力学理论的发展正是与解决这类力学问题的需要分不开的。

固体力学的静力学理论所研究的是处于静力平衡状态下的固体介质，以忽略介质微元体的惯性作用为前提。这只是在载荷强度随时间不发生显著变化的时候，才是允许和正确的。而冲击载荷以载荷作用的短历时为特征，在以毫秒、微秒甚至毫微秒计的短暂时间尺度上发生了运动参数的显著变化。在这样的动载荷条件下，介质的微元体处于随时间迅速变化的动态过程中，这是一个动力学问题。对此必须计及介质微元体的惯性，从而就导致了对应力波传播的研究。

事实上，当外载荷作用于可变形固体的某部分表面上时，一开始只有那些直接受到外载荷作用的表面部分的介质质点离开了初始平衡位置。由于这部分介质质点与相邻介质质点之间发生了相对运动（变形），当然将受到相邻介质质点所给予的作用力（应力），但同时也给相邻介质质点以反作用力，因而使它们也离开了初始平衡位置而运动起来。不过，由于介质质点具有惯性，相邻介质质点的运动将滞后于表面介质质点的运动。依此类推，外载荷在表面上所引起的扰动就这样在介质中逐渐由近及远传播出去而形成应力波。扰动区域与未扰动区域的界面称为波阵面，而其传播速度称为波速。常见材料的应力波波速为 $10^2 \sim 10^3 \mathrm{m/s}$ 量级。必须注意区分波速和质点速度，前者是扰动信号在介质中的传播速度，而后者则是介质质点本身的运动速度。如果两者方向一致，称为纵波；如果两者方向垂直，则称为横波。根据波阵面几何形状的不同，则有平面波、柱面波、球面波等之分。地震波、固体中的声波和超声波、固体中的冲击波等都是应力波的常见例子。

如果将一个结构物在冲击载荷下的动态响应与静态响应相区别的话，则实际上既包含了介质质点的惯性效应，也包含着材料本构关系的应变率效应。当处理冲击载荷下的固体动力学问题时，实际上面临着两方面的问题：其一是已知材料的动态力学性能，在给定的外载荷条件下研究介质的运动，这属于应力波传播规律的研究；其二是借助于应力波传播的分析来研究材料本身在高应变率下的动态力学性能，这属于材料力学性能或本构关系的研究。问题的复杂性正在于一方面应力波理论的建立要依赖于对材料动态力学性能的了解，是以已知材料动态力学性能为前提的；而另一方面材料在高应变率下动态力学性能的研究又往往需依赖于应力波理论的分析指导。因此，应力波的研究和材料动态力学性能的研究之间有着特别密切的关系。

　　材料本构关系对应变率敏感的程度视不同材料而异，也视不同的应力范围和应变率范围而异。在一定的条件下，有时可近似地假定材料本构关系与应变率无关。在此基础上建立的应力波理论称为应变率无关理论。其中，根据应力与应变关系是线弹性的、非线性弹性的、塑性的等，则分别称为线弹性波、非线性弹性波、塑性波理论等。反之，如果考虑到材料本构关系的应变率相关性，相应的应力波理论则称为应变率相关理论。其中，根据本构关系是黏弹性的、黏弹塑性的、弹黏塑性的等，则分别称为黏弹性波、黏弹塑性波、弹黏塑性波理论等。应力波理论的发展，首先是从应变率无关理论开始的。

　　近几十年来，应力波的研究和应用取得了迅速发展，广泛地应用于地震研究、工程爆破（开矿、修路、筑坝）、爆炸加工（成型、复合、焊接、硬化）、爆炸合成（人造金刚石、人造氮化硼等）、超声波和声发射技术、机械设备的冲击强度、工程结构建筑的动态响应、武器效应（弹壳破片的形成、聚能破甲、穿甲、碎甲、核爆炸和化学爆炸的效应及其防护等）、微陨石和雨雪冰沙等对飞行器的高速撞击、地球和月球表面的陨星坑的研究、材料在高应变率下的力学性能和本构关系的研究、动态断裂的研究，以及动态高压下材料力学性能（包括固体状态方程）、电磁性能和相变等的研究，还有高能量密度粒子束如电子束、X 射线、激光等对材料的作用的研究等。

　　应力波分析中要注意载荷与介质之间的耦合作用，要注意应力波和材料动态力学性能之间相互依赖的密切关系。这些正是固体动力学与静力学的主要不同。

　　当前应力波研究的主要动向：进一步由一维理论向二维、三维理论发展，向复合载荷条件下的应力波发展；由小变形的应力波理论向大变形的应力波理论发展；由应变率无关理论向应变率相关理论发展；由纯力学的应力波向热-力学耦合的应力波研究发展；由各向同性介质中的应力波向各向异性介质和复合材料中的应力波研究发展；以及在应力波传播分析中更广泛采用电子计算机数值计算和寻找发展新的实验技术。

习　题

1-1　爆炸动力学的概念是什么？爆炸动力学的研究内容有哪些？

2　炸药爆炸的基本知识

本章的内容有：爆炸现象的概念，爆炸分类；炸药化学爆炸的三要素；炸药化学反应的三种形式；炸药氧平衡的概念、计算方法及研究炸药氧平衡的意义，炸药爆炸反应方程，炸药爆炸生成有害气体产物及炸药的爆炸性质。

气体介质中的声波与冲击波，包括波的概念、速度的计算、冲击波的基本方程与参数计算及冲击波的特点等，炸药爆轰的基本模型，爆轰波的概念及爆轰波基本方程，爆轰波稳定传播条件与爆轰波参数计算，以及影响炸药爆速的基本因素，孔内炸药爆炸的间隙效应等。

炸药的感度与起爆的概念，炸药的起爆机理，炸药的不同感度形式及表示方法，影响炸药感度的因素等。

炸药爆炸的动作用与静作用概念，炸药爆炸动作用与静作用的测定及表示方法，炸药爆炸产生能量的平衡，炸药爆炸聚能效应的概念及工程应用。

2.1　爆炸的概念与分类

生活中有各种各样的爆炸现象，如自行车爆胎、燃放鞭炮、锅炉爆炸、原子弹爆炸等。爆炸时，往往伴有强烈的发光、声响和破坏效应。从最广义的角度来看，爆炸是指物质的物理或化学变化，在变化过程中，伴随有能量的快速转化，内能转化为机械压缩能，且使原来的物质或其变化产物、周围介质产生运动，进而使之产生巨大的机械破坏效应。

原则上，爆炸现象包括了两个阶段：（1）这种或那种内能转化为强烈的物质压缩能；（2）该压缩能引起的膨胀——释放，潜在的压缩能转化为机械功，该机械功可使与之相接触或靠近的介质运动。迅速出现高压力的作用是爆炸的基本特征。

按引起爆炸的原因不同，可将爆炸分为物理爆炸、核爆炸和化学爆炸三类。

（1）物理爆炸：是由物理原因造成的爆炸，爆炸不发生化学变化。例如锅炉爆炸、氧气瓶爆炸、轮胎爆炸等都是物理爆炸。在实际生产中，除了煤矿利用内装压缩空气或二氧化碳的爆破筒落煤外，很少应用物理爆炸。

（2）核爆炸：是由核裂变或核聚变引起的爆炸。核爆炸放出的能量极大，相当于数万吨至数千万吨级梯恩梯（TNT）爆炸释放的能量，爆炸中心区温度可达数百万至数千万摄氏度，压力可达数十万兆帕，并辐射出各种很强的射线。目前，在岩石工程中，核爆炸的应用范围和条件仍十分有限。

（3）化学爆炸：是由化学变化造成的爆炸。炸药爆炸，包括井下瓦斯或煤尘与空气混合物的爆炸、汽油与空气混合物的爆炸，以及其他混合爆鸣气体的爆炸等，都是化学爆炸。在实际生产中，主要是应用炸药的化学反应。岩石的爆破过程即是炸药发生化学爆炸做机械功，破坏岩石的过程。因此，化学爆炸将是研究的重点。

炸药是一定条件下，能够发生快速化学反应、放出能量、生成气体产物、显示爆炸效应的化合物或混合物。炸药既是安定的，又是不安定的。在平常条件下，炸药是比较安定的物质。除起爆药外，炸药的活化能相当大，但当局部炸药分子被活化达到足够数目时，就会失去稳定性，引起炸药爆炸。以鞭炮中装填的黑火药（炸药的一种）为例，当点燃引药捻时，黑火药迅速燃烧，产生化学反应，并放出热量和气体产物，同时发出声响和闪光，产生爆炸。

由此看出，炸药爆炸有三个基本特征，即反应的放热性、反应过程的高速度和反应中生成大量气体产物。它们是炸药爆炸所必须具备的要素，缺一不可，因此也称为炸药爆炸的三要素。反过来，也只有具备这些爆炸要素的物质才能称为炸药。

（1）反应的放热性：放热是炸药爆炸做功的能源。爆炸反应只有在炸药自身提供能量的条件下才能自动进行。没有这个条件，爆炸过程就根本不能发生；没有这个条件，反应也就不能自行延续，因而也不可能出现爆炸过程的反应传播。依靠外界供给能量来维持其分解的物质，不可能具有爆炸的性质。草酸盐的分解反应便是典型例子：

$$CuC_2O_4 \longrightarrow 2CO_2 + Cu + 23.9kJ$$
$$ZnC_2O_4 \longrightarrow 2CO_2 + Zn - 250kJ$$
$$HgC_2O_4 \longrightarrow 2CO_2 + Hg + 47.3kJ$$

第一种反应是吸热反应，只有在外界不断加热的条件下才能进行，因而不具有爆炸性质；第二种反应具有爆炸性，但因放出的热量不大，爆炸性不强；第三种反应具有显著的爆炸性质。

爆炸反应释放的热量是爆炸破坏作用的能源，是炸药爆炸做功能力的标志。

（2）反应过程的高速度：反应过程的高速度是爆炸反应与一般化学反应的重要区别。炸药爆炸反应速度大约在10^{-6}s或10^{-7}s的时间量级。虽然炸药的能量储藏量并不比一般燃料大，但由于反应的高速度，使炸药爆炸时能够达到一般化学反应所无法比拟的高得多的能量密度。石油、煤和几种炸药的放热量和能量密度数据如表2-1所示。

表 2-1　石油、煤和几种炸药的放热量和能量密度

物质名称	单位物质的放热量/kJ·kg^{-1}	单位体积炸药或燃料空气混合物的能量密度 /kJ·L^{-1}
煤	32.66×10^3	3.60
石油	41.87×10^3	3.68
黑火药	2.93×10^3	2805
梯恩梯	4.19×10^3	6700
黑索金	5.86×10^3	10467

例如，1kg煤块燃烧可以放出32.66×10^3kJ的热量，这个热量比1kg梯恩梯炸药爆炸放出的热量要多几倍，可是这块煤燃烧的时间需要几分钟到几十分钟，在这段时间内放出的热量不断以热传导和辐射的形式传送出去，因而虽然煤的放热量很多，但是单位时间的放热量并不多，同时还要注意到煤的燃烧是与空气中的氧进行化学反应而完成的。1kg煤的完全反应就需要2.67kg的氧，这样多的氧必须由9m^{3}的空气才能提供，因而作为燃烧

原料的煤和空气的混合物，单位体积所放出的热量也只有 3.6kJ/L，能量密度很低。

爆炸反应就完全相反。炸药反应一般都是以 $(5\sim8)\times10^{3}m/s$ 的速度进行。一块 10cm 见方的炸药爆炸反应完毕也就需要 $10\mu s$ 的时间。由于反应速度极快，虽然总放热量不是太大，但在这样短暂时间内的放热量却比一般燃料燃烧时在同样时间内放出的热量高出上千万倍。同时，由于爆炸反应无须空气中的氧参加，在反应所进行的短暂时间内反应放出的热量来不及散出，以致可以认为全部热量都聚集在炸药爆炸前所占据的体积内，这样单位体积所具有的热量就达到 $10^{3}kJ/L$ 以上，比一般燃料燃烧要高数千倍。

由于过程的高速度使炸药内所具有的能量在极短时间内放出，达到极高能量密度，所以炸药爆炸具有巨大做功功率和强烈的破坏作用。

（3）反应中生成大量气体产物：反应过程中有气体产物生成，是炸药爆炸反应的又一重要特点。爆炸瞬间，炸药定容地转化为气体产物，其密度要比正常条件下气体的密度大几百倍到几千倍。也就是说，正常情况下这样多体积的气体被强烈压缩在炸药爆炸前所占据的体积内，从而造成 $10^{9}\sim10^{10}Pa$ 的高压。同时由于反应的放热性，这样处于高温、高压下的气体产物必然急剧膨胀，把炸药的位能变成气体运动的动能，对周围介质做功。在这个过程中，气体产物既是造成高压的原因，又是对外界介质做功的工质。表 2-2 为几种炸药爆炸生成的气体量。

表 2-2　某些炸药爆炸生成的气体产物在标准条件下的体积

炸　药	1kg 炸药放出气体产物的体积/L	1L 炸药放出气体产物的体积/L
梯恩梯	740	1180
特屈儿	760	1290
太安	790	1320
黑索金	908	1630
奥克托金	908	1720

可见，1kg 炸药爆炸生成的气体换算到标准状态（$1.0133\times10^{5}Pa$，273K）下的气体体积为 700~1000L，为炸药爆炸前所占体积的 1200~1700 倍。

所以，对于爆炸来说，放热性、高速度、生成气体产物是缺一不可的，只有在爆炸的三个特征同时具备时，化学反应才能具有爆炸的特性。

2.2　炸药化学反应的基本形式

爆炸并不是炸药唯一的化学变化形式。由于环境和引起化学变化的条件不同，一种炸药可能有三种不同的化学反应形式：缓慢分解、燃烧和爆炸。这三种形式进行的速度不同，生成的产物和热效应也不同。

2.2.1　缓慢分解

炸药在常温下也会缓慢分解，温度越高，分解越显著。这种变化的特点是：分解中炸药内各点温度相同，在全部炸药中反应同时展开，没有集中的反应区；分解既可以吸收热量，也可以放出热量，这决定于炸药类型和环境温度。但是，当温度较高时，所有炸药的分解反应都伴随有热量放出。例如，硝酸铵在常温或温度低于150℃时，其分解反应为吸热反应，反应方程为

$$NH_4NO_3 \longrightarrow NH_3 + HNO_3 - 173.04kJ（谨慎加热到略高于熔点）$$

当加热至200℃左右，分解时将放出热量，反应方程为

$$NH_4NO_3 \longrightarrow 0.5N_2 + NO + 2H_2O + 36.1kJ$$

或

$$NH_4NO_3 \longrightarrow N_2O + 2H_2O + 52.5kJ$$

分解反应为放热反应时，如果放出热量不能及时散失，炸药温度就会不断升高，促使反应速度不断加快和放出更多的热量，最终就会引起炸药的燃烧和爆炸。因此，在储存、加工、运输和使用炸药时，要注意采取通风等措施，防止由于炸药分解产生热积累而导致意外爆炸事故的发生。在炸药储存、加工、运输和使用过程中，都需要了解炸药的化学安定性，这是研究炸药缓慢分解意义所在。

2.2.2 燃烧

炸药在热源（例如火焰）作用下会燃烧。但与其他可燃物不同，炸药燃烧时不需要外界供给氧。当炸药的燃烧速度较快，达到每秒数百米时，称为爆燃。

就化学变化的实质来说，燃烧也是可燃元素（碳、氢等）激烈的氧化反应。燃烧与缓慢分解或一般的氧化反应不同，其特点是燃烧不是在全部物质内同时展开的，而只在局部区域进行并在物质内传播。

进行燃烧的区域称为燃烧区。因燃烧反应是在该区域内完成，该区又称为反应区。开始发生燃烧的面称为焰面。焰面和反应区沿炸药柱一层层地传下去，其传播速度即单位时间内传播的距离称为燃烧线速度。线速度与炸药密度的乘积，即单位时间内单位截面上燃烧的炸药质量，称为燃烧的质量速度。通常所说的燃烧速度是指线速度。燃烧速度与反应区内化学反应速度是两个不同的概念，不可混淆。

炸药在燃烧过程中，若燃烧速度保持定值，就称为稳定燃烧；否则称为不稳定燃烧。炸药是否能够稳定燃烧，决定于燃烧过程进行时的热平衡。如果热量能够平衡，即反应区中放出的热量与经传导向炸药邻层和周围介质散失的热量相等，燃烧是稳定的，否则就不能稳定。不稳定燃烧可导致燃烧的熄灭、振荡或转变为爆炸。

要使燃烧过程中热量达到平衡或燃烧稳定，必须具备一定的条件：炸药在一定的环境温度和压力条件下，只有当药柱直径超过某一数值时，才能稳定燃烧，而且燃烧速度与药柱直径无关。能稳定燃烧的最小直径称为临界直径。环境温度和压力越高，临界直径越小；反之，当药柱直径固定时，药柱稳定燃烧必有其对应的最小温度和压力，称为临界温度和临界压力，而且燃烧速度随温度和压力的增高而增加。

根据燃烧特性，可将炸药分为起爆药、猛炸药和火药三大类。

起爆药（或爆炸）的特点是一旦燃烧，化学反应极迅速，燃烧速度增长很快，即使在大气压力条件下燃烧不稳定，也很容易转变为爆炸。但有些起爆药在高密度或真空条件下也能够稳定燃烧。

猛炸药一般都能稳定燃烧。燃烧转变为爆炸的压力由零点几到几十兆帕。破坏正常燃

烧的压力越低，炸药燃烧的稳定性越差。易熔炸药比难熔炸药的稳定性高，高密度炸药比低密度炸药的稳定性高。

燃烧稳定性最高的是火药。稳定燃烧的压力可从 100MPa 到 1000MPa。若压力再高，也能转变为爆炸。

由于炸药燃烧主要靠热传导来传递能量，因此稳定燃烧速度不可能很高，线速度一般为几毫米/秒到几米/秒，最高也只能达到几百米/秒，低于炸药内的声速。燃烧速度受环境条件的影响较大。燃烧的这些特点使它不同于炸药的爆轰。

尽管在爆破工程中，炸药化学变化的主要形式是爆轰，但了解炸药燃烧的稳定性、燃烧特性及其规律，对爆炸材料的安全生产、加工、运输、保管、使用以及过期或变质炸药的销毁都是很必要的。

2.2.3 爆炸

与炸药的燃烧过程类似，炸药爆炸的化学反应也只在局部区域内进行，并在炸药内以波的形式传播。反应区的传播速度称为爆炸速度。爆炸是炸药化学反应的最高级形式，工程中都是利用炸药的爆炸来破坏介质的，这也将是本教材的重点。通过 2.2.4 节，爆炸与缓慢分解、燃烧的比较，相信读者将对爆炸有进一步的了解。

2.2.4 爆炸与缓慢分解和燃烧之间的区别

2.2.4.1 爆炸与缓慢分解的主要区别

根据前面的论述，总结得到爆炸与缓慢分解的主要区别在于：

（1）缓慢分解是在整个炸药中展开的，没有集中的反应区域；而爆炸是在炸药局部发生的，并以波的形式在炸药中传播。

（2）缓慢分解在不受外界任何特殊条件作用时，一直不断地自动进行，而爆炸在外界特殊条件作用下才能发生。

（3）缓慢分解与环境温度关系很大，化学反应速度常数与温度呈指数关系，即随着温度的升高，缓慢分解速度将按指数规律迅速增加；而爆炸与环境温度无关。

2.2.4.2 爆炸与燃烧的主要区别

（1）燃烧与爆炸虽然都是以波的形式传播，但传播速度截然不同，燃烧的速度为几毫米/秒到几米/秒，最大也只有几百米/秒，燃烧的速度大大低于原始炸药中的声速；而爆轰的速度通常是几千米/秒，爆炸的速度一定大于原始炸药中的声速。

（2）从传播连续进行的机理来看，燃烧时化学反应区放出的能量是通过热传导、辐射和气体产物的扩散传入下一层炸药，激起未反应的炸药进行化学反应，使燃烧连续进行；而在爆轰时，化学反应区放出的能量以压缩波的形式提供给前沿冲击波，维持前沿冲击波的强度，然后借助于前沿冲击波的冲击压缩作用激起下一层炸药进行化学反应，使爆轰连续进行。

（3）从反应产物的压力来看，燃烧产物的压力通常很低，对外界显示不出力的作用；而爆炸时产物压力可以达到 10^4MPa 以上，爆炸向四周传出冲击波，有强烈的力效应。

（4）从反应产物质点运动方向来看，燃烧产物质点运动方向与燃烧传播的方向相反，而爆炸产物质点运动方向与爆炸传播的方向相同。

（5）从炸药本身条件来看，随着装药密度的增加，炸药颗粒间的孔隙度减小，燃烧速度下降；而对于爆轰来说，随着装药密度的增加，单位体积物质化学反应时放出的能量增加，使之对于下一层炸药的冲压加强，因而爆轰速度增加。

（6）从外界条件影响来看，燃烧易受外界压力和初温的影响，其中压力的影响更为严重。当外界压力低时，燃烧速度很慢；随着外界压力的提高，燃烧速度加快，当外界压力过高时，燃烧变得不稳定，以致转变成爆轰；爆轰基本上不受外界条件的影响。

此外，爆炸与爆轰是两个不同的概念。一般来说，具有爆炸三个特征（放热性、高速度、生成气体产物）的化学反应，皆称为爆炸，其爆炸传递的速度可能是变化的；爆轰除了具备爆炸的三个特征之外，还要求传播的速度是恒定的。因而，爆炸一般笼统定义具有三大特征的化学反应，而爆轰专门定义传播稳定的爆炸过程。

2.2.5　炸药不同化学反应形式的转化

炸药三种化学反应形式可以相互转化。在某些条件下，爆炸可以衰减为燃烧，某些工业炸药常常出现这样的转化；反之，缓慢分解也能转化为燃烧，燃烧也可以转化为爆炸。这些转化的条件与环境、炸药的物理化学性质有关。三种化学反应变化形式之间的转化关系可表示如下：

$$热分解 \xrightarrow{\text{放热量大于散热量}} 燃烧 \xrightarrow{\text{燃烧速度加快}} 爆炸（爆轰）$$

2.3　炸药爆炸的反应方程

2.3.1　炸药的氧平衡

炸药的主要组成元素是碳、氢、氮、氧，某些炸药中也含有少量的氯、硫、金属和盐类。若认为炸药内只含有碳、氢、氧、氮元素，则无论是单质炸药还是混合炸药，都可把它们写成通式 $C_aH_bN_cO_d$。通常，单质炸药的通式按 1mol 质量写出，混合炸药的通式按 1kg 质量写出。这样，炸药分子通式中，下标 a、b、c、d 表示相应元素的原子数。4 种元素中，C、H 为可燃元素，O 为助燃元素，N 为载氧体。

炸药爆炸反应过程，实质是炸药中所包含的可燃元素和助燃元素在爆炸瞬间发生高速度化学反应的过程，反应的结果重新组合形成新的稳定产物，并放出大量的热量。按照最大放热反应条件，炸药中的碳、氢应分别被充分氧化为 CO_2 和 H_2O。这种放热最大、生成产物最稳定的氧化反应称为理想的氧化反应。是否发生这种理想的氧化反应与炸药中氧含量有关，只有炸药中含有足够的氧时，才能保证这种理想的氧化反应的发生。

炸药内氧含量与可燃元素充分氧化所需氧量之间的关系称为氧平衡关系。氧平衡用每克炸药中剩余或不足氧量的克数或百分数来表示。

2.3.2　氧平衡的计算

若炸药的通式为 $C_aH_bN_cO_d$，a 个 C 原子充分氧化需要 $2a$ 个 O 原子，b 个 H 原子充分氧化需要 $b/2$ 个 O 原子，则单质炸药的氧平衡计算式为

$$K_b = \frac{1}{M}\left[d - \left(2a + \frac{b}{2}\right)\right] \times 16 \times 100\% \tag{2-1}$$

式中，K_b 为炸药的氧平衡；M 为炸药的摩尔质量。

部分炸药及组分的氧平衡见表 2-3。

表 2-3　部分炸药及组分的氧平衡

物 质 名 称	分 子 式	氧平衡/%
梯恩梯（TNT）（三硝基甲苯）	$C_6H_2(NO_2)_3CH_3$	−74
黑索金（RDX）（环三次三硝胺）	$C_3H_6N_3(NO_2)_3$	−21.6
硝化甘油（NG）（三硝酸丙三脂）	$C_3H_5(ONO_2)_3$	3.5
二硝化乙二醇	$C_2H_4(ONO_2)_2$	0
太安（PETN）（四硝化戊四醇）	$C_5H_3(ONO_2)_4$	−10.1
甲胺硝酸盐	$CH_3NH_2HNO_3$	−34
二硝基重氮酚（DDEP）	$C_6H_2(NO_2)_2NON$	−58
雷汞（MP）	$Hg(ONC)_2$	−1184
硝酸钠	$NaNO_3$	47
硝酸铵	NH_4NO_3	20
铝粉	Al	−89
木粉	$C_9H_{70}O_{23}$	−138
石蜡	$C_{18}H_{38}$	−346
沥青	$C_{30}H_{18}O$	−276
轻柴油	$C_{16}H_{32}$	−342
矿物油	$C_{12}H_{26}$	−350
木炭		266.7
煤	含86%碳	−255.9
硬脂酸钙	$C_{36}H_{70}O_4Ca$	−275
纤维素	$(C_6H_{10}O_5)_n$	−118.5
氯化钠	$NaCl$	0
氯化钾	KCl	0
十二环基苯硫酸钠	$C_{18}H_{20}O_3SNa$	−230
古尔胶（加拿大）	$C_{3.21}H_{6.2}O_{3.33}N_{0.043}$	−98.2
聚丙基酰胺	$(CH_2CHCONH_2)_2$	−169
硬脂酸	$C_{18}H_{36}O_2$	−292.5
2 号岩石炸药		3.34
2 号煤矿炸药		1.32
铵油炸药		−0.16

对混合炸药，氧平衡计算式为

$$K_b = \frac{1}{1000}\left[d - \left(2a + \frac{b}{2} \right) \right] \times 16 \times 100\% \qquad (2\text{-}2)$$

或

$$K_b = \sum m_i K_{bi} \qquad (2\text{-}3)$$

式中，m_i 和 K_{bi} 为第 i 组分的百分率和氧平衡值。

2.3.3　炸药的氧平衡分类

根据氧平衡值的大小，可将氧平衡分为正氧平衡、负氧平衡和零氧平衡三种类型。

（1）正氧平衡（$K_b>0$）。炸药内的氧含量除将可燃元素充分氧化之后尚有剩余。正氧平衡炸药未能充分利用其中的氧量，且剩余的氧和游离氮化合时，将生成氨氧化物有毒气体，并吸收热量。

（2）负氧平衡（$K_b<0$）。炸药内的氧含量不足以使可燃元素充分氧化。这类炸药因氧量欠缺，未能充分利用可燃元素，放热量不充分，并且生成可燃性 CO 等有毒气体。

（3）零氧平衡（$K_b=0$）。炸药内的氧含量恰好够可燃元素充分氧化。零氧平衡炸药因氧和可燃元素都能得到充分利用，故在理想反应条件下，能放出最大热量，而且不会生成有毒气体。

可见，炸药的氧平衡对其爆炸性能，如放出热量、生成气体的组成和体积、有毒气体含量、气体温度、二次火焰（如 CO 和 H_2 在高温条件下和有外界供氧时，可以二次燃烧形成二次火焰）以及做功效率等有多方面的影响。

炸药的氧平衡受其成分的影响，在配制混合炸药时，通过调节其组成和配比，应使炸药的氧平衡接近零氧平衡。这样可以充分利用炸药的能量和避免或减少有毒气体的产生。

以含两种成分的混合炸药配比为例。设炸药中氧化剂和可燃剂的配比分别为 x、y，a、b、c 分别为这两种成分的氧平衡值，混合后的炸药氧平衡则为

$$x + y = 100\%$$

$$ax + by = c$$

若按零氧平衡配制，则取 $c=0$，可联立求解 x、y。若要配制三种成分的炸药时，需要根据经验先确定某一种成分在炸药中所占的百分含量，然后按以上方法计算其他两组分的配比。

2.3.4　炸药的爆炸反应方程式及产物

2.3.4.1　爆炸反应方程式

炸药的爆炸反应方程反映了炸药爆炸后产物的成分及数量，同时也是进一步确定爆炸释放能量、计算炸药爆炸的热化学参数和爆轰参数的依据。爆炸反应方程不仅对炸药爆炸性能的研究有理论上的意义，而且对了解炸药爆炸后有毒气体及含量、在井下对人体的危害、对环境的危害及安全性也有一定实际意义。

炸药爆炸有以下特点：

（1）反应时间极短。

（2）炸药爆炸往往存在中间反应和产物的二次反应。

（3）炸药爆炸反应及产物受多种因素的影响。如炸药成分、氧平衡、炸药粒度、密度、混合均匀情况、装药直径、装药外壳、水含量、起爆能量等多种因素都对爆炸产物及数量有影响。

由于炸药爆炸存在上述特点，因而精确地建立炸药爆炸反应方程十分复杂和困难，一般只能建立近似的爆炸反应方程式。

为建立近似的爆炸反应方程式，根据炸药内氧含量的多少，可将通式为 $C_aH_bN_cO_d$ 的炸药分为三类：第一类为正氧或零氧平衡炸药，$d \geqslant 2a+b/2$；第二类为只生成气体产物的负氧平衡炸药，$2a+b/2 > d \geqslant a+b/2$；第三类为可能生成固体产物的负氧平衡炸药，$d < a+b/2$。

下面按照最大放热原理，分别建立炸药的爆炸反应方程。

第一类炸药：生成产物应为充分氧化的产物，即 H 氧化成 H_2O、C 氧化成 CO_2、N 与多余的 O 游离。这类炸药的爆炸反应方程式为

$$C_aH_bN_cO_d \longrightarrow aCO_2 + 0.5bH_2O + 0.5(d - 2a - 0.5b)O_2 + 0.5cN_2$$

如硝化甘油的爆炸反应方程式为

$$C_3H_5N_3O_9 \longrightarrow 3CO_2 + 2.5H_2O + 0.25O_2 + 1.5N_2$$

第二类炸药：氧含量不足以使可燃元素充分氧化，但生成产物均为气体，无固体碳。建立这类炸药近似爆炸反应方程的原则为：首先使 H 全部氧化成 H_2O，多余的 O 将 C 全部氧化成 CO，再多余的 O 将部分 CO 氧化成 CO_2。可按以下步骤写出爆炸反应方程式：

（1）$C_aH_bN_cO_d \longrightarrow aCO + 0.5bH_2O + 0.5(d - a - 0.5b)O_2 + 0.5cN_2$

（2）$C_aH_bN_cO_d \longrightarrow (d - a - 0.5b)CO_2 + 0.5bH_2O + (2a - d + 0.5b)CO + 0.5cN_2$

如太安炸药的爆炸反应方程式为

$$C_5H_8N_4O_{12} \longrightarrow 5CO + 4H_2O + 1.5O_2 + 2N_2$$

$$C_5H_8N_4O_{12} \longrightarrow 3CO_2 + 4H_2O + 2CO + 2N_2$$

第三类炸药：由于严重缺氧，有可能生成固体碳。确定该类炸药爆炸反应方程的原则为：首先使 H 全部氧化成 H_2O，多余的 O 使一部分 C 氧化成 CO，剩余的 C 游离出来。爆炸反应方程式为

$$C_aH_bN_cO_d \longrightarrow (d - 0.5b)CO + 0.5bH_2O + 0.5(a - d + 0.5b)C + 0.5cN_2$$

如 TNT 炸药的爆炸反应方程式为

$$C_7H_5N_3O_6 \longrightarrow 3.5CO + 2.5H_2O + 3.5C + 1.5N_2$$

当炸药含有其他元素时，确定爆炸产物组分可按以下原则处理：

（1）水不参加反应，只由液态变成气态。

（2）钾、钠、钙、镁、铝等金属元素，在反应时首先被完全氧化。

（3）硫被氧化为二氧化硫。

（4）氯首先与金属作用，再与氢生成氯化氢。

2.3.4.2 爆炸产物与有毒气体

爆炸产物组成成分很复杂，炸药爆炸瞬间生成的产物主要有 H_2O、CO_2、CO、氮氧化

物气体，若炸药内含硫、氯和金属等时，产物中还会有硫化氢、氯化氢和金属氯化物等。

爆炸产物的进一步膨胀，或同外界空气、岩石等其他物质相互作用，其组分要发生变化或生成新的产物。爆炸产物是炸药爆炸借以做功的介质，它是衡量炸药爆轰反应热效应及爆炸后有毒气体生成量的依据。

炸药爆炸生成的气体产物中，CO 和氮氧化物都是有毒气体。上述有毒气体进入人体呼吸系统后能引起中毒，即通常所说的炮烟中毒。而且某些有毒气体对煤矿井下瓦斯爆炸起催化作用（如氧化氮），或引起二次火焰（如 CO）。为了确保井下工作人员的健康和安全，对于井下使用的炸药，必须控制其有毒气体生成量，使之不超过安全规程的规定值。

影响有毒气体生成量的主要因素有：

（1）炸药的氧平衡。正氧平衡内剩余氧量会生成氮氧化物，负氧平衡会生成 CO，零氧平衡生成的有毒气体量最少。

（2）化学反应的完全程度。即使是零氧平衡炸药，如果反应不完全，也会增加有毒气体含量。

（3）若炸药外壳为涂蜡纸壳，由于纸和蜡均为可燃物，能夺取炸药中的氧，在氧量不充裕的情况下，将形成较多的 CO。若爆破岩石内含硫时，爆炸产物与岩石中的硫作用，生成 H_2S、SO_2 有毒气体。

2.4 爆炸反应生成产物的基本参数

2.4.1 爆容

爆容指 1kg 炸药爆炸生成气体产物换算到标准状态（压力为 1.01×10^5 Pa，温度为 0℃）下的体积，其单位为 L/kg。爆容越大，炸药做功能力越强。因此，爆容是炸药爆炸做功能力的一个重要参数。

爆炸反应方程确定后，按阿伏加德罗定律很容易计算炸药的爆容。若炸药的通式 $C_a H_b N_c O_d$ 是按 1mol 写出的，则爆容为

$$V_0 = \frac{1}{M} 22.4 \sum n_i \times 1000 \tag{2-4}$$

式中，V_0 为炸药的爆容；$\sum n_i$ 为气体的总物质的量；M 为炸药的摩尔质量。

若炸药的通式 $C_a H_b N_c O_d$ 是按 1kg 写出的，则爆容为

$$V_0 = 22.4 \sum n_i \tag{2-5}$$

【例题 2-1】 求出 TNT 的爆容。

解：TNT 的爆炸反应方程为

$$C_7 H_5 N_3 O_6 \longrightarrow 3.5CO + 2.5H_2O + 3.5C + 1.5N_2$$

TNT 的摩尔质量 $M = 227$，爆炸生成气体产物的总物质的量 $\sum n_i = 3.5 + 2.5 + 1.5 = 7.5$，代入式（2-4），得爆容

$$V_0 = \left(\frac{1}{227} \times 22.4 \times 7.5 \times 1000 \right) \text{L/kg} = 740.89 \text{ L/kg}$$

表 2-4 为几种炸药的爆容计算值和实测值。

表 2-4 几种炸药的爆容计算值和实测值

炸 药	计算值/$L \cdot kg^{-1}$	实 测 值	
		密度/$kg \cdot m^{-3}$	爆容/$L \cdot kg^{-1}$
梯恩梯	740	0.80×10^{-3}	870
		1.50×10^{-3}	750
黑索金	908	0.95×10^{-3}	960
		1.50×10^{-3}	890
特屈儿	820	1.00×10^{-3}	840
		1.55×10^{-3}	740
太安	780	0.85×10^{-3}	790
		1.65×10^{-3}	790
黑50/梯50	824	0.90×10^{-3}	900
		1.68×10^{-3}	800

2.4.2 爆热

2.4.2.1 爆热的定义

单位质量炸药爆炸时所释放的热量称为爆热。工程上，通常用 1kg 炸药爆炸释放出来的热量表示，单位为 J/kg 或 kJ/kg。通常所说的爆热都是定容爆热，用 Q_V 表示。

盖斯定律认为，化学反应的热效应与反应进行的途径无关，而只取决于反应的初态和终态。根据这个定律，反应的初态和终态确定后，即使反应的路径不同，整个过程放出或吸收的热量是相同的。如碳、氧反应直接生成 CO_2，与碳、氧反应生成 CO，再反应生成 CO_2，两者虽然反应路径不同，但具有相同的热效应。

2.4.2.2 爆热的计算

盖斯定律可用三角形表示，称为盖斯三角形，如图 2-1 所示。从初态 1 至终态 3 的热效应 Q_{1-3}，与从初态 1 至中间状态 2 的热效应 Q_{1-2} 及中间状态 2 至终态 3 的热效应 Q_{2-3} 之和相等，即

$$Q_{1-3} = Q_{1-2} + Q_{2-3} \tag{2-6}$$

必须注意：运用盖斯定律时，要求反应过程的条件必须相同，即都是定压过程或都是定容过程，否则式（2-6）不成立。

设盖斯三角形中的状态 1 表示元素，状态 2 表示炸药，状态 3 表示产物。按照盖斯定律，由元素生成爆炸产物的热效应，应该等于由元素生成炸药的热效应与炸药生成爆炸产物的热效应之和。

定义在标准状态（常温、常压）下，由自由元素生成 1mol 某种化合物时所产生的热效应为生成热。生

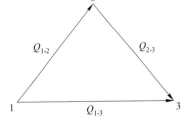

图 2-1 盖斯三角形

成热的符号规定：放热为正，吸热为负。单质元素的生成热为零。

于是，已知炸药和爆炸产物的生成热时，可以计算出炸药的爆热，即

$$Q_{2\text{-}3} = Q_{1\text{-}3} - Q_{1\text{-}2} \tag{2-7}$$

炸药和爆炸产物的生成热可以由物理化学手册查出，表 2-5 给出了 291K 时主要炸药和主要化合物的定压生成热。

表 2-5　291K 时主要炸药和主要化合物的定压生成热

物 质 名 称	分 子 式	物质的量/mol	定压生成热/J·mol^{-1}
水（气）	H_2O	18	241.8×10^3
水（液）	H_2O	18	286.1×10^3
一氧化碳（气）	CO	28	112.5×10^3
二氧化碳（气）	CO_2	44	395.4×10^3
一氧化氮（气）	NO	30	-90.4×10^3
二氧化氮（气）	NO_2	46	-50.0×10^3
二氧化氮（液）	NO_2	46	-13.0×10^3
氨（气）	NH_3	17	46.0×10^3
甲烷（气）	CH_4	16	76.6×10^3
乙炔（气）	C_2H_2	26	-233.0×10^3
乙烯（气）	C_2H_4	28	-48.5×10^3
叠氮化铅	PbN_6	291	-483.3×10^3
雷汞（MP）	$Hg(ONC)_2$	284	-268.2×10^3
二硝基重氮酚（DDEP）	$C_6H_2(NO_2)_2NON$	210	-116.3×10^3
梯恩梯（TNT）（三硝基甲苯）	$C_6H_2(NO_2)_3CH_3$	227	73.2×10^3
特屈儿	$C_7H_5O_8N_5$	287	-19.7×10^3
黑索金（RDX）（环三次三硝胺）	$C_3H_6N_3(NO_2)_3$	222	-65.4×10^3
奥克托金	$C_4H_8O_8N_8$	296	-74.9×10^3
太安（PETN）（四硝化戊四醇）	$C_5H_3(ONO_2)_4$	316	541.3×10^3
苦味酸	$C_6H_3O_7N_3$	229	227.6×10^3
硝化甘油（NG）（三硝酸丙三脂）	$C_3H_5(ONO_2)_3$	227	369.7×10^3
硝酸铵	NH_4NO_3	80	365.5×10^3
硝酸钾	KNO_3	80	494.1×10^3
硝酸钠	$NaNO_3$	85	467.4×10^3
过氯酸铵	NH_4ClO_3	117.5	293.7×10^3
过氯酸钾	$KClO_3$	138.5	437.2×10^3
氧化镁	MgO	40.3	602.1×10^3
氧化铅	PbO	223.2	219.5×10^3
氧化锰	MnO_2	86.9	514.6×10^3

由于查表得到的是定压生成热，按照盖斯定律，由自由元素生成炸药和自由元素生成产物都是定压过程，因此计算得到的炸药爆热是定压爆热。计算公式可写为

$$Q_p = \sum_{i=1}^{k} n_i Q_{pri} - \sum_{j=1}^{l} n_j Q_{prj} \tag{2-8}$$

式中，Q_p 为炸药的定压爆热，J/kg；n_i 为每千克爆炸生成物中产物第 i 组分的物质的量，mol/kg；Q_{pri} 为爆炸生成物中产物第 i 组分的定压生成热，J/mol；n_j 为每千克炸药中第 j 组分的物质的量，mol/kg；Q_{prj} 为炸药第 j 组分的定压生成热，J/mol。

由于爆炸过程近似为定容过程，通常所说的爆热都是定容爆热，因此，需要将式（2-8）的计算结果进行换算，由热力学第一定律可推得炸药定容爆热和定压爆热的关系为

$$Q_V = Q_p + \Delta n RT \tag{2-9}$$

式中，Δn 为反应后气体组分的物质的量与反应前气体组分的物质的量的差，mol/kg；R 为气体常数，J/(mol·K)，$R = 8.314$J/(mol·K)；T 为反应发生时的温度，K。

由此，求解爆热大致可分为三步：（1）求出炸药的爆炸反应方程式；（2）按式（2-8）查表计算 Q_p；（3）按式（2-9）计算 Q_V。

【例题 2-2】 计算 $T = 291$K（18℃）时，黑 50/梯 50 的爆热。

解： 第一步，确定炸药的爆炸反应方程式。

$$2.25C_3H_6N_6O_6 + 2.2C_7H_5N_3O_6 \longrightarrow 12.25H_2O + 14.45CO + 7.7C + 10.05N_2$$

第二步，按式（2-8）查表计算 Q_p。查表 2-6，得爆炸产物生成热

$$\sum_{i=1}^{k} n_i Q_{pri} = (12.25 \times 241.8 \times 10^3 + 14.45 \times 112.5 \times 10^3) \text{J/kg} = 4588 \times 10^3 \text{ J/kg}$$

炸药生成热

$$\sum_{j=1}^{l} n_j Q_{prj} = [2.25 \times (-66.44) \times 10^3 + 2.2 \times 73.2 \times 10^3] \text{J/kg} = 13.8 \times 10^3 \text{ J/kg}$$

则

$$Q_p = \sum_{i=1}^{k} n_i Q_{pri} - \sum_{j=1}^{l} n_j Q_{prj} = (4588 \times 10^3 - 13.8 \times 10^3) \text{J/kg} = 4574.2 \times 10^3 \text{ J/kg}$$

表 2-6 黑 50/梯 50 及爆炸产物的生成热

炸药及其产物	黑索金	梯恩梯	H_2O	CO	C	N_2
定压生成热 /kJ·mol^{-1}	-66.44	75.2	241.8	112.5	0	0

第三步，按式（2-9）计算 Q_V：

$$\Delta n = (12.25 + 14.45 + 10.05) - 0 = 36.75$$

$$Q_V = Q_p + \Delta n RT = (4574.2 \times 10^3 + 36.75 \times 6.306 \times 291 \times 10^3) \text{J/kg} = 4663 \times 10^3 \text{ J/kg}$$

几种炸药的爆热见表 2-7。

表 2-7　几种炸药的爆热

炸药名称	分子式	密度/kg·m^{-3}	爆热/kJ·kg^{-1}
梯恩梯（TNT）	$C_7H_5O_6N_3$	1500	4222
特屈儿	$C_7H_5O_8N_5$	1550	4556
黑索金（RDX）	$C_3H_6O_6N_8$	1500	5392
太安（PETN）	$C_5H_8O_{12}N_4$	1650	5685
硝化甘油（NG）	$C_3H_5O_9N_3$	1600	6186
雷汞（MP）	$Hg(ONC)_2$	3770	1714
硝酸铵	NH_4NO_3		1438
铵梯炸药（80∶20）		1300	4138
铵梯炸药（40∶60）		1550	4180

2.4.2.3　影响炸药爆热的因素

爆热不仅决定于炸药的组成和配方，而且装药条件不同时，即使是同一种炸药，也会产生不同的爆热。以下是影响炸药爆热的一些主要因素：

（1）炸药的氧平衡。零氧平衡时，炸药内的可燃元素能够被充分氧化并放出最大的热量。炸药多是负氧平衡的物质，反应时由于氧不足，不可能按照最大放热原则生成放热最多的 H_2O 和 CO_2，不可能放出最大热量。对零氧平衡炸药，氢含量较多的炸药，单位质量放出的热量也较大；同是零氧平衡炸药，炸药生成热越小，单位质量放出的热量越多。此外，零氧平衡炸药放出热量还与炸药化学反应的完全程度有关，而后者又决定于炸药粒度、混药质量、装药条件和爆炸条件等许多因素。

（2）装药密度。对缺氧较多的负氧平衡炸药，增大装药密度可以增加爆热；对缺氧不多的负氧平衡，或零氧和正氧平衡炸药来说，装药密度对爆热的影响不大。

（3）附加物的影响。在负氧平衡炸药内加入适量水或氧化剂的水溶液，可使爆热增加。但水是纯感剂。在炸药中可加入能生成氧化物的细金属粉末，如铝粉、镁粉等。这些金属粉末不仅能与氧生成金属氧化物，而且能与氮反应生成金属氮化物。这些反应都是剧烈的放热反应，从而能增加炸药的爆热。

（4）装药外壳的影响。对缺氧较多的负氧平衡炸药，增加外壳强度或重量，能够增加爆热。对缺氧不多的负氧平衡，或正氧、零氧平衡炸药，外壳的影响不显著。

提高炸药的爆热，对于提高炸药的做功能力具有很重要的实际意义。根据影响炸药爆热的因素，提高爆热的主要途径有：改善炸药的氧平衡和加入一些能形成高生成热产物的细金属粉。对负氧平衡炸药，提高装药密度，对增加爆热有很重要的作用。

2.4.3　爆温

爆温是指炸药爆炸时放出的能量将爆炸产物加热到的最高温度。研究炸药的爆温具有重要的实际意义。一方面它是炸药热化学计算所必需的参数；另一方面在实际爆破工程中，对其数值有一定的要求。如对于煤矿井下具有瓦斯与煤尘爆炸危险工作面的爆破，出于安全考虑，对炸药的爆温有严格的控制范围，一般应在 2000℃以内；而对于其他爆破，为提高炸药的做功能力，则要求爆温高一些。

2.4.3.1 爆温的计算

爆温常用的计算方法是卡斯特法，即利用爆热和爆炸产物的平均热容来计算爆温。为简化计算过程，需作以下三条假定：

（1）爆炸过程视为定容过程。

（2）爆炸过程是绝热的，爆炸反应放出的能量全部用来加热爆炸产物。

（3）爆炸产物的热容只是温度的函数，而与爆炸时所处的压力等其他条件无关。

根据假定，炸药的爆热与爆温的关系可以写为

$$Q_V = \overline{c}_V T = T \sum c_{Vj} n_j \tag{2-10}$$

式中，Q_V 为爆热，kJ/mol 或 kJ/kg；T 为所求的爆温，℃；$\overline{c}_V$ 为 0~t℃ 范围内全部爆炸产物的平均热容，J/(mol·℃) 或 J/(kg·℃)；c_{Vj} 和 n_j 为爆炸产物中 j 类型产物的定容热容和物质的量。

炸药爆炸产物的热容与温度的关系为

$$c_{Vj} = a_j + b_j T + c_j T^2 + d_j T^3 + \cdots$$

近似计算时，取前两项，有

$$c_{Vj} = a_j + b_j T \tag{2-11}$$

各种产物的 a_j、b_j 值见表 2-8。

表 2-8 各种产物的 a_j、b_j 值

爆炸产物	a_j	b_j	爆炸产物	a_j	b_j
双原子分子	20.1	1.88×10^{-3}	水蒸气	16.7	9.0×10^{-3}
三原子分子	41.0	2.43×10^{-3}	Al_2O_3	99.9	28.18×10^{-3}
四原子分子	41.8	1.88×10^{-3}	NaCl	118.5	0
五原子分子	50.2	1.88×10^{-3}	C	25.1	0

令 $\sum n_j a_j = A$，$\sum n_j b_j = B$，并将式（2-11）代入式（2-10），可解得

$$T = \frac{-A + \sqrt{A^2 + 4000 B Q_V}}{2B} \tag{2-12}$$

【例题 2-3】 已知 2 号岩石炸药的爆炸反应方程为 $C_{5.045}H_{47.345}N_{22.705}O_{35.885} \rightarrow 5.045CO_2 + 23.675H_2O + 0.656O_2 + 11.353N_2 + 3676.24 kJ/kg$，求爆温。

解：

$$A = \sum a_j n_j = 5.045 \times 41 + 23.675 \times 41.8 + 0.656 \times 20.1 + 11.353 \times 20.1 = 844.85$$

$$B = \sum b_j n_j = (50.45 \times 2.43 + 23.675 \times 59 + 0.656 \times 1.88 + 11.353 \times 1.88) \times 10^{-3} = 0.247$$

$$Q_V = 3676.24$$

将以上各参数代入式（2-12），有

$$T = \frac{-844.85 + \sqrt{844.85^2 + 4000 \times 0.247 \times 3676.24}}{2 \times 0.247}℃ = 2510℃$$

此外，还可以根据爆炸产物的内能计算爆温。

2.4.3.2   改变炸药爆温的途径

不同爆炸场合对爆温有不同的要求。如为了提高炸药的做功能力，需要提高爆温；为了避免矿用炸药引起瓦斯、灰尘的爆炸，需要使矿用炸药的爆温不超过允许值。

提高炸药爆温的方法有 3 种：（1）提高爆炸产物的生成热；（2）减少或者不增加炸药的生成热；（3）减少或者不增加产物的热容量。这 3 种方法必须综合考虑。

实际应用中，提高炸药爆温最有效的办法是向炸药中加入一些能形成高生成热产物的金属粉末，如铝粉、镁粉等物质。加入这些物质后，它们不仅能够夺取水和二氧化碳中的氧，生成放热更多的金属氧化物，同时还能够与原来未作用的氮发生反应，生成金属氮化物，放出额外的热量，使产物生成热大量增加；并且这些产物的热容也不过高，所以能够使得爆温大大提高。

降低爆温的办法，与提高爆温的办法恰恰相反。降低爆温需要减少产物的生成热，增加炸药的生成热，以及增加产物的热容量。

提高炸药中氢元素相对于碳元素的比例是降低爆温的有效办法，因为高温下单位质量 H_2O 的热容量比单位质量 CO_2 和单位质量 CO 的热容量要大得多。矿用炸药加入氯化物、硫酸盐、草酸盐、碳酸氢盐等，可以做成低爆温安全炸药。

2.4.4   爆压

炸药在爆轰过程中，产物内的压力分布是不均匀的，并随时间而变化。当爆轰结束，爆炸产物在炸药初始体积内达到热平衡后的流体静压值称为爆压，它不同于后面要讲到的爆轰压。

已知炸药比容（或密度）和爆温，计算爆压的关键在于选择状态方程。与内能类似，压力分为热压和冷压。热压决定于分子的热运动，它主要与气体所处温度有关，其次也与气体比容或密度有关。冷压决定于分子间的相互作用力，它只与分子间的距离或气体密度有关，而与温度无关。

若忽略冷压，在热压中考虑气体密度对压力的影响，可利用阿贝尔状态方程计算爆压，即

$$p = \frac{nRT}{V - \alpha} = \frac{n\rho}{1 - \alpha\rho}RT \tag{2-13}$$

式中，p 为爆压，MPa；ρ 为炸药密度，kg/L，$\rho = 1/V$；V 为炸药比容，L/kg；α 为炸药生成气体产物的余容，L/kg。

炸药生成气体产物的余容取决于炸药密度，如图 2-2 所示。在式（2-13）中，nR 可用炸药的爆容来表示。因爆容是理想状态下的体积，根据理想气体的状态方程，有

$$nR = p_0 V_0 / T_0 = V_0/273$$

于是，有

$$p = \frac{V_0 T}{273} \frac{\rho}{1 - \alpha\rho} = \frac{\rho f}{1 - \alpha\rho} \tag{2-14}$$

式中，$f = V_0 T/273 = nRT$，具有"功"或"能"的量纲，通常称之为炸药力或比能，它是衡量炸药做功能力的一个指标。

最后指出：对于凝聚体炸药，由于密度较大，分子间相互排斥作用对气体产物的压强影响较大，按阿贝尔状态方程计算的爆压偏低。精确计算爆压则需要选择更符合产物实际情况的状态方程。

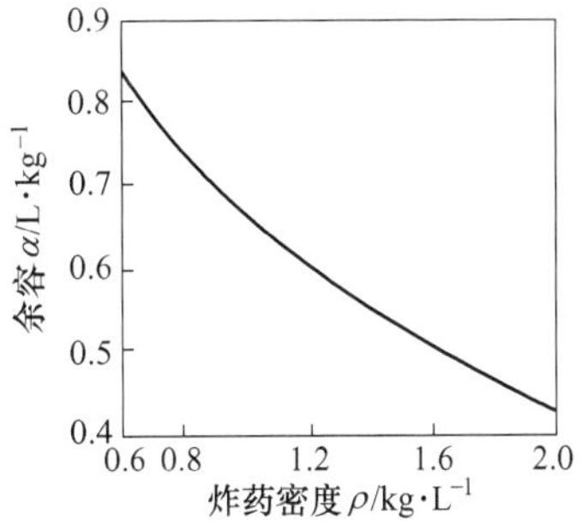

图 2-2　炸药密度与余容

2.5　介质中的波与冲击波

在炸药爆炸过程中经常会产生多种波，如爆炸在炸药中传播时形成爆轰波，爆轰产物向周围空气中膨胀时形成冲击波，爆轰波和冲击波过后，介质在恢复到原来状态的过程中又会产生一系列膨胀波等。因而，在研究炸药爆轰以及爆轰后对外界作用问题时，将离不开波。本节将首先介绍几种波的概念和基本关系式。

2.5.1　弱扰动的传播与声波

在外界作用下，介质局部状态（如速度、压力、密度）的变化叫做扰动。外界作用引起状态参数变化很小（只有微分量变化）的扰动叫做弱扰动。

在介质中，扰动可自近而远传播的现象称为波动现象。扰动的传播叫做波。扰动区和非扰动区之间的界面，通常称为波阵面（或波头）。波阵面的传播速度称为波速。扰动传播时，同时伴随着能量的传播，所以波也是一种能量的传播。

按波阵面形状不同，波可分为平面波、柱面波、球面波等。按波内质点运动方向和波传播方向之间的关系，波又分为横波和纵波两种。纵波使介质受到压缩或膨胀，横波在介质中引起剪切。因理想流体介质不能抵抗剪切，故在这种介质中只能形成纵波。

所谓声波，即介质中传播的弱扰动纵波，其传播速度称为声速。声速是介质的重要特性之一。由于扰动强度较大的扰动波（或称有限幅波）可看成是许多弱扰动波（又称微幅波）的叠加或积分，因此研究声波具有重要意义。

2.5.1.1　扰动传播的基本方程

下面，将建立联系波阵面两侧介质状态参数之间和运动参数之间的关系表达式，即波的基本关系式。

设有一平面波以速度 D 稳定地向右传播，波前和波后的介质状态分别以（p_0, ρ_0, T_0, u_0）和（p, ρ, T, u）表示，如图 2-3 所示。

将坐标系取在波阵面上（即观察者站在波阵面观察扰动的传播），那么波前未扰动介质以 $D-u_0$ 向左流进波阵面，而波后以速度 $D-u$ 流出波阵面。取波阵面的单位面积，由质量守恒定律，在波稳定传播的条件下，从右侧流入波阵

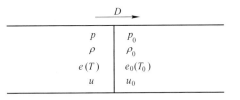

图 2-3　平面波的传播

面的介质质量与从左侧流出波阵面的介质质量相等，于是有

$$\rho_0(D - u_0) = \rho(D - u) \tag{2-15}$$

这就是扰动传播的质量守恒方程，也称连续方程。如果波前介质是静止的，即 $u_0 = 0$，则式（2-15）简化为

$$\rho_0 D = \rho(D - u) \tag{2-16}$$

扰动传播过程中，单位时间内作用于介质的冲量为 $p-p_0$，相同时间内介质的动量改变为 $\rho_0(D - u_0)(u - u_0)$，根据动量守恒定律，有

$$p - p_0 = \rho_0(D - u_0)(u - u_0) \tag{2-17}$$

这就是扰动传播的动量守恒方程或称运动方程。当 $u_0 = 0$ 时，可简化为

$$p - p_0 = \rho_0 D u \tag{2-18}$$

联立求解式（2-16）和式（2-18），并利用关系 $\rho = 1/V$（V 为比容），可得到

$$D = V_0 \sqrt{(p - p_0)/(V_0 - V)} \tag{2-19}$$

$$u = (V_0 - V)\sqrt{(p - p_0)/(V_0 - V)} \tag{2-20}$$

以上两式称为李曼方程，是扰动传播的基本方程。

根据能量守恒定律，扰动传播过程中，单位时间内从波阵面右侧流入的能量应等于从波阵面左侧流出的能量，由此可得到扰动传播的能量方程。这里的能量包括内能、动能和势能。在 $u_0 = 0$ 的条件下，利用李曼方程，可进一步将能量方程写成如下形式：

$$e - e_0 = \frac{1}{2}(p + p_0)(V_0 - V) \tag{2-21}$$

式（2-21）也称为冲击绝热方程或雨贡纽方程或 RH 方程。

以上的基本方程，包括连续方程、运动方程和能量方程，或两个李曼方程和雨贡纽方程，适用于气体、液体和固体介质，适用于弱扰动和强扰动。

如果扰动在理想气体中传播，则有 $e = c_V T$、$pV = nRT$、$c_p - c_v = nR$、$K = c_p/c_V$。利用这些关系，可得到 $e = pV/(1 - K)$，代入式（2-21）得到

$$\frac{pV}{1 - K} - \frac{p_0 V_0}{1 - K_0} = \frac{1}{2}(p + p_0)(V_0 - V) \tag{2-22}$$

一般情况下，取 $K = K_0$，则有

$$\frac{1}{1 - K}(pV - p_0 V_0) = \frac{1}{2}(p + p_0)(V_0 - V) \tag{2-23}$$

及

$$\frac{p}{p_0} = \frac{(1 + K)\rho - (1 - K)\rho_0}{(1 + K)\rho_0 - (1 - K)\rho} \tag{2-24}$$

$$\frac{\rho}{\rho_0} = \frac{(1 + K)p + (1 - K)p_0}{(1 + K)p_0 + (1 - K)p} \tag{2-25}$$

2.5.1.2 声波

声波是介质中的弱扰动纵波，其速度称为声速。由于是弱扰动，介质的状态参数只有微小的变化，因而可将压力和比容的变化表示为

$$p - p_0 = \mathrm{d}p, \quad V - V_0 = \mathrm{d}V$$

对于弱扰动，其传播过程通常认为是等熵过程，其传播速度也改用 c 表示，于是可将式（2-19）改写为

$$c^2 = - V^2 \left(\frac{\mathrm{d}p}{\mathrm{d}V} \right)_S \qquad (2\text{-}26)$$

下标 S 表示在等熵条件下求导。将 $V = 1/\rho$ 代入式（2-26），有

$$c^2 = \left(\frac{\mathrm{d}p}{\mathrm{d}\rho} \right)_S \qquad (2\text{-}27)$$

如果弱扰动在理想气体中传播，则介质状态量之间满足理想气体等熵过程的状态方程，即波阿松方程（也称理想气体中弱扰动传播应满足的等熵条件）

$$p = A\rho^K \qquad (2\text{-}28)$$

利用式（2-27）和式（2-28），可得理想气体中的声速

$$c = \sqrt{K \frac{p}{\rho}} = \sqrt{KnRT} \qquad (2\text{-}29)$$

式中，空气的气体常数 $R = 0.2872\mathrm{J}/(\mathrm{g \cdot K})$ 或 $R = 8480\mathrm{N \cdot m}/(\mathrm{mol \cdot K})$。

【例题 2-4】　空气的平均分子量为 $28.9\mathrm{kg/mol}$，等熵指数 $K = 1.4$，计算温度为 0℃ 时空气中的声速。

解：由式（2-29），空气中的声速为

$$c = \sqrt{KnRT} = \sqrt{1.4 \times 8480 \times 273/28.9}\,\mathrm{m/s} = 331.5\mathrm{m/s}$$

2.5.2　压缩波与稀疏波

受扰动后，波阵面上介质的压力、密度、温度等状态参数增加的波称为压缩波。如在直管中向前推动活塞，紧靠活塞的气体层首先受压，然后这层受压的气体层又压缩下一层相邻的气体层，使下一层气体的压力等参数增加，这样层层传播下去的波就是压缩波。

反之，受扰动后，波阵面上介质的状态参数下降的波称为稀疏波或膨胀波。如在直管中向后拉动活塞，紧靠活塞的气体层首先拉伸（稀疏），状态参数降低，然后这层降压的气体层又拉动下一层相邻的气体层，引起下一层气体层的状态参数降低，这样层层传播出去的波就是稀疏波。

压缩波和稀疏波可看成是一系列弱扰动依次在介质中的传播。可以看出：压缩波总是使介质质点流动向着波传播方向，即质点运动方向与波传播方向相同，并使介质的状态参数增加。而稀疏波通过后，介质质点运动方向与波的传播方向相反，从而使介质的状态参数下降。

在这里要注意：介质质点运动与波的传播有着本质区别。所谓质点的运动是指物质的分子或质子所发生的位移。而波是弱扰动状态的传播，是由介质受扰动质点移动引起其相邻介质质点的移动形成的。这两个概念有本质区别，例如声带振动形成声波，声波在空气中以声速传至耳膜处，而不是声带附近的空气分子移动到耳膜处。

压缩波和稀疏波服从相同的波动基本方程。

2.5.3 冲击波

2.5.3.1 冲击波的形成

冲击波是一种强压缩波，波前、波后介质的状态参数发生急剧变化。实质上，冲击波是介质状态参数急剧变化的分界面。

下面以带有活塞的直管为例，说明冲击波的形成过程。设想有一个无限长的直管，管道左端放置一个活塞，当活塞不动时，管中的气体是静止的，设其状态参数为 p_0、ρ_0、T_0 和 $u_0 = 0$；当推动活塞，使活塞以速度 u 向右移动时，邻近活塞处的气体状态参数达到 p、ρ、T 和 u。为了研究问题方便，将活塞由静止到速度达到 u 的整个加速过程分成若干个阶段，每一个阶段，活塞增加一个微小的速度量 Δu，活塞压缩气体产生一道弱压缩波，气体状态参数增加一个微量 Δp、$\Delta \rho$、ΔT 和 Δu。

活塞由静止增加到以速度 Δu 移动时，产生第一道压缩波，波后气体状态参数为 $p_0 + \Delta p$、$\rho_0 + \Delta \rho$、$T_0 + \Delta T$，波后气流速度为 Δu，第一道压缩波的速度为 $c_1 = \sqrt{nRT_0}$。

活塞由速度 Δu 增加到 $2\Delta u$ 时，产生第二道压缩波，波后气体状态参数为 $p_0 + 2\Delta p$、$\rho_0 + 2\Delta \rho$、$T_0 + 2\Delta T$，波后气流速度为 $2\Delta u$，声速为 $c_2 = \sqrt{nR(T_0 + \Delta T)}$，由于第二道压缩波是在第一道波后具有速度 Δu 的气流中运动，因而第二道压缩波的速度为 $c_2 + \Delta u$。

活塞由速度 $2\Delta u$ 增加到 $3\Delta u$ 时，产生第三道压缩波，波后气体状态参数为 $p_0 + 3\Delta p$、$\rho_0 + 3\Delta \rho$、$T_0 + 3\Delta T$，波后气流速度为 $3\Delta u$，声速为 $c_3 = \sqrt{nR(T_0 + 2\Delta T)}$，第三道压缩波的速度为 $c_3 + 2\Delta u$。

依此类推，越往后面的压缩波，波后状态参数增加得越高，压缩波传播的速度也越快，后面的压缩波将追上前行的压缩波，并且叠加起来。图 2-4 展示了直管中压的产生以及叠加过程。

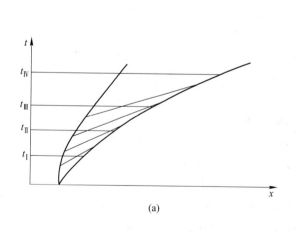
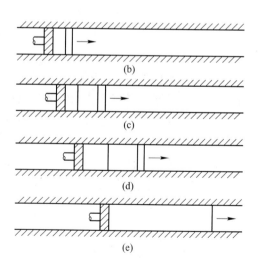

图 2-4 冲击波的形成过程

（a）活塞运动和波传播的时间-路程图；（b）t_{I} 时刻的直管流动；（c）t_{II} 时刻的直管流动；

（d）t_{III} 时刻的直管流动；（e）t_{IV} 时刻的直管流动

当 $t=t_{\text{I}}$ 时，在这一段时间内所产生的压缩波分别以当地声速向右传播。

当 $t=t_{\text{II}}$ 时，前面压缩波间的距离不断缩短，后面陆续产生新的压缩波。

当 $t=t_{\text{III}}$ 时，前面的压缩波叠加起来，后面追上来的压缩波间的距离也不断缩短。

当 $t=t_{\text{IV}}$ 时，最后一道压缩波也追上了前面的波，使所有的压缩波皆叠加起来。这样状态参数连续变化的压缩波区，就由状态参数急剧变化的突跃面所代替，突跃面之前是静止气体，气体状态参数为 p_0、ρ_0、T_0 和 $u_0=0$，突跃面过后气体状态参数为 p、ρ、T 和 u。这个突跃面就是冲击波。

2.5.3.2　冲击波的基本关系式

前面导出的波动基本方程对冲击波仍然适用。于是，冲击波界面前后的介质状态参数之间仍有如下关系式：

$$D = V_0\sqrt{(p-p_0)/(V_0-V)}$$

$$u = (V_0-V)\sqrt{(p-p_0)/(V_0-V)}$$

$$e - e_0 = \frac{1}{2}(p+p_0)(V_0-V)$$

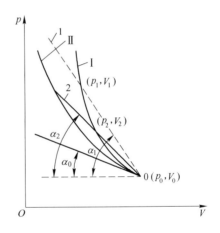

若已知状态函数 $e=e(p,V)$，就可将冲击绝热方程表示为 p、V 间的方程，如式（2-22）和式（2-23）。在 p-V 坐标平面内，由冲击绝热方程可得到一条通过 (p_0,V_0) 点的曲线，称为冲击绝热线，如图 2-5 所示。

由于冲击波是突跃的，因此冲击绝热线只代表冲击压缩后可能到达的终点状态，而不反映状态变化的过程。其物理意义为：冲击波的冲击绝热线不是过程线，而是不同波速的冲击波传过具有同一初态 (p_0,V_0) 的相同介质后达到的终点状态的连线。

图 2-5　冲击绝热线与波速线的关系

Ⅰ—冲击绝热线；Ⅱ—等熵绝热线；1，2—波速线

冲击波通过后，介质状态落在冲击绝热线上的具体位置决定于冲击波的速度。由李曼方程式（2-19）可得到

$$p - p_0 = \frac{D^2}{V_0^2}(V_0-V) \tag{2-30}$$

该方程在 p-V 坐标平面内是一条通过 (p_0,V_0) 点的直线，其斜率为 $\tan\alpha = \dfrac{D^2}{V_0^2} = \dfrac{p-p_0}{V_0-V}$。该直线称为米海尔松直线或波速线，其物理意义为：波速线是相同波速的冲击波传过具有同一初态 (p_0,V_0) 的不同介质后达到的终点状态的连线。

由于冲击压缩后的介质既要满足冲击绝热线方程，又要满足波速线方程，因此冲击压缩后的介质状态由冲击绝热线与波速线的交点坐标确定。

2.5.3.3 气体中的冲击波参数

冲击波的基本方程有 3 个：2 个李曼方程和 1 个雨贡纽方程，而需要确定的未知参数有 4 个：压力 p、密度 ρ、波速 D 和质点速度 u。如果事先确定其中的一个（通常是事先测定波速或压力，因为这两个参数较容易测量），就能将其他参数用这一参数表示，求解出来。

假定冲击波传过的介质为理想气体，则由式（2-19）~式（2-21）和式（2-29），经推导可得到

$$u = \frac{2}{K+1} D(1 - 1/M^2) \tag{2-31}$$

$$p - p_0 = \frac{2}{K+1} \rho_0 D^2 (1 - 1/M^2) \tag{2-32}$$

$$\frac{\rho}{\rho_0} = \frac{K-1}{K+1} + \frac{2}{(K+1)M^2} \tag{2-33}$$

式中，M 为冲击波速度与未扰动气体中的声速之比，称为马赫数，$M = D/c_0$。

绝热指数 K 的取值：对单原子分子，$K = 5/3$；对双原子分子，$K = 1.4$；对三原子分子，$K = 1.25$；对空气，当温度 $T = 273 \sim 3000$K，$K = 1 + R(4.78 + 0.45 \times 10^{-3} T)^{-1}$ 或取 $K = 1.4$。

进一步，利用理想气体的状态方程 $pV = nRT$，可求得冲击压缩后气体的温度

$$\frac{T}{T_0} = \frac{p}{p_0} \frac{(K+1)p_0 + (K-1)p}{(K+1)p + (K-1)p_0} \tag{2-34}$$

对强冲击波，$p \gg p_0$，$1/M^2$ 和 p_0 可忽略不计，于是，强冲击波的参数计算式为

$$u = \frac{2}{K+1} D \tag{2-35}$$

$$p = \frac{2}{K+1} \rho_0 D^2 \tag{2-36}$$

$$\frac{\rho}{\rho_0} = \frac{1-K}{1+K} \tag{2-37}$$

$$\frac{T}{T_0} = \frac{p}{p_0} \frac{K-1}{K+1} \tag{2-38}$$

【例题 2-5】 某地气温为 -5℃，大气压为 0.85×10^5Pa，测得 $D = 1500$m/s，试计算冲击波后的空气参数。

解： 波前空气

$$p_0 = 0.85 \times 10^5 \text{Pa}, \ T_0 = 268\text{K}$$

由理想气体的状态方程

$$\rho_0 = p_0/(RT_0) = [0.85 \times 10^5/(283.45 \times 268)] \text{ kg/m}^3 = 1.119 \text{kg/m}^3$$

声速

$$c_0 = \sqrt{nRT} = 20.05\sqrt{T} = (20.05\sqrt{268}) \text{m/s} = 328 \text{m/s}$$

由于 $1/M^2 = c_0^2/D^2 = 328^2/1500^2 = 0.048 \ll 1$，按强冲击波计算波后的空气参数

$$u = \frac{2}{K+1}D = \frac{2}{1.4+1} \times 1500\mathrm{m/s} = 1250\mathrm{m/s}$$

$$p = \frac{2}{K+1}\rho_0 D^2 = \frac{2}{1.4+1} \times 1.119 \times 1500^2\mathrm{Pa} = 21 \times 10^5\mathrm{Pa}$$

$$\rho = \frac{K-1}{K+1}\rho_0 = \frac{1.4-1}{1.4+1} \times 1.119\,\mathrm{kg/m^3} = 6.714\mathrm{kg/m^3}$$

$$T = \frac{p}{p_0}\frac{K-1}{K+1}T_0 = \frac{21 \times 10^5}{0.85 \times 10^5} \times \frac{1.4-1}{1.4+1} \times 268\mathrm{K} = 1104\mathrm{K}$$

$$c = 20.05\sqrt{T} = 20.05\sqrt{1104}\,\mathrm{m/s} = 666\mathrm{m/s}$$

注意到，由于波阵面后质点的运动速度为 $u = 1250\mathrm{m/s}$，因此冲击波后的实际声速为 $c + u = (666+1250)\mathrm{m/s} = 1916\mathrm{m/s}$，大于冲击波速度，可见冲击波相对于波后介质而言，是亚声速的，这是冲击波的性质之一。

2.5.3.4　冲击波的特性

通过上面的分析，归纳出冲击波的性质如下：

（1）冲击波传播速度对未扰动介质而言是超声速的，对已扰动介质而言则是亚声速的。

（2）冲击波波速与波的强度有关，波的强度越大，波速越大。

（3）冲击波具有陡峭的波头，其波阵面上的介质状态参数产生突跃变化。

（4）冲击波传播过程中，波阵面上的介质将产生质点运动，运动方向与波的传播方向相同，但其速度小于波速，因此在冲击波后伴随有稀疏波。

（5）介质受冲击波压缩时，熵值增大，即内能增大，动能减小，所以随着冲击波在介质中传播，波的强度随之衰减，最终衰减为声波。

（6）冲击波是一种脉冲波，不具有周期性。

2.6　炸药的爆轰及参数计算

对炸药爆轰过程的大量研究表明，爆轰是一层层地以波的形式在炸药中传播的，这种波称为爆轰波。各种炸药在一定的装药条件下，都能以特有的稳定传播速度进行爆轰。

从本质上讲，爆轰波就是在炸药中传播的伴随有化学反应的强冲击波。但是，它与一般强冲击波不完全相同，这个冲击波在炸药中传播之后，使得炸药受到强烈的冲击压缩，压力、温度皆上升到很高的值，炸药立即发生剧烈的化学反应而放出大量的化学能，所放出的能量又供给冲击波对下一层炸药进行冲击压缩，因而使得爆轰波能够不衰减地在炸药中一层层地传播下去。

爆轰波是一种特殊的强冲击波，它与普通的冲击波既有相同之处，也有不同之处。相同之处是：

（1）爆轰波过后，状态参数（压力、温度、密度）急剧增加。

（2）爆轰波传播速度相对于波前介质（炸药）是超声速的。

（3）爆轰波过后，爆轰产物获得一个与爆轰波传播方向相同的运动速度。

不同之处是：

（1）爆轰波由前沿冲击波和紧跟在其后的化学反应区组成，它们是一个不可分割的整体，而且以同一速度在炸药中传播，此传播速度称为爆速。

（2）由于爆轰波具有化学反应区，所以可以放出能量，使爆轰波在传播过程中不断得到能量补充，而不衰减。而冲击波只是一个强间断面，通过这个冲击压缩，压力、密度、温度等急剧增加，但是不发生化学反应，没有能量补充，因而冲击波在传播过程中衰减，最后成为声波。

（3）冲击波相对于波后介质是亚声速的，而爆轰波传播速度相对于波后介质为当地声速。

2.6.1　爆轰波模型

2.6.1.1　爆轰波的 C-J 理论

爆轰波的 C-J 理论是 Chapman 于 1899 年和 Jouguet 于 1905 年分别提出的。简言之，C-J 理论把爆轰过程简化为一个包含化学反应的一维定常传播的强间断面，该强间断面叫爆轰波。这一简化，可以不必考虑化学反应的细节，化学反应的作用仅归结为一个外加能源，且只以热效应反映到流体力学的能量方程中。用流体力学的基本方程组就可以对爆轰过程和爆燃过程进行理论分析，使原本复杂的问题变得简单。

爆轰波的 C-J 理论属于经典爆轰波理论，它是在气体动力学基础上对爆轰进行研究，这个理论不仅对爆轰过程进行了定性的解释，而且还可以计算出诸如爆速、爆压等爆轰参数。

2.6.1.2　爆轰波 ZND 模型

爆轰波的 C-J 理论成功地解释了气体爆轰的基本关系式，利用该理论推导出的爆轰参数计算公式具有很高的计算精度。可以说，C-J 理论在预测气体爆轰方面获得了很大的成功，C-J 理论很快被人们所接受，成为流体动力学爆轰理论的基础。随着实验测试水平的提高，发现 C-J 理论与实验结果仍有较大的偏离。在很多场合，这种偏离是不能接受的。爆轰波毕竟存在一个有一定宽度的化学反应区，对某些爆炸物，反应区宽度还相当大；这时如果仍将化学反应区的宽度视为零，把爆轰波阵面当作一个间断面处理，显然是不恰当的。事实说明，C-J 理论简化可能过多，应当修正，必须考虑爆轰波化学反应的能量释放过程，进一步研究爆轰波的内部结构。

为此，20 世纪 40 年代，苏联和欧美的三位科学家分别独立地提出了所谓的 ZND 模型，对 C-J 理论进行了修正。

ZND 模型的实质是把爆轰波阵面看成是由引导冲击波加有限宽度的化学反应区构成。忽略热传导、辐射、扩散、黏性等因素，仍把引导冲击波作为强间断面处理。这样的爆轰波模型如图 2-6 所示。爆轰波由前沿冲击波和紧跟在其后的化学反应区所组成，它们以相同的速度 D 在炸药中传播，在化学反应末端处化学反应完成，形成爆轰。

2.6.1.3　爆轰过程的描述

根据爆轰波的 ZND 模型，爆轰波是由前沿冲击波和靠跟在其后的化学反应区所组成的。如图 2-7 所示，当爆轰波沿炸药传播时，炸药首先受到前沿冲击波的强烈压缩，使炸药从初始状态 O 点立即上升到冲击波的冲击绝热线和波速线的交点状态 Z，然后炸药在高温、高压下迅速进行剧烈的化学反应；随着化学反应的进行，不断放出热量，化学反应区的产物也不断发生膨胀，使压力和密度不断下降。但是由于爆轰稳定传播的速度不变，在图2-7上状态由 Z 点沿波速线不断下降，当化学反应结束到达化学反应区末端面时，状态对应于爆轰波的冲击绝热线和波速线的切点 M，按照 M 点的特点，爆轰稳定传播。

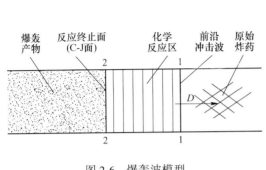

图2-6　爆轰波模型

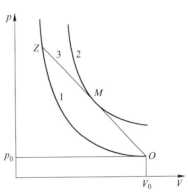

图2-7　爆轰过程
1—前沿冲击波的冲击绝热线；2—爆轰波
的冲击绝热线；3—波速线

图2-8表示了爆轰过程中压力、密度、温度的变化。当炸药受到前沿冲击波的冲击压缩时，压力、密度和温度分别由 p_0、ρ_0、T_0 立即上升到 p、ρ、T；随后由于化学反应生成气体的不断膨胀，在反应区内压力和密度就不断下降，至化学反应区末端面时，压力大约下降到前沿冲击波时压力的二分之一，密度大约下降到前沿冲击波时密度的三分之一；对于温度，由于在化学反应过程中不断放出热量，使化学反应区内的温度不断提高，在化学反应区末端面之前温度达到最大值，而到达化学反应区末端面时温度有所下降。化学反应区末端区后，爆轰产物按照等熵膨胀的规律，产物气体的压力、密度、温度不断下降。

2.6.2　爆轰稳定传播的条件

由对波速线和冲击绝热线的讨论知，爆轰波化学反应区末端爆轰产物的状态必定既在波速线上，又在冲击绝热线上。

爆轰波若能稳定传播，爆轰波化学反应区末端面产物的状态将是而且只能是爆轰波波速线和冲击绝热线的切点相对应的状态，如图2-7

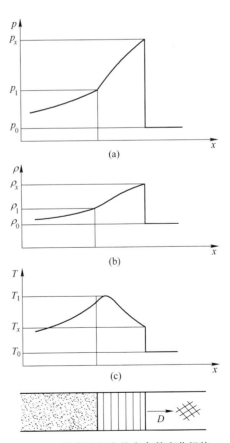

图2-8　爆轰过程中状态参数变化规律
（a）压力；（b）密度；（c）温度

所示。切点 M 称为 C-J 点，切点 M 的状态对应爆轰波化学反应区末端面，称为 C-J 面，切点 M 所表示的状态称为 C-J 状态。

C-J 状态具有如下重要特点：弱扰动波在此状态下的传播速度恰好等于爆轰波的传播速度 D_H。在 C-J 面，产物质点具有速度 u_H，弱扰动波的传播速度是此状态下的当地声速，即 u_H+c_H，所以有

$$u_H + c_H = D_H \tag{2-39}$$

方程（2-39）就是爆轰稳定传播条件，又称为 C-J 条件。

在物理本质上，爆轰波在炸药中能够稳定传播的原因，完全在于化学反应供给能量，这个能量维持爆轰波不衰减地传播下去。假若这个能量受到了损失，则爆轰波就会因缺乏能量而衰减。

爆轰波在炸药中传播过后，产物处于高温、高压状态。但是此高温、高压状态不能孤立存在，必定迅速发生膨胀。从力学观点来看，也就是从外界向高压产物传播进一系列的膨胀波，其膨胀波速度在化学反应区末端面上等于 u_H+c_H。

$u_H+c_H=D$，意味着爆轰产物膨胀所形成的膨胀波传播至化学反应区末端面时，在此处与爆轰波的传播速度相等，因而膨胀波无法再传入化学反应区内，化学反应区放出的能量不会受到损失，全部用来支持爆轰波的运动，使爆轰波稳定传播。

$u_H+c_H>D$，意味着从爆轰产物传入的膨胀波在化学反应区末端面上的速度比爆轰波传播速度快，从而膨胀波可以进入化学反应区，使化学反应区膨胀而损失能量，这样化学反应放出的能量就不能全部用来支持爆轰波的运动，导致爆轰波衰减。

$u_H+c_H<D$，意味着弱扰动速度小于爆速，这在实际中是不可能实现的。从力学观点来讲，在化学反应区内部，由于不断地层层进行化学反应放出热量，陆续不断地层层产生压缩波，此一系列压缩波向前传播，最终汇聚成为前沿冲击波。在弱扰动速度小于爆速的情况下，化学反应区内向前传播的压缩波无法达到前沿冲击波，因此前沿冲击波会脱离化学反应区而成为无能源的一般冲击波，所以传播过程中必然衰减。

通过上面的分析可明显看出，只有爆轰波的波速线与冲击绝热线相切点 M 所具有的条件

$$u_H + c_H = D_H$$

才是爆轰稳定条件。

2.6.3 爆轰波参数计算

爆轰参数指爆轰波 C-J 面上的参数，为与前面一般的冲击波参数区别，这里对所有的爆轰参数均添加下标 H。所需要求解的爆轰波参数有 5 个：压力 p_H、密度 ρ_H、波速 D_H、质点速度 u_H 和温度 T_H。爆轰波是冲击波，它仍然遵循前面冲击波的质量守恒、动量守恒，但由于炸药爆轰的热效应，它遵循的能量守恒形式有所改变，成为

$$e_H - e_0 = \frac{1}{2}(p_H + p_0)(V_0 - V_H) + Q_{HV} \tag{2-40}$$

此外，爆轰波还必须遵循爆轰稳定传播的 C-J 条件。

对于气体炸药，当其密度小于 $10kg/m^3$ 时，可忽略弹性内能、弹性压强和余容修正，将气体视作理想气体，并假定气体绝热指数 K 与温度和成分无关。于是,能量方程式(2-40)

可具体写为

$$\frac{1}{K-1}(p_{\mathrm{H}}V_{\mathrm{H}} - p_0 V_0) = \frac{1}{2}(p_{\mathrm{H}} + p_0)(V_0 - V_{\mathrm{H}}) + Q_{HV} \qquad (2\text{-}41)$$

由于是理想气体，爆炸产物状态参数还必须服从理想气体的状态方程，即 $p_{\mathrm{H}}V_{\mathrm{H}} = nRT_{\mathrm{H}}$。

可以看出：这里的问题是 5 个方程（质量守恒、动量守恒、能量守恒、爆轰波 C-J 条件和理想气体状态方程）求解 5 个爆轰参数（压力 p_{H}、密度 ρ_{H}、波速 D_{H}、质点速度 u_{H} 和温度 T_{H}），因而可以得到确定的解答。经推导，其结果为

$$D_{\mathrm{H}} = \sqrt{\frac{K^2-1}{2}Q_{HV}} + \sqrt{\frac{K^2-1}{2}Q_{HV} + c_0^2} \qquad (2\text{-}42)$$

$$p_{\mathrm{H}} - p_0 = \frac{2}{K+1}\rho_0 D_{\mathrm{H}}^2 (1 - c_0^2/D_{\mathrm{H}}^2) \qquad (2\text{-}43)$$

$$\frac{\rho_{\mathrm{H}}}{\rho_0} = \frac{K+1}{K + c_0^2/D_{\mathrm{H}}^2} \qquad (2\text{-}44)$$

$$u = \frac{1}{K+1}D_{\mathrm{H}}(1 - c_0^2/D_{\mathrm{H}}^2) \qquad (2\text{-}45)$$

$$T_{\mathrm{H}} = \frac{(KD_{\mathrm{H}}^2 + c_0^2)^2}{nRK(K+1)^2 D_{\mathrm{H}}^2} \qquad (2\text{-}46)$$

而爆轰产物中的声速是不独立的，可表示为

$$c_{\mathrm{H}} = \sqrt{Kp_{\mathrm{H}}/V_{\mathrm{H}}} = \sqrt{Kp_{\mathrm{H}}\rho_{\mathrm{H}}} \qquad (2\text{-}47)$$

对强爆轰波，$p_{\mathrm{H}} \gg p_0$，$D_{\mathrm{H}} \gg c_0$。p_0 和 c_0 可以忽略时，式 (2-42)~式 (2-46) 可简化为

$$D_{\mathrm{H}} = \sqrt{2(K^2-1)Q_{HV}} \qquad (2\text{-}48)$$

$$p_{\mathrm{H}} = \frac{2}{K+1}\rho_0 D_{\mathrm{H}}^2 \qquad (2\text{-}49)$$

$$\rho_{\mathrm{H}} = \frac{K+1}{K}\rho_0 \qquad (2\text{-}50)$$

$$u = \frac{1}{K+1}D_{\mathrm{H}} \qquad (2\text{-}51)$$

$$T_{\mathrm{H}} = \frac{KD_{\mathrm{H}}^2}{nR(K+1)} \qquad (2\text{-}52)$$

如果按式 (2-35)~式 (2-37) 计算爆轰开始界面的参数，由于冲击波阵面与爆轰波面具有相同的传播速度，比较发现：

$$p = 2p_{\mathrm{H}}, \quad u = 2u_{\mathrm{H}}, \quad \rho = \frac{K}{K-1}\rho_{\mathrm{H}} \qquad (2\text{-}53)$$

进一步，经过类似的分析，还可以得到爆温 T 与爆轰温度或 C-J 面上的温度 T_{H} 的关系（计算时，T 为摄氏温度，T_{H} 为绝对温度；爆温指爆炸产物在炸药占有原体积达到平衡时的热化学温度）为

$$T_{\mathrm{H}} = \frac{2K}{K+1}T \qquad (2\text{-}54)$$

和爆轰压 p_{H} 与爆压 $\bar{p}$ 的近似关系

$$p_H \approx 2\bar{p} \tag{2-55}$$

以上计算中，引用了气体的状态方程，因此只能适用于爆轰压力不是很高的气体爆轰，对于大多数工业及军用的凝聚体炸药，这些计算式不再适用。对于凝聚体炸药的爆轰参数计算，需要利用凝聚体炸药爆轰产物的状态方程，导出相应的计算式。目前，多采用格留纳森状态方程取第一项作为凝聚体炸药爆轰产物的状态方程。

$$pV^r = A \tag{2-56}$$

式中，r 为凝聚体炸药的多方指数；A 为与炸药有关的常数。

虽然式（2-56）在形式上与理想气体的等熵方程相同，但其物理本质是完全不同的。利用凝聚体炸药爆轰产物的状态方程，进行相应的推导，可得到与气体爆轰参数计算式形式相同的凝聚体炸药爆轰参数计算式，只需将绝热指数 K 改为多方指数 r 即可。

$$D_H = \sqrt{2(r^2 - 1)Q_{HV}} \tag{2-57}$$

$$p_H = \frac{2}{r+1}\rho_0 D_H^2 \tag{2-58}$$

$$\rho_H = \frac{r+1}{r}\rho_0 \tag{2-59}$$

$$u = \frac{1}{r+1}D_H \tag{2-60}$$

$$T_H = \frac{rD_H^2}{nR(r+1)} \tag{2-61}$$

炸药的多方指数与爆炸产物的组成、炸药密度、爆轰参数等有关，目前难以精确计算。阿平给出的近似计算为

$$r^{-1} = \sum B_i r_i^{-1} \tag{2-62}$$

式中，B_i 为第 i 种产物的物质的量与爆轰产物总物质的量之比；r_i 为第 i 种产物多方指数，见表2-9。

表 2-9　某些爆轰产物多方指数

爆轰产物	H_2O	O_2	CO	C	N_2	CO_2
多方指数	1.9	2.45	2.85	3.55	3.7	4.5

也有人认为多方指数只与炸药密度有关，他们给出的关系是

$$r = 1.9 + 0.6\rho_0 \tag{2-63}$$

在工程实际中，通常将多方指数认为是常数，取 $r = 3$ 是一种很好的近似，这样之后，爆轰参数计算更为简洁。

$$D_H = 4\sqrt{Q_{HV}}, \quad p_H = \frac{1}{4}\rho_0 D_H^2, \quad \rho_H = \frac{4}{3}\rho_0, \quad u_H = \frac{1}{4}D_H, \quad c_H = \frac{3}{4}D_H \tag{2-64}$$

需要指出：爆轰产物状态方程的精确确定目前尚很困难，以上的计算是一种近似。尤其是按式（2-57）计算出的爆速值与实际值偏差较大，故爆速一般实际测定或按经验式估算。

此外，按以上公式计算出的爆轰参数，都是在一维轴向流动条件下的理想爆轰参数，

反应区放出的热量全部用来支持爆轰波的传播。但在实际情况下，存在径向流动，使爆轰波的有效能量利用区小于反应区，支持爆轰波传播的能量减少，从而降低爆速，其余爆轰参数相应减小。

2.6.4　爆速测量

炸药的爆速是衡量炸药爆炸性能的重要参数，也是爆轰参数中测定得最准确的一个参数。爆速的实验测定在炸药应用研究上具有重要作用，并且也为检验爆轰理论的正确性提供了依据。

测定爆速的方法比较多，常用的方法有 3 种。第一种是导爆索法，第二种是电测法，第三种是高速摄影法。

2.6.4.1　导爆索法

导爆索法是法国人道特里斯提出的，所以又称道特里斯法。由于该方法简单易行，不需要复杂贵重的仪器设备，至今仍广泛用于民用工业炸药的爆速测定。这一方法的示意图如图 2-9 所示，装在外壳（钢管或纸管）中的炸药试样，长 400~500mm，在外壳上 b、c 两点钻两个同样深的孔，第一个孔 b 与起爆端的距离不应小于药柱直径的 5 倍，以确保 b 点能达到稳定爆轰；两孔间的

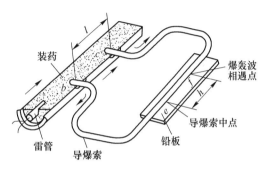

图 2-9　导爆索法测爆速原理图

距离为 300~400mm。准确测量 b、c 间的距离（测准至 1mm）。实验时，把一根长约 2m、已知爆速的导爆索的两端插入两孔中至相同的深度，将导爆索的中段拉直并固定在一块长约 500mm、厚约 5mm 的铅板上，对着导爆索的中点 e 在铅板上刻一条线作为标记。

当装药被雷管起爆后，爆轰波沿着炸药柱向右传播。传至 b 点分成两路：一路引爆导爆索，另一路继续沿药柱向前传播，至 c 点又引爆导爆索的另一端 c。导爆索中两个方向相反的爆轰波相遇于 f 点，作用在铅板上留下明显的痕迹。爆轰波传播经 b、e、f 与 b、c、f 所用的时间相等。即有

$$\frac{L/2 + h}{D_f} = \frac{l}{D} + \frac{L/2 - h}{D_f}$$

$$D = lD_f/(2h) \tag{2-65}$$

式中，L 为导爆索长度，m；l 为 bc 间的距离，m；h 为 ef 间的距离，m；D_f 为导爆索的爆速，km/s；D 为被测炸药的爆速，km/s。

已知导爆索的爆速，并测出 l 和 h，就可以得到所测炸药爆速。这种方法的测量精度取决于导爆索爆速的精度、导爆索的均匀性及距离 l 和 h 的测量精度，一般来说，这种方法的测量精度为 3%~5%。

2.6.4.2　电测法

该方法利用电子测时仪或示波器测定爆轰波通过被测炸药两个断面之间的时间间隔，进而计算炸药的爆速。

如图 2-10 所示，测定时，在被测药柱不同距离的地方装入多对互相绝缘的探针传感器，传感器一端接地，另一端通过信号网络与测时仪相连。炸药爆炸时，爆轰波沿着药柱传播，爆轰产物在高温、高压下发生离解，具有良好的导电性，陆续使探针 A、B、C、D 接通，信号传给计时仪，测出爆轰波相继通过各传感器的时间，由于药柱在 A、B、C、D 间的距离预

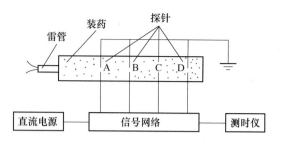

图 2-10　电测法测爆速示意图

先已经精确测量出来，所以可以计算出爆轰波在炸药中稳定传播的速度。

设备相邻探针间的距离为 $\Delta L_i (i = 1, 2, \cdots, n-1)$。爆轰波通过探针间距离的相应时间间隔为 Δt_i，则可计算出炸药的爆速

$$D_i = \Delta L_i / \Delta t_i \tag{2-66}$$

$$D = \sum_{i=1}^{n-1} D_i / (n - 1) \tag{2-67}$$

由于这种方法时间分辨率高，故药柱可以做得较小。而且测定爆速具有精度高、用药量小的优点，其精度可以达到相对误差为 0.3%。

2.6.4.3　高速摄影法

该方法是利用爆轰波沿药柱传播时的发光现象，用高速照相机将爆轰波沿药柱移动的光拍摄在胶片上，得到爆轰波传播的时间-距离扫描曲线，从而测出爆轰波在药柱中各点传播的速度。

图 2-11 是采用高速摄影法测定爆速的示意图。雷管起爆后，爆轰波沿着药柱由上向下传播，爆轰波波阵面所发射出的光经过透镜到达高速旋转的转镜上，然后再由转镜反射到胶片上。因此，当爆轰波由 A 传播到 B 时，反射到胶片上的光点由 A' 移动到 B'，这样药柱爆轰完后，在胶片上就得到了一条相应的扫描曲线。高速照相机测得爆速的胶片如图 2-12 所示，转镜转动的扫描方向是胶片的水平方向，爆轰波传播方向是胶片的竖直方向，则扫描线是有关爆轰波传播速度和转镜转速的一条曲线。

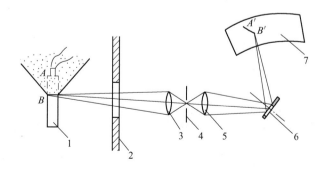

图 2-11　高速摄影法测定炸药爆速示意图
1—爆轰药柱；2—防护墙；3, 5—透镜；4—狭缝；6—转镜；7—胶片

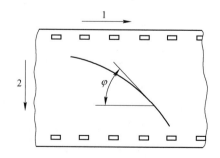

图 2-12　胶片上的扫描曲线
1—转镜转动的扫描方向；2—爆轰波传播方向

若扫描点在胶片水平方向移动的速度是 u_1，扫描点在竖直方向移动的速度是 u_2，设扫描线在某点与水平线的夹角为 φ，则

$$\tan\varphi = u_2/u_1 \tag{2-68}$$

水平扫描速度 u_1 可以根据转镜的转速和扫描半径进行确定。若转镜的转速是 n，扫描半径为 R，由于光线反射角是转镜转动角的 2 倍，故光线通过转镜反射到胶片上的水平速度

$$u_1 = 4\pi Rn \tag{2-69}$$

竖直扫描速度 u_2 可以根据爆轰波向下传播的速度和照相机放大系数进行确定。设爆轰波沿药柱传播在某点处速度为 D，相机放大系数是 β，则光线在胶片上对应点的竖直速度

$$u_2 = \beta D \tag{2-70}$$

将式（2-69）和式（2-70）代入式（2-68），得

$$D = 4\pi Rn\tan\varphi/\beta = C\tan\varphi \tag{2-71}$$

式中，C 为相机参数。

于是，按照测定的扫描线与水平线的夹角可计算爆速。由于扫描线是爆轰过程实测的结果，扫描线各点斜率与水平线夹角不同，因而所测定的爆速是爆轰波沿药柱传播的瞬时速度。

高速摄影法的优点是可以测定爆轰波沿药柱传播过程的瞬时速度。但是测量底片时，由于 φ 角不易测得很准，因而该方法与电测法相比，精确度较差。

2.6.5 爆速及其影响因素

爆速是反映炸药爆轰性能的重要参数，也是计算其他爆轰参数的基础。故在此对其影响因素进行分析。

炸药的爆速除了与炸药本身的性质，如炸药密度、产物组成、爆热和化学反应速度有关外，还受装药直径、装药密度和粒度、装药外壳、起爆冲能及传爆条件等影响。从理论上讲，当药柱为理想封闭、爆轰产物不发生径向流动、炸药在冲击波波阵面后反应区释放出的能量全部都用来支持冲击波的传播时，爆轰波以最大速度传播，这时的爆速叫理想爆速。实际上，炸药是很难达到理想爆速的，炸药的实际爆速都低于理想爆速。

2.6.5.1 装药直径的影响

圆柱形装药爆轰时，冲击波沿装药轴向前传播，在冲击波波阵面的高压下，必然产生侧向膨胀，这种侧向膨胀以稀疏波的形式由装药边缘向轴心传播，其传播速度为介质中的声速。

图 2-13 所示为装药直径影响爆速的机理。无外壳约束的药柱在空气中爆轰时，由于爆轰产物的径向膨胀，除在空气中产生空气冲击波外，同时在爆轰产物中产生径向稀疏波向药柱轴心方向传播。此时，厚度为 a 的反应区 $ABBA$ 分为两部分：稀疏波干扰区 ABC 和未干扰的稳恒区 $ACCA$。由于只有稳恒区内炸药反应释放出的能量对爆轰波传播有效，因

而冲击波的强度将下降，爆速也相应减小。稳恒区的大小，表明支持冲击波传播的有效能量的多少，决定了爆速的大小。当稳恒区的长度小于一定值时，便不能稳定爆轰。

研究表明，炸药爆速随装药直径 d_c 的增大而提高。图 2-14 表明了爆速随药柱直径变化的关系。当装药直径增大到一定值后，爆速接近于理想爆速。接近理想爆速的装药直径称为极限直径，此后爆速不随装药直径的增大而变化。当装药直径小于极限直径时，爆速将随装药直径减小而减小。当装药直径小到一定值后便不能维持炸药的稳定爆轰。能维持炸药稳定爆轰的最小装药直径称为炸药的临界直径。炸药在临界直径时的爆速称为炸药的临界爆速。

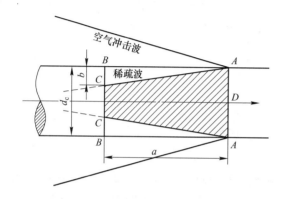

图 2-13　爆轰产物的径向膨胀与径向
稀疏波对反应区的干扰

图 2-14　装药直径与爆速的关系

实际应用中，为保证炸药稳定爆轰，装药直径必须大于炸药的临界直径。临界直径与炸药化学性质有很大关系：起爆药的临界直径最小，一般为 10^{-2}mm 量级；其次为高猛单质炸药，一般为几毫米；硝酸铵和硝铵类混合炸药的临界直径较大，硝酸铵可达 100mm，而铵梯炸药一般为 12~15mm。对于同一种炸药，密度不同时，临界直径也不同。对多数单质炸药，密度越大，临界直径越小；但对混合炸药，尤其是硝铵类炸药，密度超过一定限度后，临界直径随密度增大而明显增加。

2.6.5.2　装药密度的影响

增大装药密度，可使炸药的爆轰压力增大，化学反应速度加快，爆热增大，爆速提高。且反应区相对变窄，炸药的临界直径和极限直径都相应减小，理想爆速也相对提高。但其影响规律随炸药类型不同而变化。

对单质炸药，因增大密度既提高了理想爆速，又减小了临界直径，在达到结晶密度之前，爆速随密度增大而增大。

试验表明：单质炸药爆速与密度之间存在下列关系（对单质炸药，因其临界直径和极限直径都很小，通常采用的药卷直径都大于极限直径，测得的爆速为理想爆速）：

$$D = a + b\rho_0 \qquad\qquad (2\text{-}72)$$

式中，a 和 b 为与炸药有关的常数，见表 2-10；D 为爆速，m/s；ρ_0 为炸药密度，kg/m³。

表 2-10　几种炸药的 a 和 b 值

炸 药	a	b	炸 药	a	b
梯恩梯	1800	3.23	苦味酸铵	1550	3.44
太安	1600	3.95	硝基胍	1440	4.02
黑索金	2490	3.59	叠氮化铅	2860	0.56
特屈儿	2380	3.22	雷汞	1490	0.89
苦味酸	2210	0.03			

对混合炸药，密度与爆速的关系比较复杂。增大密度虽然能提高理想爆速，但相应地也增大了临界直径。当药柱直径一定时，存在使爆速达最大的密度值，这个密度称为最佳密度。超过最佳密度后，再继续增大装药密度，就会导致爆速下降。当爆速下降到临界爆速，或临界直径增大到药柱直径时，爆轰波就不能稳定传播，最终导致熄爆。

对混合炸药，还可以看到：增大药柱直径时，混合炸药的最佳密度增大，最大爆速也增大。

2.6.5.3 炸药粒度的影响

对于同一种炸药，当粒度不同时，化学反应的速度不同，其临界直径、极限直径和爆速也不同。但粒度的变化并不影响炸药的极限爆速。一般情况下，减小炸药粒度能够提高化学反应速度，减小反应时间和反应区厚度，从而减小临界直径和极限直径，爆速增高。

但混合炸药中不同成分的粒度对临界直径的影响不完全一样。其敏感成分的粒度越细，临界直径越小，爆速越高；而相对钝感成分的粒度越细，临界直径增大，爆速也相应减小；但粒度细到一定程度后，临界直径又随粒度减小而减小，爆速也相应增大。

2.6.5.4 装药外壳的影响

装药外壳可以限制炸药爆轰时反应区爆轰产物的侧向飞散，从而减小炸药的临界直径。当装药直径较小时，爆速远小于理想爆速；较大时，增加外壳可以提高爆速，其效果与加大装药直径相同。例如，硝酸铵的临界直径在玻璃外壳时为100mm，而采用7mm厚的钢管时仅为20mm。装药外壳不会影响炸药的理想爆速，所以当装药直径较大、爆速已接近理想爆速时，外壳作用不大。

利用炮眼内耦合装药爆破岩石，围岩起到外壳的作用，在炮眼直径较小的情况下，能够提高爆速。

2.6.5.5 起爆冲能的影响

起爆冲能不会影响炸药的理想爆速，但要使炸药达到稳定爆轰，必须供给炸药足够的起爆能，且激发冲击波速度必须大于炸药的临界爆速。

试验研究表明：起爆能量的强弱，能够使炸药形成差别很大的高爆速或低爆速稳定传播，其中高爆速即是炸药的正常爆轰速度。例如，梯恩梯（密度为 $1.0g/cm^3$，直径为21mm，颗粒直径为 $0.6\sim1.0mm$）在强起爆能起爆时的爆速为3600m/s，而在弱起爆条件下，其爆速仅为1100m/s。装药直径为25.4mm的硝化甘油，用6号雷管起爆时的爆速为2000m/s，而用8号雷管起爆时的爆速为8000m/s以上。

低速爆轰是一种比较特殊的现象，目前还难以从理论上加以明确解释。但是一般认为，低速爆轰现象主要出现在以表面反应机理起主导作用的非均质炸药，这样的炸药对冲击波作用很敏感，能被较低的初始冲能引爆，但由于初始冲能低，爆轰化学反应不完全，相当多的能量都是在 C-J 面之后的燃烧阶段放出，用来支持爆轰传播的能量较小，因而爆速较低。

2.6.6　炸药爆轰的间隙效应

混合炸药（特别是硝铵类混合炸药）细长连续装药，通常在空气中都能正常传爆，但在炮孔内，如果药柱与炮孔孔壁间存在间隙，常常会发生爆轰中断或爆轰转变为爆燃的现象，这种现象称为间隙效应或管道效应。间隙效应不仅降低了爆破效果，而且在瓦斯矿井内进行爆破时，若炸药发生爆燃，将有引起瓦斯爆炸事故的危险。

2.6.6.1　产生间隙效应的原因

实验研究与理论分析表明：当装药与炮孔孔壁之间存在间隙时，炸药的爆轰将在间隙内形成空气冲击波超前于爆轰波向前传播。在这种冲击波的作用下，炸药内产生自药柱表面向内部传播的压缩波，使炸药柱受压变形。当炸药受压达到一定程度后，压缩区可视为惰性层，从而减小炸药直径。但未达到稳定前，若炸药的有效直径已减小到炸药的临界直径，爆轰就将中断。

间隙效应的产生与炸药性能、装药不耦合值（炮眼直径与装药直径之比）和岩石性质有关，其原因是复杂的。以上观点目前也还处在争论之中，对此仍然需要深入研究。

2.6.6.2　消除间隙效应的措施

工程中，有效消除炸药的间隙效应有十分重要的意义。目前实践中常采用如下几种措施来消除间隙效应：

（1）采用耦合散装炸药消除径向间隙，可以从根本上消除间隙效应。

（2）间隙效应的产生有一定的间隙范围，在可能的条件下，避开这样的装药间隙范围装填炸药。

（3）在连续药柱上，隔一定距离套上硬纸板或其他材料做成的隔环。

（4）采用临界直径小，爆轰性能好，对间隙效应抵抗能力大的炸药。

（5）沿炸药柱全长铺设导爆索，或沿药柱全长设置多个起爆点。

2.6.6.3　应力波的反射

应力波在传播过程中，如果遇到岩石中的层理面、节理面、断层面和自由面，或者在传播过程中介质性质发生变化时，那么应力波的一部分会从交界面反射回来，另外一部分应力波则透射过交界面进入第二种介质，应力波的反射因其入射的角度不同有两种不同的反射情况，一种是应力波的垂直入射，另一种是应力波的倾斜入射。

2.7　爆炸应力波的反射

2.7.1　应力波垂直入射

应力波呈垂直入射时，情况比较简单。波的反射部分和透射部分的应力大小取决于不同介质的边界条件。这种边界条件是：（1）在边界面的两侧，其应力状态必须相等；

（2）垂直于边界面方向的质点运动速度必须相等。表示如下：

$$\sigma_I + (-\sigma_R) = \sigma_T \tag{2-73}$$

$$u_I + u_R = u_T \tag{2-74}$$

式中，σ 和 u 为应力和质点速度，下角标的字母 I、R 和 T 分别代表入射、反射和透射的应力波。

如果传播中的应力波为纵波，那么根据式（2-73），得

$$u_I = \frac{\sigma_I}{\rho_{r01}c_{p1}}, \quad u_R = \frac{\sigma_R}{\rho_{r01}c_{p1}}, \quad u_T = \frac{\sigma_T}{\rho_{r02}c_{p2}} \tag{2-75}$$

将式（2-75）代入式（2-74）中，得

$$\frac{\sigma_I}{\rho_{r01}c_{p1}} + \frac{\sigma_R}{\rho_{r01}c_{p1}} = \frac{\sigma_T}{\rho_{r02}c_{p2}} \tag{2-76}$$

解式（2-73）和式（2-74），得

$$\sigma_R = \frac{\rho_{r02}c_{p2} - \rho_{r01}c_{p1}}{\rho_{r02}c_{p2} + \rho_{r01}c_{p1}}\sigma_I \tag{2-77}$$

$$\sigma_T = \frac{2\rho_{r02}c_{p2}}{\rho_{r02}c_{p2} + \rho_{r01}c_{p1}}\sigma_I \tag{2-78}$$

式中，下标"1"和"2"分别代表入射和透射两种岩石。

以上两式具有重要意义，对研究岩体爆破过程中应力波的弥散损失，根据不同的岩性选择炸药的品种和分析自由面对提高爆破效果都具有指导性作用；公式还说明了反射应力波和透射应力波的大小是交界面两侧岩石特性阻抗的函数，从式中可以看出：

（1）如果 $\rho_{r01}c_{p1} = \rho_{r02}c_{p2}$，即两种岩石的波阻抗相同，那么 $\sigma_R = 0$，$\sigma_T = \sigma_I$，此时入射波通过界面时不发生反射，入射应力波全部透射进入第二种介质，没有波能损失。

（2）如果 $\rho_{r01}c_{p1} > \rho_{r02}c_{p2}$，既会出现透射的压缩波，也会出现反射的压缩波。

由于岩石的抗压强度一般都比较高，因此上述两种情况都不大可能产生岩石的破坏。

（3）如果 $\rho_{r01}c_{p1} < \rho_{r02}c_{p2}$，既会出现透射的压缩波，也会出现反射的拉伸波。

（4）如果 $\rho_{r02}c_{p2} = 0$，即入射应力波到达与空气接触的自由面时，那么 $\sigma_T = 0$，$\sigma_R = -\sigma_I$。在这种条件下入射波全部反射成拉伸波。

由于岩石的抗拉强度大大低于它的抗压强度，因此上述两种情况都可能引起岩石破坏，特别是后面这种情况，充分说明自由面对提高爆破效果的重要作用。

图 2-15 表示入射的一种三角形波从自由面反射的过程。设入射的应力波是压缩应力波，从左向右传播，如图 2-15（a）所示。波在到达自由面以前，随着波的前进，介质承受压缩应力的作用，当波到达自由面时立即发生反射。图 2-15（b）表示三角形波正在反射过程中，图 2-15（c）表示波的反射过程已经结束。反射前后的波峰应力值和波形完全一样，但极性完全相反，由反射前的压缩波变为反射后的拉伸波，由原介质中返回，随着反射波的前进，介质从原来的压缩应力下被解除的同时，而承受拉伸应力。

2.7.2 应力波斜入射

应力波斜入射情况比较复杂，入射波不管是纵波还是横波，反射后一般反射波和透射（折射）波中都将包含横波和纵波。下面仅分析纵波的斜入射。

若界面上两边岩石的黏结力不能使岩石沿界面产生相对滑动，则应力波入射到界面上所应满足的边界条件是：界面两边法向位移、切向位移、法向应力、切向应力均应连续相等。为满足边界条件，在界面上将同时产生 4 种不同的新波：反射纵波和反射横波，折射纵波和折射横波，如图 2-16 所示。

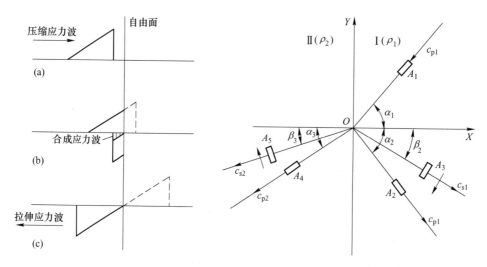

图 2-15　三角形波在自由面的反射过程　　　图 2-16　纵波在岩石界面上的反射与透射

这些波之间存在下列关系。

（1）入射角、反射角、折射角与波速的关系遵从斯涅耳定理，即

$$\sin\alpha_1/c_{p1} = \sin\alpha_2/c_{p1} = \sin\alpha_3/c_{p2} = \sin\beta_2/c_{s1} = \sin\beta_3/c_{s2} \qquad (2\text{-}79)$$

式中，c_{p1} 和 c_{s1} 为第 1 种岩石中纵波和横波的波速；c_{p2} 和 c_{s2} 为第 2 种岩石中纵波和横波的波速。

（2）各波位移幅值应满足下列方程（规定在波传播方向上产生的位移为正），由式（2-80）可求得用入射波位移幅值表示的反射波和折射波的位移幅值。

$$\begin{cases} (A_1 - A_2)\cos\alpha_1 + A_3\sin\beta_2 - A_4\cos\alpha_3 - A_5\sin\beta_3 = 0 \\ (A_1 + A_2)\sin\alpha_1 + A_3\cos\beta_2 - A_4\sin\alpha_3 + A_5\cos\beta_3 = 0 \\ (A_1 + A_2)c_{p1}\cos2\beta_2 - A_3c_{s1}\sin2\beta_2 - A_4c_{p2}(\rho_{r02}/\rho_{r01})\cos2\beta_3 - \\ \qquad A_5c_{s2}(\rho_{r02}/\rho_{r01})\sin2\beta_3 = 0 \\ \rho_{r01}c_{s1}^2\left[(A_1 - A_2)\sin2\alpha_1 - A_3(c_{p1}/c_{s1})\cos2\beta_2\right] - \rho_{r02}c_{s2}^2 \cdot \\ \qquad \left[A_4(c_{p1}/c_{p2})\sin2\alpha_3 - A_5(c_{p1}/c_{s2})\cos2\beta_3\right] = 0 \end{cases} \qquad (2\text{-}80)$$

正入射时，入射角和所有其他角度均等于零。在这种情况下，$A_3 = A_5 = 0$，即没有横波产生，只产生反射纵波和透射纵波。这两个波的位移幅值与入射波位移幅值的比值为

$$A_2/A_1 = (\rho_{r02}c_{p2} - \rho_{r01}c_{p1})/(\rho_{r02}c_{p2} + \rho_{r01}c_{p1}) \qquad (2\text{-}81)$$

$$A_4/A_1 = 2\rho_{r01}c_{p1}/(\rho_{r02}c_{p2} + \rho_{r01}c_{p1}) \qquad (2\text{-}82)$$

可见正反射是斜反射的特殊情况。

如果应力波在自由面（即岩石介质与空气的分界面）反射，则无透射，只有反射纵波和反射横波，且纵波反射角等于入射角，即 $\alpha_1 = \alpha_2$，而横波反射角与入射角的关系为

$$\sin\alpha_1 / \sin\beta_1 = c_{p1}/c_{s1} = \sqrt{2(1-\mu)/(1-2\mu)} \qquad (2\text{-}83)$$

利用边界条件，得到反射系数 R、反射纵波应力和反射横波应力为

$$R = \frac{\tan\beta_1 \tan^2 2\beta_1 - \tan\alpha_1}{\tan\beta_1 \tan^2 2\beta_1 + \tan\alpha_1} \qquad (2\text{-}84)$$

$$\sigma_R = R\sigma_I \qquad (2\text{-}85)$$

$$\tau_R = \left[(1+R)\cot 2\beta_1 \right]\sigma_I \qquad (2\text{-}86)$$

如果是入射横波，则自由面上入射波与反射波引起的应力的关系为

$$\tau_R = R\tau_I, \quad \sigma_R = \left[(R-1)\cot 2\beta_1 \right]\tau_I \qquad (2\text{-}87)$$

应力波进一步向前传播，将衰减为地震波，关于地震波的特性将在后面讲述。以上讨论的应力波属于在岩石内部传播的体波，此外还有表面波，关于表面波的有关知识这里不再述及，有兴趣的读者可参考相关书目。

2.8 炸药爆炸的动作用与静作用

2.8.1 炸药的猛度

炸药动作用的强度称为猛度，表征炸药做功功率和爆炸产生冲击波和应力波的强度，是衡量炸药爆炸特性及爆炸作用的重要指标。

对某种爆破介质，如果爆炸的总作用采用总冲量来表示，则炸药猛度可用动作用阶段给出的冲量，即爆炸总冲量的先头部分来确定。这部分冲量主要决定于炸药的爆轰压力（爆轰压 $p_c = \rho_0 D^2/4$）。因此，炸药的密度 ρ_0 和爆速 D 越高，猛度也越高。

猛度的试验测定方法有多种，其原理都是找出与爆轰压或头部冲量相关的某个参数作为炸药猛度的相对指标。较普遍采用的测定方法是铅柱压缩法和弹道摆法。

（1）铅柱压缩法：此法最简单，应用最广泛。试验时，将高 60mm、直径为 40mm 的纯铅制成的铅柱置于钢砧上（见图 2-17），在铅柱上端放置一块厚 10mm、直径为 41.5mm 的钢片。其上放药柱试样，并捆扎在钢砧上。试样的药量为 50g，直径为 40mm，密度 $\rho_0 = 1g/cm^3$，用纸作药壳。药柱中心做出放置雷管的圆孔，孔深 15mm，最后插入 8 号雷管进行引爆。爆炸后铅柱被压缩成蘑菇状。用压缩前、后铅柱的高差，即铅柱压缩值来表示炸药的猛度，量纲为 mm。

（2）弹道摆法：弹道摆（见图 2-18）是一个挂在旋转轴上的长圆柱形实心摆体 1。试验时，将一定质量炸药在一定压力下压制成炸药柱 5，并在其底部贴放一块钢片 4，放置于托板 7 上。药柱一端紧靠摆体并使药柱中心对正摆体轴心，然后引爆并记录下摆角。根据测得的摆角，按下列公式计算摆体获得的比冲量 I，用它作为炸药猛度的指标。

$$I = \frac{wT}{\pi S}\sin\frac{\alpha}{2} \qquad (2\text{-}88)$$

式中，w 为摆体质量；S 为摆体受冲断面面积；α 为摆角；T 为摆的周期，$T = \sqrt{L/g}$；L 为摆臂长，即转动轴至摆体重心的距离；g 为重力加速度。

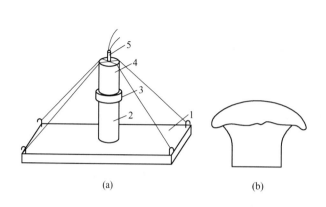
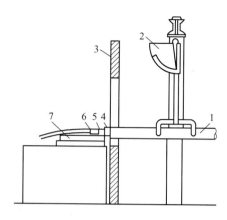

图 2-17　炸药猛度试验

（a）试验装置；（b）压缩后的铅柱

1—钢砧；2—铅柱；3—钢圆片；4—炸药柱；5—雷管

图 2-18　炸药猛度摆

1—摆体；2—量角器；3—防护板；4—钢片；
5—炸药柱；6—雷管；7—托板

爆破不同性质的岩石，应选择不同猛度的炸药。一般来说，岩石的声阻抗越大，选用的炸药猛度应越高。爆破声阻抗较小的岩石或进行土壤抛掷爆破时，炸药猛度不宜过高。若炸药猛度过高，可采用空气柱间隔装药或不耦合系数较大的不耦合装药以减小作用在炮眼壁上的初始压力，从而降低炸药的猛度作用。关于这一点，将在后面详述。

2.8.2　炸药的做功能力

炸药爆炸对周围介质所做机械功的总和，称为炸药的做功能力。它反映了爆炸生成物膨胀做功的能力。

假设炸药爆炸生成的高温高压气体对外进行绝热膨胀，根据热力学第一定律及爆炸气体产物的绝热状态参数关系式，可计算出炸药做功能力的理论值。

$$A = -\int du = Q_V \left[1 - (V_1/V_2)^{k-1} \right] = Q_V \left[1 - (p_1/p_2)^{\frac{k-1}{k}} \right] = \eta Q_V \qquad (2\text{-}89)$$

式中，A 为系统对外做的功；u 为系统的内能；Q_V 为炸药的爆热；V_1 和 V_2 为爆轰产物绝热膨胀初态、终态的比容；p_1 和 p_2 为爆轰产物绝热膨胀初态、终态的压力；k 为爆轰产物绝热膨胀指数；η 为做功效率。

由式（2-89）可以看出，炸药的做功能力正比于爆热，同时也取决于爆容，爆容越大，做功效率也越大。爆轰产物的组成直接影响产物的热容，从而对绝热指数也有影响，也影响做功效率。

常把爆炸产物按绝热膨胀到一个标准大气压（$1.013 \times 10^5 \text{Pa}$）时所做的功称为理想爆炸功。

炸药的做功能力也可通过试验方法测定。试验测定炸药做功能力的方法很多，最常采用的有铅铸法、弹道臼炮法和抛掷漏斗法。

（1）铅铸法：一般工业炸药说明书中的炸药做功能力值都是采用此法测定的。本法采用铅铸为99.99%的纯铅铸成圆柱体，直径为200mm、高200mm、质量为70kg，沿轴心有 ϕ25mm、深125mm 的圆孔（见图2-19（a）），将待测炸药10g（误差不超过0.01g），装在

ϕ24mm 的铝箔纸圆筒中，插入雷管，放进铅铸的轴心孔中，然后用 144 孔/cm^2 过筛的石英砂将孔填满，以防止爆轰产物的飞散（见图 2-19（b））。

炸药爆炸后，铅铸中心的圆柱孔扩大为梨形孔（见图 2-19（c）），注水测出爆炸前后的体积差为扩孔量，以 mL 计。用此扩孔量来比较各种炸药的做功能力。由于环境温度对铅的性能有影响，以及雷管所起的扩孔作用等，需要对结果进行修正。雷管可单独试验，测其扩孔量，然后相减可得出单纯炸药的扩孔值。通常都是采用 8 号雷管，其扩孔值为28.5mL。环境温度对扩孔值的校正值列入表 2-11 中。此铅铸扩孔值习惯上称为做功能力，做功能力是反映各种炸药做功能力的相对指标。

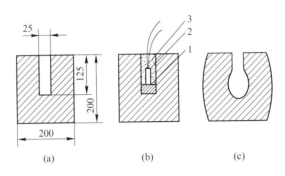

图 2-19 铅铸试验

1—炸药；2—雷管；3—石英砂

表 2-11 扩孔值的温度修正表

温度/℃	-20	-15	-10	-5	0	+5	+8	+10	+15	+20	+25	+30
修正/%	+14	+12	+10	+7	+5	+3.5	+2.5	+2	0	-2	-4	-6

（2）弹道臼炮法：弹道臼炮法又称为威力臼炮法，或威力摆试验。弹道臼炮试验装置原理如图 2-20 所示。

炸药爆炸后，爆轰产物膨胀做功分为两部分，一部分把炮弹抛射出去，另一部分使摆体摆动一个角度，摆体受到的动能转变为势能。这两部分功的和即是炸药所做的膨胀功。

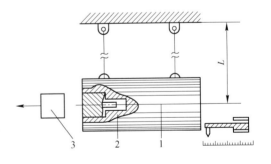

图 2-20 弹道臼炮试验

1—臼炮体；2—标准室；3—活塞式炮弹体

$$A = A_1 + A_2 = wL(1 + w/q)(1 - \cos\alpha)$$
$$= C(1 - \cos\alpha) \qquad (2\text{-}90)$$

式中，A_1 为炸药爆炸对摆体做的功；A_2 为炸药爆炸对炮弹做的功；w 为摆体质量；L 为摆长，即摆体重心到回转中心的距离；q 为炮弹质量；α 为摆体摆动角度；C 为摆的结构常数。

通过试验所得到的摆角 α，可计算出炸药所做的功。常用三种指标来反映各种炸药的做功能力：一是质量强度，即单位质量炸药所做的功；二是体积强度，即单位体积炸药所做的功；三是梯恩梯当量，即以单位体积 TNT 炸药所做的功为标准值 100%，其他炸药所做的功与梯恩梯相比，比值的百分数即为 TNT 当量值。

用这种方法测得的炸药做功能力指标为炸药做功能力的绝对值，但需要体积较大的试验装置。

（3）抛掷漏斗法：抛掷漏斗法是根据炸药在岩土中爆炸后形成的漏斗坑的大小，来判断炸药的做功能力。当岩土介质相同、实验条件一样时，抛掷漏斗坑的大小便决定于炸药的做功能力。通常用抛掷单位体积岩土的炸药消耗量作指标。

这种方法的缺点是岩土性质变化大，就是同一地点、同一种岩土，其力学性质也不相同。漏斗体积也较难测量准确。因此这种方法误差较大，重复性较差。但这种试验方法测得的指标较为实用。

2.8.3 炸药的能量平衡

炸药的做功能力是由炸药爆炸能量转化而来的。爆炸能量不可能全部转化为机械功，其中仍有一部分能量继续留在爆炸产物内或损失在加热周围介质上，这部分能量称为化学损失和热损失。剩余部分的能量称为有效功，而有效功又可分为有益功和无益功。对于工程爆破而言，岩石在爆破时的压缩、变形、破碎和抛掷等均属于有益功；而爆破地震、空气冲击波、飞石以及过度粉碎等则属于无益功。通常，炸药的有益功估计只占炸药能量的 10%。

图 2-21 所示为炸药具有的总能量与爆轰反应后所产生能量的各种形式，可见炸药爆轰产生的能量和完成爆炸功形式多样性。

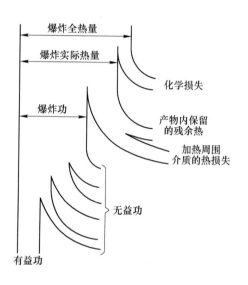

图 2-21 炸药能量平衡示意图

习　题

2-1 已知 TNT 的摩尔质量 $M=227\text{g/mol}$，试计算炸药的爆容。

2-2 某地气温为 -5℃，大气压为 $0.85\times10^5\text{Pa}$，测得冲击波速度 $v=1500\text{m/s}$，试计算冲击波后的空气参数。试说明冲击波对波前是超声速的，对波后是亚声速的。

2-3 已知空气的气体常数 $R=0.2872\text{J/(g·K)}$ 或 $R=8.314\text{J/(mol·K)}$，炸药爆热为 $Q_{HV}=4222\text{kJ/kg}$，爆轰前炸药的密度为 $\rho_0=1.1\text{kg/m}^3$，且满足理想气体状态方程 $pV=nRT$，试计算气体炸药的爆轰波参数，包括压力、质点速度、冲击波速度、密度、温度。

3 爆炸的起爆机理与起爆网络设计

3.1 炸药的感度与起爆机理

3.1.1 炸药起爆的概念

炸药是具有一定稳定性的物质，要使它发生爆炸，必须施以某种外界作用，供给足够能量，使炸药活化发生爆炸反应所需的活化能称为起爆能或初始冲能。炸药一旦爆炸，反应将自动高速进行，而且释放出的能量远超过激发炸药爆炸所需要的活化能。

常见炸药的起爆能的形式有：

（1）机械能，如冲击起爆、摩擦起爆等。

（2）热能，如直接加热、火焰起爆、电火花或电线灼热起爆等。

（3）爆炸能，如雷管或起爆药柱（又称起爆弹或中继起爆药包）起爆、冲击波起爆等。

激发炸药爆炸的过程称为起爆。炸药在外界作用下发生爆炸的难易程度称为炸药的感度。

3.1.2 炸药的感度特征

炸药的感度具有以下特征：

（1）各种炸药起爆的难易程度相差很大，如碘化氮，用羽毛轻微触动就会爆炸；梯恩梯，在一定距离内即使用枪弹射击也不会爆炸。

（2）炸药对不同形式的起爆能具有不同的感度。例如，梯恩梯对机械作用的感度较低，但对电火花的感度则较高；特屈拉辛的机械感度比斯蒂芬酸的高，但火焰感度则相反，等等。

为研究不同形式起爆能起爆炸药的难易程度，将炸药感度区分为：热感度、火焰感度、电火花感度、冲击感度、摩擦感度、射击感度、冲击波感度、爆轰感度等。

此外，如果炸药对某些形式起爆能的感度过高，就会在炸药生产、运输、贮存、使用过程中造成危险，这样的感度称为危险感度。炸药对用来起爆炸药的起爆能所呈现的感度称为使用感度。如果这种感度过低，就会给使用炸药造成困难。

3.1.3 炸药的起爆机理

炸药的感度与爆炸反应的机理有关。在起爆和传爆过程中，引发炸药爆炸反应的机理，随炸药化学、物理结构以及装药条件不同而不同。研究表明，引起化学反应的原因是温度作用，而不是压力作用。试验证实，即使使用 $10^{10}Pa$ 的压力缓慢压实炸药，也不会引起炸药的爆炸；而炸药在前沿冲击波的冲击压缩下，波后温度立即上升，达到很高的温度，容易引起爆炸。因此，温度是引起化学反应的直接原因。

在实验研究的基础上，热（温度）引爆机理可分为均匀灼热机理和不均匀灼热机理两种。

3.1.3.1 均匀灼热机理

这种机理多发生在质量较密实、结构均匀、不含气泡或气泡少的液体炸药或单质固体炸药，即所谓的均相炸药中。爆炸反应的发生，是由于炸药均匀受热或在冲击波的冲击作用下，使一薄层炸药温度均匀突然升高所致。反应首先发生在某些活化分子处，而反应的发展非常迅速，能在 $10^{-7} \sim 10^{-6}$ s 时间内完成。

由于炸药的均匀性，使整个一层炸药升高一定温度需要很多的热量，需要很强的冲击波压缩才能达到，因而这一类炸药起爆较困难。

3.1.3.2 不均匀灼热机理

这种机理多发生在物理性质和结构不均匀的炸药，或含有较多气泡的粒状非均相炸药中，亦或发生在由氧化剂与可燃剂组成的混合炸药中。爆炸反应的发生不是由于薄层炸药均匀灼热，而是由于在炸药个别点处形成高热反应源所致。这种高热反应源称为"起爆中心"或"热点"。形成热点后，反应首先在热点处炸药颗粒表面上以燃烧方式进行，而后向颗粒深部扩展，同时也向四围传播。因此，这种机理也称为热点机理。

由于不需要很强的冲击波就能形成很高的热点温度，因而这类炸药的起爆较容易。例如：无杂质的、均匀的液体梯恩梯，在冲击压力为 11×10^9 Pa 的强冲击波压缩下才能起爆，而由片状炸药压制而成的梯恩梯药柱，结构不均匀，易形成热点，在冲击压力为 2.2×10^9 Pa 的强冲击波压缩下就能起爆。

混合炸药爆炸反应的机理也属于这种，但由于混合物性质的不同，其起爆机理又有不同的特征。一种是混合炸药中易于分解的成分在前沿冲击波的冲击压缩下进行化学反应，生成气体产物，其气体产物再与未反应的成分进行化学反应；另一种是炸药的各组分在前沿冲击波的冲击压缩下，分别进行分解反应，然后分解产物之间再进行相互作用。

因而，这类炸药的感度主要受颗粒度、混合均匀性和装药密度的影响。颗粒度大、混合不均匀时，不利于这类炸药化学反应的扩展，因而感度下降；装药密度过大，炸药各组分颗粒之间的空隙就会过小，不利于各组分所分解出的气体产物之间的混合和反应，也导致感度降低。

利用热点起爆时，热点温度必须等于或超过炸药爆炸的临界温度。但因热点散热较快，故临界温度应比均匀灼热的高。大多数炸药的临界温度为 $700 \sim 900$K。若炸药内形成足够数量的热点，而且彼此相距较近，从热点开始的微小爆炸就会扩展汇集到一起，最终发展成为炸药的爆炸。

热点学说认为，从热点形成到炸药爆轰大致经过以下几个阶段：

（1）热点的形成阶段。

（2）热点的成长阶段，即以热点为中心向周围扩展，扩展的形式是速燃。

（3）低爆轰阶段，即由燃烧转变为低爆轰的过渡阶段。

（4）稳定爆轰阶段。

外界作用下，导致热点出现的原因如下：

（1）绝热压缩炸药内气泡形成热点。

（2）炸药和周围介质间黏性、塑性加热或者是在强冲击作用下，产生高速黏性流动形成热点。

（3）位于撞击表面处颗粒黏性加热。

（4）撞击表面和炸药晶体或硬质点间、炸药颗粒之间、炸药颗粒与杂质之间或炸药颗粒和杂质与容器壁之间发生摩擦生成热点。

（5）在机械作用下炸药层或晶体间的局部绝热剪切。

（6）在晶体缺陷湮没处的局部加热。

（7）火花放电。

3.1.4 影响炸药感度的因素

能引起炸药爆炸变化的外界因素很多，炸药接受这些作用的机理也不同，因此影响炸药感度的因素错综复杂，但大体上可归为化学、物理两大类。

（1）影响炸药感度的化学因素：首先，炸药分子中含有的爆炸性基团（如硝基、硝酸基、氯酸等）的数量明显影响化合物的爆炸感度，某些取代基也对化合物的感度有影响；其次，炸药的生成焓对感度有影响，起爆药的生成焓与猛炸药不同，起爆药的感度都很高；再次，炸药的爆热对感度有一定影响，爆热大的炸药感度高；最后，炸药的分子结构对其撞击感度也有影响。

（2）影响炸药感度的物理因素：由于机械作用于炸药时，首先要发生炸药物理状态的变化，包括晶体间相对运动、塑性变形、能量转化等，因此炸药的物理状态、装药条件对于炸药的感度影响很大，在一定程度上，这种影响超过炸药化学结构的影响。

首先，炸药的初温对其感度有明显影响，初温增大，相应地感度增加；第二，炸药的晶型对感度也有影响，不同晶型具有不同的稳定性；第三，装药密度和方法对炸药感度有明显影响，对于爆轰波、冲击波来说，炸药的密度大，相应地感度降低；第四，装药的结构（压装或铸装、炸药处于胶塑状或孔隙多的块状）对炸药的感度有影响，胶塑状和浇铸的炸药密度高、孔隙少，感度低；第五，添加剂对炸药的感度有很大影响，在炸药中加入敏化剂可提高感度，反之，加入钝感剂可降低炸药感度。

3.2 起 爆 方 法

由于起爆器材的类型不同，起爆方法各异。目前工程爆破使用最广泛的起爆方法，通常主要分为非电起爆法和电力起爆法两大类。非电起爆法包括导火索起爆法、导爆索起爆法和导爆管起爆法。

在工程爆破中究竟选用哪一种起爆方法，应根据环境条件、爆破规模、经济技术效果、是否安全可靠以及工人掌握起爆操作技术的熟练程度来确定。例如，在有瓦斯爆炸危险的环境中进行爆破，应采用电起爆而禁止采用非电起爆，对大规模爆破，如硐室爆破、深孔爆破和一次起爆数量较多的炮眼爆破，可采用电雷管、导爆管或导爆索起爆。

3.2.1　非电起爆法

3.2.1.1　导火索起爆法

导火索起爆法操作方便、机动灵活、点火容易，不需敷设复杂的电起爆线路，易于被爆破工人掌握。它是利用导火索燃烧产生的火焰引爆火雷管，再由火雷管的爆炸能激发工业炸药爆炸。这种方法应用较广，特别在中小型矿山作业量少而分散的条件下和岩石的二次爆破中使用较多。火雷管起爆法的缺点是：工人点火时吃炮烟，劳动条件差，点火人员紧靠工作面，安全上难以保证。

A　起爆雷管的组装加工

此项工作必须在专门的加工房或硐室内按照安全操作规程的要求进行，加工步骤如下：

按照现场实际需要，用锋利的小刀从导火索卷中截取导火索段，导火索段最短也不得小于1.2m。插入火雷管的一端一定要切平，点火的一端可切成斜面，以便增大点火时的接触面积。把导火索段平整的一端轻轻插入火雷管内，与雷管的加强帽接触为止。且勿把导火索斜面的一端插入雷管内。加工过程中，如发现雷管口中有杂物，在导火索插入前，必须用指甲轻轻弹出，且不能使导火索受到污染和折损。用专门的雷管钳夹紧雷管口，使导火索段固接在火雷管中。夹时不要用力过猛，以免夹破导火索。雷管钳的侧面应与雷管口平齐，夹的长度不得大于5mm，避免夹到雷管中的起爆药。如果是纸壳雷管可以采用缠胶布的办法来固定导火索段。

B　药包加工

加工起爆药包时首先要将一端用手揉松（最好将雷管装在没有聚能穴的一端），然后把此端的包纸打开，用专用的锥子（木制的、竹制的或铜制的）沿药包中央长轴方向扎一个小孔，再将起爆雷管全部插入，并将药包四周的包纸收拢紧贴在导火索上，最后用胶布或细绳捆扎好。

C　点火起爆

爆破安全规程规定，导火索起爆时，应采用一次点火法点火。一次点火时，一人连续点火的根数（或分组一次点的组数）：地下爆破不得超过5根（组），露天爆破不得超过10根（组）。装药结束以及一切无关人员撤至安全地点并做好了警戒工作后，方能点火。点火前必须用快刀将导火索点火端切掉5cm，严禁边点火边切割导火索。必须用导火索段或专用点火器材点火，严禁用火柴、烟头和灯火点火。应尽量推广采用点火筒、电力点火和其他的一次点火方法。

3.2.1.2　导爆索起爆法

导爆索可以用来直接起爆炸药和导爆管等，但它本身需要雷管来起爆。由于在爆破作业中，从装药、堵塞到连线等施工程序上都没有雷管，而是在一切准备就绪，实施爆破之前才接上起爆雷管，其施工的安全性要比其他方法好。

A　起爆药包加工

不同类型的爆破，起爆药包有多种加工方法：可以将导爆索直接绑扎在药包上（见图3-1（a））送入孔内；另一种是散装炸药时，将导爆索的一端系一块石头或药包（见图3-1

（b）），然后将它下放到孔内，接着将散装炸药倒入。对于硐室爆破，常将导爆索的一端挽成一个结（见图3-2），然后将这个起爆结装入一袋或一箱散装炸药的起爆体中。

  B 导爆索的连接形式

  这里所指的是导爆索与导爆索、导爆索与雷管之间的连接。导爆索传递爆轰波的能力有一定的方向性，顺向传播方向最强。因此在连接网络时，必须使每一支路的接头迎着传爆方向，夹角应大于90°。导爆索与导爆索之间的连接，应采用搭结、水手结和T形结等。

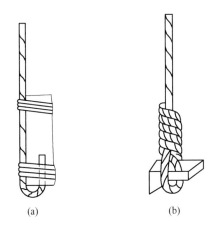

图3-1 导爆索起爆药包

（a）导爆索直接绑扎在药包上；
（b）导爆索系在石头或药包上

  导爆索的搭接长度不得小于10cm。搭接部分用胶布捆扎。有时为了防止线头芯药散失或受潮引起拒爆，可在搭接处增加一根短导爆索，以增加传爆可靠性。在复杂网络中，由于导爆索连接头较多，为了防止弄错传爆方向，可以采用如图3-3所示的三角形连接法。这种方法不论主导爆索的传爆方向如何，都能保证可靠地起爆。

图3-2 导爆索结

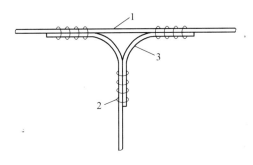

图3-3 导爆索的三角形连接法

1—主导爆索；2—附加支导爆索；3—支导爆索

  导爆索与雷管的连接方法比较简单，直接将雷管捆绑在导爆索的起爆端，连接时雷管的集中穴（聚能穴）应朝向传爆方向。绑结雷管或药包的位置应在离导爆索末端150mm处。为了安全，只允许在起爆前将雷管或药包绑结在导爆索上。

  C 导爆索网络与连接方法

  导爆索的起爆网络包括主导爆索、支导爆索和引入每个深孔和药室中的引爆索。导爆索起爆网络形式比较简单，没有复杂的计算，只需合理安排起爆顺序即可。

  工程对爆破要求不甚严格时，可采用如图3-4所示的并联网络，用并簇联或单向分段并联。或可采用如图3-5所示的串联网络。串联网络有很短的延时。

  对于要求严格的导爆索起爆网络，可采用双向分段并联或环状起爆网络，即双向并联网络，如图3-6所示。

  当采用继爆管加导爆索网络形式时，可以实现微差爆破。采用单向继爆管时，应避免接错方向。主导爆索应同继爆管上的导爆索搭接在一起，被动导爆索应同继爆管的尾部雷

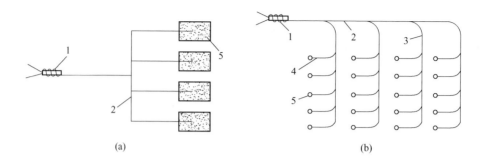

图 3-4　导爆索并联起爆网络

（a）并簇联；（b）分段并联

1—雷管；2—主导爆索；3—支导爆索；4—引爆索；5—药包

管搭接在一起，以保证能顺利传爆。根据爆破工程要求和条件，有孔间微差、排间微差以及孔间或排间交错等各种形式的微差爆破。图 3-5 为最简单的单排孔间微差起爆网络。

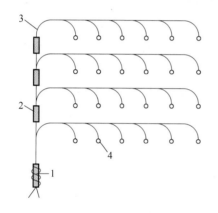

图 3-5　单排孔间隔起爆

1—雷管；2—连通管；3—导爆索；4—药包

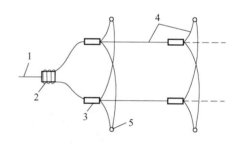

图 3-6　导爆管起爆系统的组成

1—导火索或脚线；2—雷管；3—连通管；

4—导爆管；5—炮孔

导爆索起爆法适用于深孔爆破、硐室爆破和光面（预裂）爆破。它的优点是：

（1）操作技术简单，与用电雷管起爆方法相比，准备工作量少。

（2）安全性较高，一般不受外来电的影响，除非雷电直接击中导爆索。

（3）导爆索的爆速较高，有利于提高被起爆炸药传爆的稳定性。

（4）可以使成组炮孔或药室同时起爆，而且同时起爆的炮孔数不受限制。

它的缺点是：采用导爆索起爆成本较高；在起爆以前，不能用仪表检查起爆网络的质量；在露天爆破时，噪声较大；导爆索爆破网络不适用于城市控制爆破。

3.2.1.3　导爆管起爆法

导爆管中传递的爆轰波是一种低爆速的弱爆轰波，它本身不能直接起爆工业炸药，只能起爆炮孔中的雷管，再通过雷管的爆炸引爆炮孔或药室的炸药包。

A　导爆管起爆系统的工作原理

导爆管起爆系统如图 3-6 所示，它由三部分组成：击发（起爆）元件、连接（传爆）

元件和末端工作元件。击发元件的作用是击发导爆管，雷管、击发枪火帽、电引火头导爆索和电击发笔等都可作为激发元件，最常用的为 8 号瞬发电雷管。传爆元件的作用是使爆轰波连续传递下去，它由导爆管和连接元件组成。工作元件由引入炮孔或药室中的导爆管和它末端组装的雷管（瞬发电雷管或延期电雷管）组成，它最终用来引爆炮孔或药室中的炸药。

击发元件使导爆管起爆和传爆。当传爆到连通管时，连通管所连接的导爆管有两类：一类属于末端工作元件的导爆管，它的传爆引起雷管起爆，结果使炮孔中的炸药爆炸；另一类属于传爆元件的导爆管，它的作用是传爆到另一个连通管中，就这样接连地传爆下去，使所有的炮孔或药室按一定的顺序起爆。

B 爆破网络

a 导爆管网络的连接形式

导爆管网络常用的基本连接形式有：

（1）并联网络。把炮孔或药包中非电毫秒雷管用一根导爆管延伸出来，然后把数根延伸出来的导爆管用连通管或传爆雷管并在一起，如图 3-7 所示。

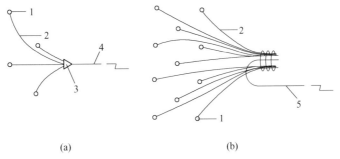

(a)   (b)

图 3-7 并联网络

（a）连通管并联；（b）瞬发电雷管并联

1—炮孔；2—导爆管；3—连通管；4—击发笔；5—瞬发电雷管

（2）串联网络。导爆管的串联网络如图 3-8 所示，即把各起爆元件依次串联在传爆元件的传爆雷管上，每个传爆雷管的爆炸完全可以击发与其连接的分支导爆管。

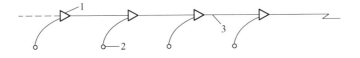

图 3-8 串联网络

1—连通管；2—炮孔；3—导爆管

（3）并串联网络。并联网络与串联网络的结合组成并串联网络，如图 3-9 所示。并串联网络是爆破起爆网络中最基本的，以此为基础可以构成如图 3-10 所示的并串串联网络、图 3-11 所示的并串并联网络。

另外还有并并联和串串联等爆破网络。采用什么样的网络，与工程实际关系很大，如现场器材情况，工作人员的文化素质等。

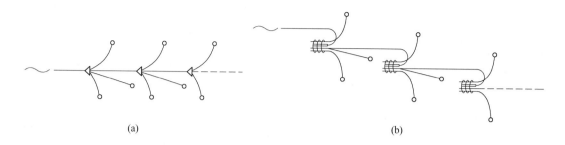

图 3-9 并串联网络

（a）连通管并串联；（b）传爆管并串联

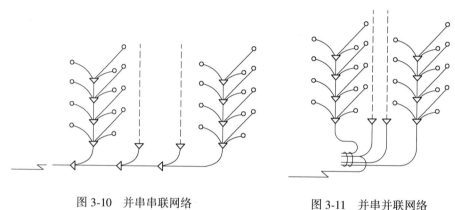

图 3-10 并串串联网络   图 3-11 并串并联网络

b   导爆管起爆网络的延时

使用导爆管网络，可通过非电延期雷管实现微差爆破。导爆管起爆的延期网络，一般分为孔内延期网络和孔外延期网络。

（1）孔内延期网络：在这种网络中，传爆雷管（传爆元件）全用瞬发非电雷管，而炮孔内的起爆雷管（起爆元件）则根据实际需要使用不同段别的延期非电雷管。干线上各传爆瞬发非电雷管顺序爆炸，相继引爆各炮孔中的起爆元件，通过孔内各起爆雷管的延期，实现微差爆破。

（2）孔外延期网络：在这种网络中，炮孔内用非电瞬发雷管，而网络中的传爆雷管按实际需要用延期非电雷管。

但必须指出，为了使爆破网络能够按顺序、稳定传爆，使用典型导爆管延期网络时，不论是孔内延时还是孔外延时，在配备延期非电雷管时和决定网络长度时，都必须遵照下述原则：网络中，在第一响产生的冲击波到达最后一响的位置之前，最后一响的起爆元件必须被击发，并传入孔内。否则，第一响所产生的冲击波有可能赶上并超前网络的传爆，破坏网络，使爆破失败。

3.2.2 电力起爆法

利用电雷管通电后起爆产生的爆炸能引爆炸药的方法称为电力起爆法。它是通过由电雷管、导线和起爆电源三部分组成的起爆网络来实施的。

3.2.2.1 导线

根据导线在起爆网络中的不同位置将其划分为脚线、端线、连接线、区域线（支线）和主线（母线）。

（1）脚线：从电雷管内引出的长 2m、直径为 0.4~0.5mm 的铜芯或铁芯塑料包皮绝缘脚线。

（2）端线：连接电雷管脚线至孔口或药室口的导线。直径不得小于 0.8mm，常用截面面积为 0.2~0.4mm² 多股铜芯塑料皮软线。

（3）连接线：指连接各串联组或各并联组的导线，常用截面面积为 1.5~1.6mm² 的铜芯或铝芯塑料线。

（4）区域线：连接主线和连接线的导线。实施分区爆破时，各分区与主线间的连线也称区域线。规格同连接线。

（5）主线：连接起爆电源与区域线的导线，一般用动力电缆或专设的爆破电缆，可多次重复使用。通过的电流也最大。

3.2.2.2 起爆电源

能够引爆电雷管的电源称起爆电源，如干电池、蓄电池、照明线、动力线以及专用的发爆器等都可作起爆电源。煤矿常用的是 220V 或 380V 交流电源和防爆型发爆器。

（1）如果网络比较复杂，电爆网络中的雷管数量多，需要起爆总电流强度大时，常使用交流动力电源。《煤矿安全规程》规定，煤矿井下放炮不能用这种电源，所以交流电源只能用于无瓦斯的井筒工作面和露天放炮。

采用交流电源时，必须在放炮的安全地点设置放炮接线盒。接线盒应满足：设置电源开关刀闸和放炮刀闸两个开关，且都必须是双刀双掷刀闸；设置指示灯，当电源开关刀闸合上以后，指示灯发光表明电源接通；在煤矿立井施工中，在接近和通过瓦斯煤层时，在接线盒上应设置毫秒限时开关。

使用交流电源时，串联雷管的准爆电流要比使用直流电起爆时大。为提高交流电源的起爆能力，可采用三相交流全波整流技术，将三相交流电源变成直流电源，并提高电源的输出电压。

（2）发爆器：发爆器按使用条件分为防爆型和非防爆型两类；防爆型发爆器限时供电并有防爆外壳。电路元件及开关都应装在防爆壳内，以防电路系统的触电火花引燃瓦斯，确保放炮时安全。非防爆型的发爆器不必采用防爆外壳。发爆器按结构原理分为发电机式和电容式两种。电容式发爆器目前最为普遍。

电容式发爆器应用晶体三极管振荡电路，将若干节干电池的低压直流电变为高频交流电，经变压器升压后，再由二极管整流，变成高压直流电，然后对电容器充电。当主电容电压达到额定电压值后，氖灯发光，指示可以放炮，对于大容量电容式发爆器，常采用仪器指针显示主电容电压值。如果是非防爆型式发爆器，其供电时间没有限制，起爆后一定要及时地把毫秒开关拧到停止位置，接通泄放电阻，使电容器短路，将剩余电能全部泄放掉，以免发生危险。防爆型放炮器主电容在 3~6ms 以内向电爆网络放电。剩余电荷通过内部放电电阻放掉。泄放电阻在防爆型发爆器中尤为重要，要经常检查其在线路中的工作状况，否则可能会引起放炮事故。电容式发爆器的工作原理如图 3-12 所示。

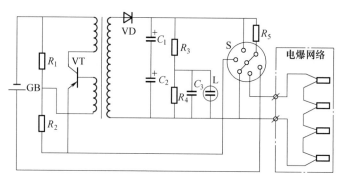

图 3-12　电容式发爆器的工作原理

GB—干电池；VT—晶体三极管；VD—蒸馏二极管；C_1，C_2—电容；L—氖灯；R_5—泄放电阻；S—毫秒开关

国产放炮器型号很多，但其工作原理基本相同，只是某些电路稍有改变。表 3-1 列出了部分国产电容式发爆器的性能及主要技术规格。

表 3-1　部分国产电容式发爆器的性能及主要技术规格

型　号	引爆能力/发	峰值电压/V	主电容量/μF	输出冲能/A²·ms	供电时间/ms	最大外阻/Ω	生产厂家
MFB-80A	80	950	40×2	27	4~6	260	开封煤矿仪器厂
MFB-100	100	1800	20×4	25	2~6	320	抚顺煤研所工厂
MFB-100/200	100	1800	20×4	24	2~6	340/720	奉化煤矿专用设备厂
MFB-100	100	1800	20×4	≥18	4~6	320	渭南煤矿专用设备厂
MFB-150	150	800~1100	40×3	—	3~6	470	淮南矿务局五金厂
MFB-100	100	900	40×2	25	3~6	320	营口第二仪器厂
MFF-100	100	900	40×2	>30	3~6	320	渭南煤矿专用设备厂
FR92-150	150	1800~1900	30×4	>20	2~6	470	沈阳新兴防爆电器厂
YJQL-1000	4000	3600	500×9	2347	—	104/600	营口市有线电厂

电容式放炮器通常所能提供的电流不太大，不足以起爆并联数较多雷管，一般只用来起爆串联网络。此外，只有放炮器处于完好状态，其起爆能力才能达到其铭牌规定的雷管数目，一般情况难以保证达到规定的起爆雷管数目。

3.2.2.3　电力起爆法的优缺点

电力起爆法在爆破工程中使用广泛，无论是露天或井下、小规模或大规模爆破，还是其他特殊工程爆破中均可使用。它具有以下优点：

（1）从准备到整个施工过程中，所有工序都能用仪表进行检查；可及时发现施工和网络连接中的质量缺陷和问题，从而保证了爆破的可靠性和准确性。

（2）可以实现远距离操作，大大提高了起爆的安全性。

（3）可以准确控制起爆时间和延期时间，因而可保证良好的爆破效果。

（4）可以同时起爆大量药包，有利于增大爆破量。

电力起爆法有如下缺点：

（1）普通电雷管不具备抗杂散电流和抗静电的能力，所以在有外来电的露天爆破遇有雷电时，危险性较大，此时应避免使用普通电雷管。

（2）电力起爆准备工作量大，操作复杂，作业时间较长。在有杂散电流的地点或露天爆破遇到雷电时，存在极大的危险性，此时使用非电起爆系统会有很大的优点。

（3）电爆网络的设计计算、敷设和连接要求较高，操作人员必须要有一定的技术水平。

（4）需要可靠的电源和必要的仪表设备。

3.3　电雷管的串联准爆条件和准爆电流

串联网络是爆破工程最常用的网络。在电雷管串联爆破网络中，虽然通过每个电雷管的电流相同，但每个电雷管的电性能参数是有差异的，对电能的敏感程度不尽相同。特别是桥丝电阻、发火冲能和传导时间的差异，对电雷管的引爆影响最大。若电流过小，有可能发生个别雷管不爆的现象。为了保证串联网络中每个电雷管都被引爆，必须满足必要的准爆条件。

电雷管的串联准爆条件表述为：感度最高的电雷管爆炸之前，感度最低的电雷管必须被点燃，即感度最高的电雷管的爆发时间 t_{min} 必须大于或等于最钝感电雷管的发火时间 t_{imax}。

$$t_{min} = t_{imin} + \theta_{min} \geq t_{imax} \qquad (3-1)$$

式中，t_{min} 和 t_{imin} 为感度最高电雷管的爆发时间和发火时间；θ_{min} 为电雷管的最小传导时间；t_{imax} 为最钝感电雷管的点燃时间。

（1）直流电源起爆。若将以上准爆条件公式两边都乘以电流强度的平方，则有

$$I^2 t_{imin} + I^2 \theta_{min} \geq I^2 t_{imax}$$

或者

$$I^2 \theta_{min} \geq I^2 t_{imax} - I^2 t_{imin} = K_{smax} - K_{smin} \qquad (3-2)$$

式中，K_{smin} 和 K_{smax} 为在给定的电流强度条件下，感度最高和感度最低的电雷管的发火冲能，若 $I \geq 2I_{100}$，即电流强度大于等于两倍百毫秒发火电流时，发火冲能可用标称发火冲能代替，则串联电雷管的准爆条件式（3-2）可变化为

$$I \geq \sqrt{\frac{K_{smax} - K_{smin}}{\theta_{min}}} \geq 2I_{100} \qquad (3-3)$$

式中，I 为直流串联准爆电流；I_{100} 为百毫秒发火电流。

工业电雷管一般爆破时，直流串联准爆电流的标准为2A，这个标准可以使电雷管的串联准爆性能有一定保证。但是要保证串联网络中每个电雷管都被引爆，还需要符合准爆条件。例如，阜新十二厂生产的直插式瞬发雷管，其标称发火冲能上限是 $19A^2 \cdot ms$，下限是 $9A^2 \cdot ms$；传导时间最小值是 $2.1ms$；百毫秒发火电流为 $0.75A$，按直流串联准爆条件计算的准爆电流应不小于 $2.18A$。为了能够可靠地引爆所有串联雷管，准爆电流就必须大于标准规定的2A，而按准爆条件取为 $2.18A$。

（2）如用交流电时，准爆电流应是交流电的有效值。通电时间比一个周期大得多时，

用电表测得的有效值进行计算是合理的。但当通电时间小于一个周期时，就不能用交流电表所测出的电流值作为有效值了。其起爆冲能不仅决定于通电时间的长短，也与通电时电流的相位有关。如果电路闭合时的相位不等于零，则电流通过电路的时间不是电流半周期的整数倍，则交流电给出的冲能比相同的直流电（与交流电有效值相同的直流电）给出的冲能小，因此，采用交流电时所需用的电流强度比直流电大。交流电按正弦曲线变化，即 $i = I_m \sin\omega t$（I_m 为电流最大值），而 $I_m = I/\sqrt{2}$，则起爆冲能为

$$\int_{t_1}^{t_2} i^2 \mathrm{d}t = \int_{t_1}^{t_1+\theta_{min}} 2I^2\sin^2\omega t \mathrm{d}t = I^2\left\{\theta_{min} - \frac{1}{2\omega}\left[\sin\omega(t_1+\theta_{min})\right] - \sin\omega t_1\right\}$$

此时准爆电流为

$$I = \sqrt{\frac{K_{Bmax} - K_{Bmin}}{\sqrt{\theta_{min} - \frac{1}{2\omega}\left[\sin2\omega(t_1+\theta_{min}) - \sin2\omega t_1\right]}}} \tag{3-4}$$

当通电时间在如图 3-13 范围内 $\left(\frac{T}{2} - \frac{\theta_{min}}{2} \sim \frac{T}{2} + \frac{\theta_{min}}{2}\right)$ 时，电流的有效值最小，即得到最不利的交流准爆电流：

$$I = \sqrt{\frac{K_{Bmax} - K_{Bmin}}{\theta_{min} \pm \frac{1}{\omega}\sin\omega\theta_{min}}} \tag{3-5}$$

式中，ω 为交流电的角频率，$\omega = 2\pi f$，f 为交流电的频率；I 为串联准爆交流电强度，A；K_{Bmax} 为最钝感电雷管标称发火冲能，$A^2\cdot ms$；K_{Bmin} 为最敏感电雷管标称发火冲能，$A^2\cdot ms$；θ_{min} 为电雷管的最小传导时间，ms。

工业电雷管交流串联准爆电流的标准为：串联 20 发镍铬桥丝电雷管不大于 2.0A；康铜桥丝电雷管不大于 2.5A。

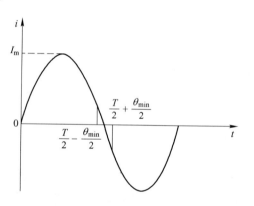

图 3-13　交流电有效值最小时的通电相位

（3）电容式发爆器引爆。串联爆破网络中，为保证电雷管可靠引爆，必须同时满足 3 个条件：

1）发爆器的输出冲能 K 应大于最钝感电雷管发火冲能。电容式发爆器的输出电压是随时间变化的，可表示为

$$U = U_0 e^{-\frac{t}{R_c C}} \tag{3-6}$$

式中，U_0 为发爆器最大输出电压；t 为通电时间；R_c 为电爆网络的总电阻；C 为主电容。

电容式发爆器的输出冲能为

$$K = \int_0^t i^2\mathrm{d}t = \int_0^t (U/R)^2\mathrm{d}t = \frac{U_0^2 C}{2R}\left(1 - e^{-\frac{2t}{R_c C}}\right)$$

于是，要求有

$$\frac{U_0^2 C}{2R}\left(1 - e^{-\frac{2t}{R_c C}}\right) \geqslant K_{\text{smax}} \tag{3-7}$$

2）满足准爆条件，即 $t_{\text{imin}} + \theta_{\text{min}} \geqslant t_{\text{imax}}$。$t_{\text{imin}}$ 和 t_{imax} 为感度最高和最低雷管的发火时间，其值可由发爆器在该时间内给出的冲能 K_s 应至少等于雷管标称发火冲能的条件求出：

$$t_{\text{imax}} = -\frac{R_c C}{2}\ln\left(1 - \frac{2K_{\text{smax}}R_c}{CU_0^2}\right) \tag{3-8}$$

$$t_{\text{imin}} = -\frac{R_c C}{2}\ln\left(1 - \frac{2K_{\text{smin}}R_c}{CU_0^2}\right) \tag{3-9}$$

将此两式代入准爆条件并转换得

$$R \leqslant \frac{2\theta_{\text{min}}}{C\ln\dfrac{U_0^2 C - 2RK_{\text{smin}}}{U_0^2 C - 2RK_{\text{smax}}}} \tag{3-10}$$

3）最钝感电雷管的点燃时间应小于放电电流降到最小发火电流的放电时间，即

$$t_{\text{imax}} \leqslant t_0 \tag{3-11}$$

式中，t_0 为放电电流降到最小发火电流时的放电时间。

$$t_0 = \frac{RC}{2}\ln\frac{U_0^2}{R^2 I_0^2} \tag{3-12}$$

式中，I_0 为电雷管的最小发火电流。

经变换可得到以下条件式：

$$R \leqslant \frac{-K_{\text{smax}} + \sqrt{K_{\text{smax}}^2 + C^2 I_0^2 U_0^2}}{C I_0^2} \tag{3-13}$$

3.4 电爆网络及计算

3.4.1 串联网络

串联网络简单，操作方便，易于检查，网络所要求的总电流小。

串联网络总电阻计算：

$$R = R_m + nr \tag{3-14}$$

式中，R 为串联网络总电阻；R_m 为导线电阻；r 为单个雷管电阻；n 为串联电雷管数目。

串联网络总电流计算：

$$I = \frac{U}{R} = \frac{U}{R_m + nr} \geqslant i_{\text{准}} \tag{3-15}$$

式中，I 为通过单个电雷管的电流；U 为电源电压。

　　当通过每个电雷管的电流大于串联准爆条件要求的准爆电流时，串联网络中的电雷管被全部引爆。在串联网络中，为进一步提高起爆力，须提高电源电压和减小电雷管的电阻，可以增大起爆的雷管数目 n。

3.4.2　并联网络

　　并联网络的特点是所需要的电源电压低，而总电流大。
　　并联网络总电阻为

$$R = R_{\mathrm{m}} + \frac{r}{m} \tag{3-16}$$

　　并联网络总电流为

$$I = \frac{U}{R} = \frac{U}{R_{\mathrm{m}} + \dfrac{r}{m}} \tag{3-17}$$

　　每管获得电流为

$$i = \frac{I}{m} = \frac{U}{m\left(R_{\mathrm{m}} + \dfrac{r}{m}\right)} = \frac{U}{mR_{\mathrm{m}} + r} \geqslant i_{\text{准}} \tag{3-18}$$

式中，m 为并联网络电雷管数目。

　　当此电流满足准爆条件时，并联网络的电雷管将被全部引爆。对于并联电爆网络，提高电源电压 U 和减小电阻值是提高起爆能力的有效措施。
　　如果用电容式发爆器作电源，并联网络时，按下式进行计算：

$$K_{\mathrm{x}} \geqslant m^2 K_{\mathrm{smax}} \tag{3-19}$$

式中，K_{x} 为电容式发爆器的输出冲能；m 为并联电雷管数目；K_{smax} 为最钝感电雷管的标称发火冲能。即：

$$\frac{U_0^2 C}{2R}(1 - \mathrm{e}^{-\frac{2t}{RC}}) \geqslant m^2 K_{\mathrm{smax}} \tag{3-20}$$

上式变化后为

$$R \leqslant \frac{2\theta_{\min}}{C\ln \dfrac{U_0^2 C - 2m^2 R K_{\mathrm{smin}}}{U_0^2 C - 2m^2 R K_{\mathrm{smax}}}} \tag{3-21}$$

　　除式（3-21）外，还应满足最钝感电雷管点燃时间小于放电电源降到最小发火电流时的放电时间这个条件。

$$R \leqslant \frac{-K_{\mathrm{smax}} + \sqrt{K_{\mathrm{smax}}^2 + \dfrac{I_0^2 C^2 U^2}{m^2}}}{C I_0^2} \tag{3-22}$$

3.4.3　混联网络

　　混联网络由串联和并联组合而成，可分为串并联和并串联两类。串并联是将若干个电雷管串联成组，然后再将若干串联组又并联在两根导线上，再与电源连接，如图 3-14 所示。并串联则是若干个电雷管并联，再将所有并联雷管组串联，而后通过导线与电源连接，如图 3-15 所示。

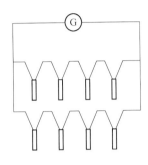

图 3-14　串并联网络

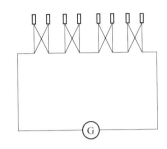

图 3-15　并串联网络

混联网络总电阻为

$$R = R_\mathrm{m} + \frac{n_\mathrm{k} r}{m_\mathrm{k}} \tag{3-23}$$

混联网络总电流为

$$I = \frac{U}{R_\mathrm{m} + \dfrac{n_\mathrm{k} r}{m_\mathrm{k}}} \tag{3-24}$$

每个电雷管所获得的电流为

$$i = \frac{I}{m_\mathrm{k}} = \frac{U}{m_\mathrm{k} R_\mathrm{m} + n_\mathrm{k} r} \geqslant I_{准} \tag{3-25}$$

式中，n_k 为串并联时一组内串联的雷管个数，并串联时串联组的组数；m_k 为并串联时一组内并联的雷管个数，串并联时并联组的组数。

在电爆网络中，电雷管的总数 N 是固定的，$N = m_\mathrm{k} n_\mathrm{k}$，即 $n_\mathrm{k} = N/m_\mathrm{k}$。将 n_k 值代入式（3-25）得

$$i = \frac{m_\mathrm{k} U}{m_\mathrm{k}^2 R_\mathrm{m} + Nr} \tag{3-26}$$

对串并联电路来说，上式中当 U、R_m、N、r 为常数时，通过雷管的电流是并联组数 m_k 的函数。存在最优分支数，使通过雷管的电流为最大。通过求极值得最优分支数为

$$m_\mathrm{k} = \sqrt{Nr/R_\mathrm{m}} \tag{3-27}$$

混联网络可采用的形式很多，如串并并联、并串并联等，根据实际工程，应选择合理的连接方式，使爆破网络安全可靠地起爆。

习　题

3-1　试分析电雷管的串联准爆条件。计算网络起爆电流时，取直流电起爆网络时电雷管的准爆电流为 2A。

3-2　某立井掘进爆破作业,采用220V交流电为起爆电流,设起爆爆破母线总电阻为5.0Ω,雷管电阻为5.4Ω,采用并联网络(忽略区域电阻),取电雷管最小发火电流为0.5A,试计算每次爆破能起爆的最大雷管数。若想增大起爆的雷管数,可采取的措施有哪些? 试以简单到复杂顺序,列出可采取的措施。

3-3　隧道施工爆破,一次需要起爆的电雷管数量为50发,采用串并联网络,雷管电阻为5.4Ω,母线电阻为10Ω,起爆电源电压为380V,取串联准爆电流为1.5A,试确定最优分组数,并求通过雷管的电流。若改用串联起爆,验算起爆可靠性。

4 岩石破岩原理与技术

4.1 爆炸破岩原理

岩石爆破破碎原理主要揭示炸药在岩石中爆炸造成岩石破碎的规律。为简化起见，在下面的破岩原理论述中，假定岩石是均匀介质，并且是在一个自由面条件下单个集中药包的爆破破岩过程。在此基础上将原理推广应用到其他条件下的爆破。

岩石爆破破坏是一个高温、高压、高速的瞬态过程，在几十微秒到几十毫秒间即完成。这使得研究岩石爆破破碎原理变得困难，所提出的各种破岩理论目前还只能算是假说。

岩石爆破破坏机理的假说，依据其基本观点，可归结为以下三种：

（1）爆炸应力波反射拉伸作用理论。这种理论认为岩石的破坏主要是由于岩体中爆炸应力波在自由面反射后形成反射拉伸波的作用，岩石的破坏形式是拉应力大于岩石的抗拉强度而产生的，岩石是被拉断的。其实验基础是岩石杆件的爆破试验（亦称为霍普金森杆件试验）和板件爆破试验。杆件爆破试验是用长条岩石杆件，在一端安置炸药爆炸，则靠近炸药一端的岩石被炸碎，而另一端岩石也被拉断成许多块，杆件中间部分没有明显的破坏，如图 4-1 所示。板件爆破试验是在松香平板模型的中心钻一小孔，插入雷管引爆，除平板中心形成和装药的内部作用相同的破坏外，在平板的边缘部分形成了由自由面向中心发展的拉断区，如图 4-2 所示。这些试验说明了拉伸波对岩石的破坏作用。这种理论称为动作用理论。

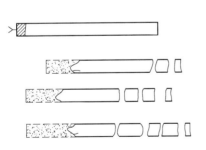

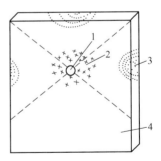

图 4-1　岩石杆件的爆破　　　　　图 4-2　板件爆破试验
（霍普金森效应）试验　　　　1—装药孔；2—破碎区；3—拉断区；4—振动区

（2）爆炸生成气体膨胀作用理论。该理论认为炸药爆炸引起岩石破坏，主要是高温、高压气体产物对岩石膨胀做功的结果。爆炸生成气体膨胀造成岩石质点的径向位移，由于药包距自由面的距离在各个方向上不一样，质点位移所受的阻力也就不同，最小抵抗线方向阻力最小，岩石质点位移速度最高。最小抵抗线指装药中心到自由面的最小或垂直距离。正是由于相邻岩石质点移动速度不同，造成了岩石中的剪切应力，一旦剪切应力大于岩石的抗剪强度，岩石即发生剪切破坏。破碎的岩石又在爆炸生成气体膨胀推动下沿径向抛出，形成一个倒锥形的爆破漏斗坑（见图4-3）。这种理论称为静作用理论。

（3）爆炸生成气体和应力波综合作用理论。该理论认为，实际爆破中，爆炸生成气体膨胀和爆炸应力波都对岩石破坏起作用，不能绝对分开，而应是两种作用综合的结果，因而加强了岩石破碎效果。比如冲击波对岩石的破碎，作用时间短，而爆炸生成气体的作用时间长，爆炸生成气体的膨胀促进了裂隙的发展；同样，反射拉伸波也加强了径向裂隙的扩展。

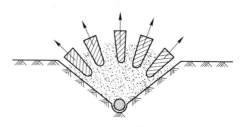

图 4-3　爆炸生成气体产物的膨胀作用

至于哪一种作用是主要作用，应根据不同的情况来确定。黑火药爆破岩石几乎不存在动作用。而猛炸药爆破时又很难说是气体膨胀起主要作用，因为往往猛炸药的爆容比硝铵类混合炸药的爆容要低。岩石性质不同，情况也不同。经验表明：对松软的塑性土壤，波阻抗很低，应力波衰减很大，这类岩土的破坏主要靠爆炸生成气体的膨胀作用；而对致密坚硬的高波阻抗岩石，应主要靠爆炸应力波的作用，才能获得较好的爆破效果。

这种理论的实质，可以认为是岩体内最初裂隙的形成是由冲击波或应力波造成的，随后爆炸生成气体渗入裂隙并在准静态压力作用下，使应力波形成的裂隙进一步扩展。

爆炸生成气体膨胀的准静态能量，是破碎岩石的主要能源。冲击波或应力波的动态能量与介质特性和装药条件等因素有关。哈努卡耶夫认为，岩石波阻抗不同，破坏时所需应力波峰值不同。岩石波阻抗高时，要求高的应力波峰值，此时冲击波或应力波的作用就显得重要。他把岩石按波阻抗值分为三类：

第一类岩石属于高阻抗岩石，其波阻抗为 $15 \times 10^5 \sim 25 \times 10^5 \mathrm{MPa \cdot s/m}$。这类岩石的破坏主要取决于应力波，包括入射波和反射波。

第二类岩石属于中阻抗岩石，其波阻抗为 $5 \times 10^5 \sim 15 \times 10^5 \mathrm{MPa \cdot s/m}$。这类岩石的破坏，主要是入射应力波和爆炸生成气体综合作用的结果。

第三类岩石属于低阻抗岩石。其波阻抗小于 $5 \times 10^5 \mathrm{MPa \cdot s/m}$。这类岩石的破坏以爆炸生成气体形成的破坏为主。

4.2　爆破的内部作用

药包的爆破作用可分为两类。一般将装药中心距自由面的垂直距离称为最小抵抗线（简称最小抵抗）。若其最小抵抗超过某一临界值（称为临界抵抗线），则当装药爆炸后，在自由面上不会看到爆破的迹象，也就是爆破作用只发生在岩体的内部，未能达到自由面。装药的这种作用称为内部作用，发生这种作用的装药称为药壶装药，相当于药包在无限介质中爆炸。临界抵抗线决定于炸药类型、岩石性质和装药量。当药包埋深小于临界抵抗线，爆破作用能达到自由面时，这种情况称为爆破的外部作用，相当于药包在半无限介质中爆炸。

当药包在无限介质中爆炸时，它在岩体中激发出的冲击波，其强度随着传播距离的增加而迅速衰减，因此它对岩石施加的作用也随之发生变化。如果将爆破后的岩石沿着药包中心剖开，那么可以看出，岩石的破坏特征也将随着距药包距离的增大而变化，这种情况如图 4-4 所示。按照岩石的破坏特征，大致可将它分为 4 个区域：扩大的炮孔孔腔、压碎区、破裂区和弹性振动区。

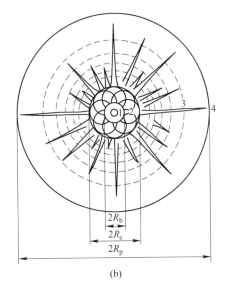

(a)　　　　　　　　　　　　　　(b)

图 4-4　无限介质中炸药的爆破作用

（a）有机玻璃模拟爆破试验结果；（b）爆炸作用分区

1—扩大的炮孔孔腔；2—压碎区；3—破裂区；4—弹性振动区；

R_b—空腔半径；R_c—压碎区半径；R_p—破裂区半径

（1）压碎区（压缩区）：这个区是指直接与药包接触的岩石。当密封在岩体中的药包爆炸时，爆轰压力在数微秒内就能迅速地上升到几万甚至几十万个标准大气压，并在此瞬间急剧冲击药包周围的岩石，在岩石中激发出冲击波，其强度远远超过了岩石的动抗压强度。此时，对于大多数在冲击载荷作用下呈现明显脆性的坚硬岩石，则会被压碎；对于可压缩性比较大的软岩（如塑性岩石、土壤和页岩等），则会被压缩成压缩空洞，并且在空洞表层形成坚实的压实层。因此，压碎区又叫压缩区，如图 4-4（b）所示。由于压碎区是处于坚固岩体的约束条件下，大多数岩石的动抗压强度都很大，冲击波的大部分能量业已消耗于岩石的塑性变形、粉碎和加热等方面，致使冲击波的能量急速下降，其波阵面的压力很快就下降到不足以压碎岩石，所以压碎区的半径很小，一般为药包半径的几倍。

近年来，许多学者对压碎区大小的计算提出了不同的计算方法，由于各自的出发点不同，计算结果往往有一定差距。下面介绍一种近似计算方法。

$$R_c = (0.2\rho_{r0}c_p^2/\sigma_c)^{1/2}R_b \qquad (4\text{-}1)$$

式中，R_c 为压碎区半径；R_b 为爆破后形成的空腔半径；σ_c 为岩石的单轴抗压强度；ρ_{r0} 为岩石密度；c_p 为岩石纵波速度。

爆破后形成的空腔半径由下式计算：

$$R_b = \sqrt[4]{p_m/\sigma_0}\, r_b \qquad (4\text{-}2)$$

式中，r_b 为炮孔半径；p_m 为炸药的平均爆压，$p_m = \rho_{r0}D^2/8$；D 为炸药爆速；σ_0 为多向应力条件下的岩石强度，$\sigma_0 = \sigma_c \sqrt[4]{\rho_{r0}c_p/\sigma_c}$。

（2）破裂区（破坏区）：当冲击波通过压碎区以后，继续向外层岩石中传播。同时，随着冲击波传播范围的扩大而导致单位面积上的能流密度降低，冲击波变成一种弱的压缩波（即压缩应力波），其强度已低于岩石的动抗压强度，所以不能直接压碎岩石。但是，它可使压碎区外层的岩石遭到强烈的径向压缩，使岩石的质点产生径向位移，因而导致外围岩石层中产生径向扩张和切向拉伸应变。如果这种切向拉伸应变超过了岩石的抗拉强度，那么在外围的岩石层中就会产生径向裂隙。这种裂隙以 0.15～0.4 倍压缩应力波的传播速度向前延伸。当切向拉伸应力小到低于岩石的抗拉强度时，裂隙便停止向前发展。

另外在冲击波扩大药室时，压力下降了的爆轰气体也同时作用在药室四周的岩石上，在药室四周的岩石中形成一个准静应力场。在应力波造成径向裂隙的期间或以后，爆轰气体开始膨胀并挤入这些径向裂隙中，引起裂隙的扩张，同时在裂隙尖端上，由于气体压力引起的应力集中，导致径向裂隙向前延伸。这些径向裂隙按照内密外稀的规律分布，即邻近压碎区这面的裂隙较密，而远离压碎区那面的裂隙较稀。

当压缩应力波通过破裂区时，岩石受到强烈的压缩，储蓄了一部分弹性变形能，当应力波通过后，岩石中的应力释放，便会产生与压缩应力波作用方向相反的向心拉伸应力，使岩石质点产生反向的径向移动，当径向拉伸应力超过岩石的动抗拉强度时，在岩石中还会出现环向裂隙。径向裂隙和环向裂隙的相互交错，将该区中的岩石割裂成块，此区域叫做破裂区（或破坏区）。岩石的爆破主要依靠的就是破裂区。

破裂区范围的计算方法有：

1）按应力波作用计算。径向裂隙是由切向拉应力引起的，当岩石中的切向拉应力大于岩石的抗拉强度时，产生径向裂隙，于是有

$$R_p = (bp_r/\sigma_t)^{1/\alpha}r_b \tag{4-3}$$

式中，σ_t 为岩石的抗拉强度；R_p 为破裂区半径；p_r 为炮孔壁初始压力峰值。

2）按爆炸生成气体准静压作用计算。封闭在炮孔内的爆炸生成气体以准静压的形式作用于炮孔孔壁，其应力状态类似于均匀内压的厚壁筒。根据弹性力学的厚壁筒理论及岩石中的抗拉强度准则，有

$$R_p = (p_0/\sigma_t)^{1/2}r_b \tag{4-4}$$

式中，p_0 为作用于炮孔孔壁的准静态压力，视装药条件分别计算，采用柱状不耦合装药时，有

$$p_0 = \frac{1}{8}\rho_{r0}D^2 \left(r_c/r_b \right)^6$$

式中，r_c 为装药半径。

（3）弹性振动区：破裂区以外的岩体中，由于应力波引起的应力状态和爆轰气体压力建立的准静应力场均不足以使岩石破坏，只能引起岩石质点做弹性振动，直到弹性振动波的能量被岩石完全吸收为止，这个区域叫弹性振动区或地震区。弹性振动区的范围可按式（4-5）估算。

$$R_s = (1.5 \sim 2.0) \sqrt[3]{Q} \tag{4-5}$$

式中，R_s 为弹性振动区半径；Q 为装药量。

4.3 爆破的外部作用

当将药包埋置在靠近地表的岩石中时，药包爆炸后，除产生内部的破坏作用外，还会在地表产生破坏作用，造成地表附近的岩石破坏，这些破坏可从以下几个方面来解释。当然，由于入射波和反射波的叠加构成了自由面附近岩石中的复杂应力状态，因此爆破外部作用引起的岩石破碎机理是复杂的。

（1）反射拉伸波造成岩石破坏。炸药爆炸在岩体中产生的冲击波或应力波传播到自由面时，将产生反射；入射波为压缩波时，反射波则为拉伸波。由于岩石的抗拉强度很低，很容易将岩石拉断，随反射拉伸波的传播，岩体将从自由面开始向岩体内部形成片落破坏块，如图 4-5 和图 4-6 所示。

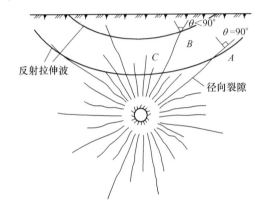

图 4-5 反射拉伸波对径向裂隙形成的影响   图 4-6 岩石的破坏在自由面方向加强

（2）反射拉伸波引起径向裂隙延伸。从自由面反射回岩体中的拉伸波，即使它的强度不足以产生片裂，但是反射拉伸波同径向裂隙尖端处的应力场相互叠加，可使径向裂隙极大地向前延伸。裂隙延伸的情况与反射应力波传播的方向和裂隙方向的交角 θ 有关。如图 4-5 所示，当 θ 为 90°时，反射拉伸波将最有效地促使裂隙扩展和延伸；当 θ 小于 90°时，反射拉伸波以一个垂直于裂隙方向的拉伸分力促使径向裂隙扩张和延伸，或者在径向裂隙末端造成一条分支裂隙；当径向裂隙垂直于自由面时，即 $\theta = 0$°，反射拉伸波再也不会对裂隙产生任何拉力，故不会促使裂隙继续延伸发展，相反地，反射波在其切向上是压缩应力状态，反而会使已经张开的裂隙重新闭合。

（3）自由面改变了岩石中的准静态应力场。自由面的存在改变了岩石由爆炸生成气体膨胀压力形成的准静态应力场中的应力分布和应力值的大小，使岩石更容易在自由面方向受到剪切破坏。爆破的外部作用和内部作用结合起来，造成了自由面附近岩石破坏在自由面方向加强，如图 4-6 所示。

由此可见，自由面在爆破破坏过程中起着重要作用。有了自由面，爆破后的岩石才能从自由面方向破碎、移动和抛出，自由面越大、越多，越有利于爆破的破坏作用。自由面的增多，岩石的夹制作用减弱，有利于岩石爆破破碎，从而可减小单位耗药量。因此，爆破工程中要充分利用岩体的自由面，或者人为地创造新的自由面，以提高炸药能量的利用率，改善爆破效果。

此外，自由面与药包的相对位置对爆破效果的影响也很大。当其他条件相同时，炮孔与自由面夹角越小，爆破效果越好。炮孔平行于自由面时，爆破效果最好；反之，炮孔垂直于自由面时，爆破效果最差。不同药包埋深下形成的爆破漏斗形式如图 4-7 所示。

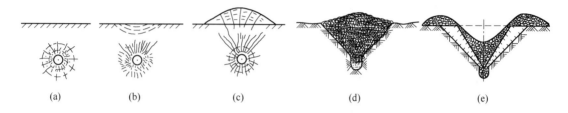

图 4-7　不同埋置深度下爆破漏斗的示意图
（a）表面无破坏；（b）表面破裂；（c）表面鼓包；（d）松动漏斗；（e）抛掷漏斗

通过以上对岩石爆破破碎机理的分析可知，岩石的爆破破碎、破裂是爆炸应力波的压缩、拉伸、剪切和爆炸生成气体的膨胀、挤压、致裂和抛掷等共同作用的结果。

4.4　爆破漏斗及利文斯顿的爆破漏斗理论

4.4.1　爆破漏斗

当埋入岩石中的炸药包临近自由面时，由于炸药爆破的外部作用，炸药爆炸除在其周围岩石中产生压碎区、裂隙区和振动区之外，岩石在自由面方向的破坏加强，视药包到自由面距离的不同，还将在自由面引起岩石的破裂、鼓包和抛掷，在岩石中形成一个漏斗状的炸坑，称为爆破漏斗，如图 4-7 所示。

炸药在岩石中爆炸时，形成爆破漏斗的条件用炸药的相对埋深表示。炸药的相对埋深 Δ 定义为

$$\Delta = W/W_c \tag{4-6}$$

式中，W 为炸药的埋置深度，称为最小抵抗线；W_c 为炸药埋置的临界深度或临界最小抵抗线。

当 $W \geqslant W_c$ 时，炸药爆炸引起的岩石破坏仅限于岩石内部，而在岩石表面不产生任何破坏。

4.4.1.1　爆破漏斗的几何要素

图 4-8 所示为集中药包在单一自由面条件下形成的爆破漏斗，对之可用以下几何要素描述：

（1）最小抵抗线 W——药包中心到自由面的垂直距离，即药包的埋置深度。

（2）爆破漏斗半径 r——爆破漏斗的底圆半径。

（3）爆破漏斗作用半径 R——也称破裂半径，自药包中心到爆破漏斗底圆圆周上任一点的距离。

（4）爆破漏斗深度 D——自爆破漏斗尖顶至自由面的最短距离，在数值上等于最小抵

抗线。

（5）爆破漏斗的可见深度 h——自爆破漏斗中岩堆表面最低洼点到自由面最短距离。在一定抵抗线和装药量条件下，形成爆破漏斗范围内的一部分岩石被抛掷到漏斗外，一部分岩石被抛掷后又回落到漏斗坑内，回落后爆破漏斗的最大可见深度即爆破漏斗的可见深度。

（6）爆破漏斗张开角 θ——爆破漏斗的顶角。

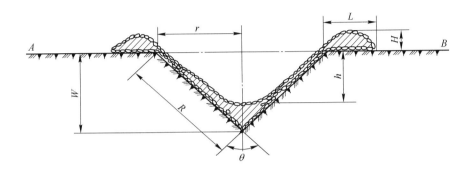

图 4-8　爆破漏斗的几何要素

W—最小抵抗线；θ—爆破漏斗张开角；r—爆破漏斗半径；L—爆堆宽度；
R—爆破漏斗作用半径；H—爆堆高度；h—爆破漏斗可见深度

在以上除爆破漏斗可见深度外的所有要素中，只有两个是独立的。通常用最小抵抗线和爆破漏斗半径来表示爆破漏斗的形状和大小。

除了上述构成爆破漏斗的一些要素以外，在爆破工程中还有一个经常用到的重要参数，即爆破作用指数 n，它是爆破漏斗半径 r 和最小抵抗线 W 的比值，表示为

$$n = r/W \tag{4-7}$$

爆破作用指数 n 是一个极重要的参数。若改变爆破作用指数 n，则爆破漏斗的大小、岩石的破碎性质和抛移程度都随之发生变化。工程爆破中常根据爆破作用指数 n 值的不同，对爆破漏斗进行分类。

4.4.1.2　爆破漏斗的分类

工程爆破中，根据爆破作用指数 n 值的不同，将爆破漏斗分为 4 类，如图 4-9 所示。

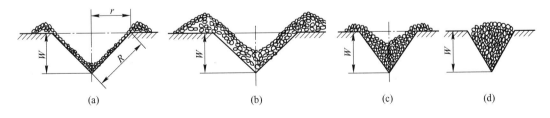

$$(a) \qquad\qquad (b) \qquad\qquad (c) \qquad\qquad (d)$$

图 4-9　爆破漏斗的基本形式

（a）标准抛掷爆破漏斗；（b）加强抛掷爆破漏斗；（c）减弱抛掷爆破漏斗；（d）松动爆破漏斗

（1）标准抛掷爆破漏斗（见图 4-9（a））。其爆破作用指数 n = 1，即最小抵抗线 W 与

爆破漏斗半径 r 相等。漏斗张开角 $\theta = \pi/2$，形成标准爆破漏斗，这时爆破漏斗体积最大，能够实现最佳的爆破效率，相应的装药最小抵抗线称为最优抵抗线，如图4-10所示。工程中，确定不同种类岩石爆破的单位体积炸药消耗量时，或者确定或比较不同炸药的爆炸性能时，往往用标准爆破漏斗的体积作为衡量标准。

（2）加强抛掷爆破漏斗（见图4-9（b））。其爆破作用指数 $n > 1$，漏斗张开角 $\theta > \pi/2$。此时，爆破漏斗半径 r 大于最小抵抗线 W。当 $n > 3$ 时，炸药的能量主要消耗在破碎岩石的抛掷上，爆破漏斗的体积明显减小。因此，工程中，加强抛掷爆破漏斗的作用指数控制为 $1 < n < 3$。一般情况下，实施抛掷爆破时，爆破作用指数的取值范围为 $n = 1.2 \sim 2.5$。

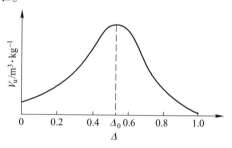

图4-10　爆破漏斗体积与炸药相对埋深的关系

（3）减弱抛掷（加强松动）爆破漏斗（见图4-9（c））。当爆破作用指数取值范围为 $0.75 < n < 1$ 时，形成的爆破漏斗为减弱抛掷爆破漏斗，也称为加强松动爆破漏斗。这是进行隧洞掘进爆破参数设计时常考虑的爆破漏斗形式。

（4）松动爆破漏斗（见图4-9（d））。其爆破作用指数 $n \approx 0.75$。此时，爆破漏斗内的岩石被破坏、松动，但不被抛出漏斗坑外。当 n 小于0.75很多时，将不能形成从药包到自由面间的连续破坏，不能形成漏斗。

4.4.1.3　形成标准爆破漏斗的条件

标准爆破漏斗的装药最小抵抗线 W 等于漏斗半径 r，漏斗张开角 $\theta = \pi/2$。在柱状装药条件下，若忽略反射横波的作用，则形成标准爆破漏斗的力学条件可表述为：漏斗边缘处入射波产生的切向拉应力与反射拉伸波产生的径向拉应力之和等于岩石的拉伸强度，即

$$\sigma_{\theta I} + \sigma_{rR} = \sigma_t \tag{4-8}$$

取产生标准爆破漏斗时的最佳抵抗线为 W_0，则入射波到达漏斗边缘需经过的距离为 $\sqrt{2}W_0$。因而漏斗边缘处入射波产生的切向拉应力与反射拉伸波产生的径向拉应力可表述为

$$\sigma_{\theta I} = b p_{max} \left(\sqrt{2W_0}/r_b \right)^{-\alpha} \tag{4-9}$$

$$\sigma_{rR} = R p_{max} \left(\sqrt{2}W_0/r_b \right)^{-\alpha} \tag{4-10}$$

式中，p_{max} 为炸药爆炸作用于炮眼壁上的最大压力；b 为侧向应力系数，$b = \dfrac{\mu}{1-\mu}$；μ 为岩石的泊松比；α 为爆炸应力波衰减指数，可近似取 $\alpha = 2-b$；r_b 为炮眼半径；R 为应力波反射系数，$R = \dfrac{\tan\beta\tan^2 2\beta - \tan\delta}{\tan\beta\tan^2 2\beta + \tan\delta}$；$\delta$ 为应力纵波入射角；β 为应力横波反射角，$\beta = \sin^{-1}\left\{ \left[\dfrac{1-2\mu}{2(1-\mu)} \right]^{\frac{1}{2}} \sin\delta \right\}$。

纵波反射系数 R 为负值，计算时仅以绝对值代入。

将式（4-9）与式（4-10）代入式（4-8），则得到形成标准爆破漏斗的最优最小抵抗线为

$$W_0 = \left[(R+b)P/\sigma_t\right]^{1/\alpha}\frac{\sqrt{2}\,r_b}{2} \tag{4-11}$$

进一步，单位长度炮眼形成的标准爆破漏斗的体积 $V_0 = W_0^2$，用 q_1 表示单位长度的炮眼装药量，则有形成标准爆破漏斗的单位体积炸药消耗量

$$q = \frac{q_1}{V_0} = \frac{q_1}{W_0^2} \tag{4-12}$$

形成自由面破坏的装药临界抵抗线为

$$W_c = \sqrt{2}\,W_0 = \left[(R+b)P/\sigma_t\right]^{1/\alpha}r_b \tag{4-13}$$

4.4.1.4 延长装药产生的爆破漏斗

工程中的炮孔爆破大多采用延长装药。当延长装药垂直于自由面时，由于炸药对岩石的施力方向和冲击波的传播方向与集中装药不同，爆破时受岩石的夹制作用较大，形成爆破漏斗要困难一些，但一般仍能形成爆破漏斗，只是往往留有炮窝，如图 4-11 所示。对这种条件的爆破漏斗形成进行分析时，大多是把延长药包看成由一系列集中药包组成。靠近炮孔口的集中药包，抵抗线小，取强抛掷的作用；而靠近

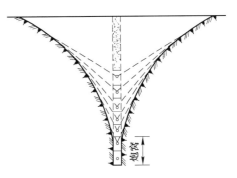

图 4-11 装药垂直自由面的爆破漏斗

孔底的集中药包，抵抗线大，只能取松动作用，甚至不能形成爆破漏斗。这些集中药包形成爆破漏斗的轮廓线构成延长药包的爆破漏斗。由于孔底破坏弱，爆破后会留有残孔，称为炮窝。

如果延长装药平行于自由面，这时通常存在两个自由面，爆破效果要比垂直于自由面的情况好，如图 4-12（a）所示。这种情况在隧道掘进爆破和露天台阶爆破中较常见，而且只需要将岩石从原岩体中分离下来，并实现松动，不需要产生大量的抛掷。这种情况下，为实现露天爆破后孔底平坦，炮孔深度应加深至超深深度，如图 4-12（b）所示。

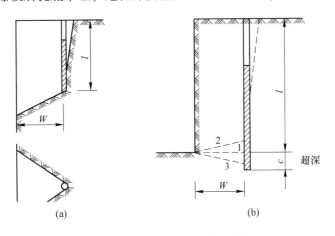

图 4-12 装药平行自由面的爆破漏斗

（a）炮孔无超深；（b）炮孔有超深

如果炮孔倾斜于自由面，情况则介于垂直和平行之间，形成的爆破漏斗是锥体形，如图 4-13 所示。

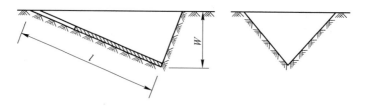

图 4-13　装药倾斜自由面的爆破漏斗

4.4.1.5　多药包同时爆破时的爆破漏斗

当相邻两药包同时起爆时，一方面来自两孔的压缩应力波将在两线中点相遇，在连线方向上产生应力叠加，其切向拉应力加强（见图 4-14），有助于形成连线裂隙。炮孔内爆炸生成气体的准静态压力作用，使两炮孔各自在连线方向上产生切向拉应力，由于炮孔的应力集中，产生的切向拉应力在炮孔孔壁炮孔连线方向上最大（见图 4-15），因此裂隙将由此开始向炮孔连线发展，使两炮孔沿中心连线断裂。

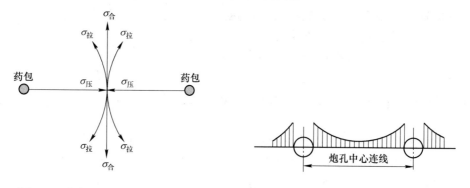

图 4-14　相邻炮孔应力波相遇叠加　　　图 4-15　相邻炮孔中心连线上准静态拉应力分布

此外，来自炮孔压缩应力波遇自由面反射后，反射拉伸应力波叠加，也将使两装药炮孔连线上的拉应力增大，使得岩石炮孔连线处容易被拉断。如图 4-16 所示，某花岗岩中的横波、纵波速度之比为 0.6，B、C 相邻两炮孔同时起爆产生的应力波在 A 点叠加，形成的拉应力值将是单一炮孔爆破时拉应力值的 1.88 倍，明显加强。另外，相邻两炮孔连线中点以外的区域，由于叠加应力波的相互抵消，形成应力降低区（见图 4-17），不利于岩石破碎，从而增大岩石的爆破块度。

多炮孔爆破时，装药的临近（密集）系数，也称炮孔临近（密集）系数，是影响爆破效果的重要因素，装药临近系数 m 定义为相邻炮孔的间距 a 与最小抵抗线 W 的比值，即

$$m = a/W \tag{4-14}$$

根据工程实践，取得以下结论：

（1）当 $m \geq 2$，即 $a \geq 2W$ 时，炮孔间距 a 过大，两装药各自形成单独的爆破漏斗，如图 4-18（a）所示。

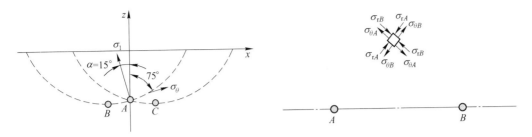

图 4-16 反射拉伸波在两相邻炮孔间的叠加　　图 4-17 相邻炮孔同时起爆时应力降低区的形成

（2）当 $1<m<2$ 时，两装药形成一个爆破漏斗，但往往两装药之间底部破碎不充分，如图 4-18（b）所示。

（3）当 $0.8 \leqslant m \leqslant 1$ 时，两装药形成一个爆破漏斗，且漏斗底部平坦，漏斗体积最大，如图 4-18（c）所示。

（4）当 $m<0.8$ 时，两装药距离较近，大部分能量用于抛掷岩石，漏斗体积反而减小，如图 4-18（d）所示。

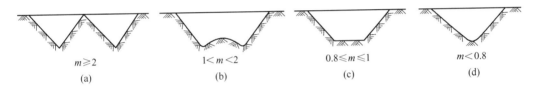

图 4-18 装药密集系数对爆破漏斗形状的影响

4.4.2 利文斯顿的爆破漏斗理论

4.4.2.1 炸药爆破能量变化对岩石变形破坏的影响

爆破漏斗的理论最早是由美国学者利文斯顿（C. W. Livingston）提出的，是以能量平衡为准则的岩石爆破破碎的爆破漏斗理论。C. W. Livingston 认为，炸药在岩石中爆破时，传给岩石能量的多少与速度取决于岩石性质、炸药性能、药包质量、药包埋置深度等因素。埋于岩石中的炸药爆炸时，释放的绝大部分能量将被岩石所吸收，岩石吸收的能量达到平衡状态后，岩石表面开始产生破坏、鼓包、位移、抛掷等。反之，岩石表面将不产生破坏。在岩石表面形成破坏临界状态的炸药量与炸药埋深之间有如下关系：

$$W_c = E_b Q^{1/3} \tag{4-15}$$

式中，Q 为炸药量；W_c 为临界抵抗线；E_b 为岩石的变形能系数。

E_b 的物理意义是：一定装药条件下，表面岩石开始破裂时，岩石可能吸收的最大能量。E_b 是衡量岩石爆破难易程度的一个指标。

C. W. Livingston 还将岩石爆破破坏效果与能量平衡关系划分为 4 个带，即弹性变形带、冲击破裂带、破碎带和空爆带。

（1）弹性变形带：当岩石爆破条件一定时，或者装药量很小，或者炸药埋置很深，爆破作用仅限于岩石内部。爆破后岩石表面不出现破坏，炸药的全部能量被岩石所吸收，表面岩石只产生弹性变形，爆破后岩石恢复原状。实现这一状态的炸药埋深最小值，即为临界埋深。

（2）冲击破裂带：当岩石性质和炸药品种不变时，减少炸药埋深至小于临界埋深时，表面岩石将呈现出破坏、鼓包、抛掷等，进而形成爆破漏斗。爆破漏斗体积将随炸药的埋深减少而增大。当爆破漏斗体积达到最大时，炸药能量得以充分利用，此时的炸药埋深称为最佳埋深。

（3）破碎带：若炸药埋深进一步减小，达到小于炸药的最佳埋深时，表面岩石将更加破碎，爆破漏斗体积随炸药埋深的减小而减小，炸药爆炸释放的能量消耗于岩石破碎、抛掷等的比例进一步增大。

（4）空爆带：当炸药埋深很小时，表面岩石得以过度破碎，并远距离抛掷，这时消耗于空气冲击波的能量大于传给岩石的能量，因此将形成强烈的空气冲击波。

在爆破实践中，可以通过改变药包埋置深度，即最小抵抗线，来调整或平衡炸药爆炸能量的分配比例，实现最佳的爆破效果。

从以上4个范围来看，炸药的爆炸能量消耗在下列4个方面：岩石的弹性变形，岩石的破碎，岩石的抛移、飞散以及形成空气冲击波。消耗在岩石弹性变形上的能量不可避免，而消耗在岩石抛移、飞散和形成空气冲击波的能量应力求避免。从提高爆破效果来讲，应该尽量提高消耗在岩石破碎上的能量。

利文斯顿爆破漏斗理论不仅表明了装药量与爆破漏斗的关系，还能确定不同岩石的可爆性、比较不同炸药品种的爆破性能。

4.4.2.2　利文斯顿爆破漏斗的特性

为了便于分析，常将比例爆破漏斗体积（V/Q 为单位炸药量的爆破漏斗体积）、比例埋置深度（$W/Q^{1/3}$）、比例爆破漏斗半径（$r/Q^{1/3}$）和深度比 $\Delta(\Delta = W/W_c)$ 作为研究对象。

爆破漏斗的形状（包括深度和半径）及体积随药包埋置的深度不同而变化，爆破漏斗体积的大小在实际爆破工程中具有重要的意义。为弄清爆破漏斗的特性，必须进行爆破漏斗试验，找出 V/Q-Δ 和 $r/Q^{1/3}$-$W/Q^{1/3}$ 等关系曲线，全面描述爆破漏斗的特性。目前，已完成了许多不同炸药在不同岩石条件的爆破漏斗特性研究，有关成果可参考相关资料。

4.4.2.3　利文斯顿爆破漏斗理论的应用

爆破漏斗试验以利文斯顿的理论为基础。首先，根据爆破漏斗试验的有关数据可以合理选择爆破参数，提高爆破效率；其次，对不同成分的炸药进行爆破漏斗试验和对比分析，可为选用炸药提供依据；最后，利文斯顿的变形能系数可以作为岩石可爆性分级的参考判据。

（1）对比炸药的性能。用爆破漏斗试验可代替习惯沿用的铅铸测定做功能力方法。根据利文斯顿爆破漏斗理论，在同一种岩石中，炸药量一定，但炸药品种不同，进行爆破漏斗试验时，炸药做功能力大者，传给岩石的能量高，则其临界埋深 W_c 值比较大；反之，炸药做功能力小者，其临界埋深也小。由于 W_c 值的不同，E_b 值也就不一样，因此可以对比各种不同品种炸药的爆炸性能。

（2）评价岩石的可爆性。根据基本公式（4-15），在选定炸药品种、炸药量为常数时，据炸药的临界埋深 W_c，可求出不同岩石种类的变形能系数 E_b。当 $Q=1$ 时，可认为单位质量的炸药（如 1kg）的弹性变形能系数 E_b 在数值上等于临界埋深 W_c。爆破坚韧性岩石，1kg 炸药爆破的 W_c 值必然小，弹性变形能系数 E_b 也较小，说明消耗能量大，岩石难爆；爆破非坚韧性岩石，单位药量的临界埋深 W_c 必然较大，弹性变形能系数 E_b 值也较大，表明吸收的能量小，故岩石易爆。所以，可以用岩石弹性变形能系数 E_b 作为对比岩石可爆性的判据。

（3）爆破漏斗理论在工程爆破中的应用。爆破漏斗理论被广泛应用在露天台阶深孔爆破、露天开沟药室爆破及深孔爆破掘进天井等，这里仅以露天台阶深孔爆破为例加以说明。

在露天台阶爆破设计中，如果岩石性质、炸药品种和炸药量等因素中有一个变化时，可以根据其变化函数的关系，求得其余相应的爆破参数。

已知药量 Q_1 对应的最佳埋深为 W_{01}，当药量增加或减少为 Q_2 时，可求得此药量下的最佳埋深为

$$W_{02} = (Q_2/Q_1)^{1/3} W_{01} \tag{4-16}$$

据此可确定出相应的孔距等爆破参数。

4.4.2.4　利文斯顿爆破理论的推广

生产中常用长柱状条形药包进行爆破，而 C. W. Livingston 的爆破漏斗理论是以球状集中药包为基础提出的。雷德帕提出，将球状集中药包看成点药包，单孔柱状长条形药包看成线药包，成排孔柱状长条形药包看成面药包（见图 4-19），并根据几何相似和量纲原理，找出了三者之间的相关关系。

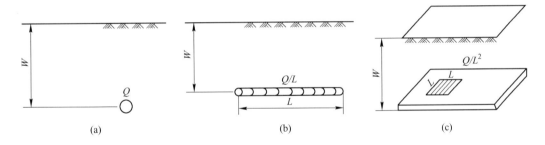

图 4-19　不同装药类型的几何图
（a）点药包；（b）线药包；（c）面药包

在点药包条件下，有

$$E_{point} = W_{point}/Q^{1/3} \quad 或 \quad W_{point} = K_{point}Q^{1/3} \tag{4-17}$$

式中，K_{point} 为点药包的比埋深；W_{point} 为点药包埋深；Q 为集中药包装药量。用量纲表示有

$$\begin{cases} [W_{point}] = [W_{point}^3/Q]^{1/3}[Q^{1/3}] \\ [K_{point}] = [W_{point}^3/Q]^{1/3} \end{cases} \tag{4-18}$$

对线药包和面药包，相应的关系式分别为

$$\begin{cases} [W_{line}] = [W_{line}^3/Q]^{1/2}[Q/L]^{1/2} \\ [K_{line}] = [L^3/Q]^{1/2} \end{cases} \tag{4-19}$$

和

$$\begin{cases} [W_{plane}] = [W_{plane}^3/Q][Q/L^2] \\ [K_{plane}] = [L^3/Q] \end{cases} \tag{4-20}$$

式中，W_{line} 和 W_{plane} 为线药包和面药包的埋置深度；Q/L 为线药包的单位长度质量；Q/L^2 为面药包的单位面积质量；K_{line} 和 K_{plane} 为线药包和面药包的比埋深。

面药包的比埋深的倒数为 Q/L^3，相当于单位体积耗药量，由于点药包、线药包、面药包的比埋深都与 Q/L^3 有关，因而有下列关系：

$$[K_{point}]^3 = [K_{line}]^2 = [K_{plane}] \tag{4-21}$$

近几十年来，C. W. Livingston 的爆破漏斗理论在实际爆破工程中得到了广泛应用，同时也在不断地改进和完善。

4.5 装药量计算原理

爆破工程中，装药量合理与否对爆破效果、爆破工程成本和爆破安全均有重要影响。多年来，爆破合理装药量的计算一直受到重视，但由于岩石物理力学性质的多变性以及对岩石爆破破坏机理与规律认识十分有限，目前还不能对爆破装药量进行精确的计算。

目前已有的近似计算是建立在爆破漏斗的能量平衡基础上的。以集中药包形成爆破漏斗的情况为例，为了形成爆破漏斗，炸药的爆炸能量需要完成以下功。首先，应使漏斗范围的岩石从岩体中分离出来，其耗能大小与漏斗的表面积成正比；其次，还需要将漏斗范围的岩石进行破碎，其耗能与被破碎的岩石（爆破漏斗）的体积成正比；最后，如果实施抛掷爆破，需要将破碎的岩石抛移到漏斗以外，其耗能与爆破漏斗体积和抛移距离（漏斗作用半径）成正比。于是，爆破的装药量应该由三部分组成，即有

$$Q = C_1W^2 + C_2W^3 + C_3W^4 \tag{4-22}$$

式中，Q 为装药量；C_1、C_2、C_3 为系数；W 为最小抵抗线。

如果忽略式（4-22）中的第一项、第三项，则表明爆破装药量与爆破岩石体积成正比，进而变成爆破装药量计算的体积公式。

实际中的体积公式是根据爆破相似法则得出的。实验结果指出，在均质岩石中爆破时，当装药的体积按比例增大时，岩石爆破破碎的体积也将按比例增大，这就是岩石爆破的相似法则，如图 4-20 所示。伏奥班则提出了以 $r=W$ 作为标准爆破漏斗的体积公式，其实质是：在一定的岩石条件和装药量的

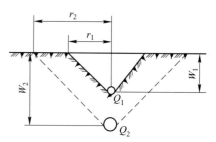

图 4-20 爆破漏斗相似原理

情况下，爆落的土石方体积与所用的炸药量成正比，即

$$Q = qV \tag{4-23}$$

式中，q 为单位耗药量，kg/m^3，通过试验确定或查表选取；V 为爆破漏斗体积，m^3。

如果集中装药，标准抛掷爆破时，爆破作用指数 $n=1$，即 $r=W$，爆破漏斗体积为

$$V = \pi r^2 W \approx W^3$$

标准爆破时的装药量则为

$$Q_b = qW^3 \tag{4-24}$$

上式也叫豪赛尔公式，是最基本的爆破装药计算公式。

对加强抛掷和减弱抛掷等爆破，则需要进行装药量的增减。适用于各种类型抛掷爆破的装药量计算公式为

$$Q_p = f(n)qW^3 \tag{4-25}$$

式中，$f(n)$ 为爆破作用指数的函数。

标准抛掷爆破的 $f(n) = 1$；加强抛掷爆破的 $f(n) > 1$；减弱抛掷爆破的 $f(n) < 1$。对于 $f(n)$ 的计算，鲍列斯夫的经验公式为

$$f(n) = 0.4 + 0.6n^3 \tag{4-26}$$

式（4-24）和式（4-25）作为抛掷爆破装药量计算的通用公式，应用于加强抛掷爆破装药量计算尤为接近实际情况。

松动爆破漏斗的装药量 Q_s 大约为标准爆破漏斗装药量的 $0.33 \sim 0.55$ 倍，因此松动爆破时更为合适的经验公式为

$$Q_s = (0.33 \sim 0.55)qW^3 \tag{4-27}$$

岩石可爆性好时取小值，岩石可爆性差时取大值。

柱状装药的装药量计算公式与集中装药计算原理相同。当装药垂直于自由面时，装药量为

$$Q = f(n)qW_j^3 \tag{4-28}$$

式中，W_j 为计算抵抗线，取为炮孔深度。

当装药平行于自由面时（见图 4-21），抛掷爆破的装药量为

$$Q_p = f(n)qW^2l \tag{4-29}$$

式中，l 为炮孔深度。

松动爆破时的装药量为

$$Q_s = (0.33 \sim 0.55)qW^2l \tag{4-30}$$

多药包爆破时，装药量的计算分两种情况。如果各炮孔的抵抗线相同，则计算较简单，单个炮孔装药量为

$$Q = f(n)qaWl = f(n)qmW^2l \tag{4-31}$$

式中，a 为炮孔间距；m 为装药密集系数。

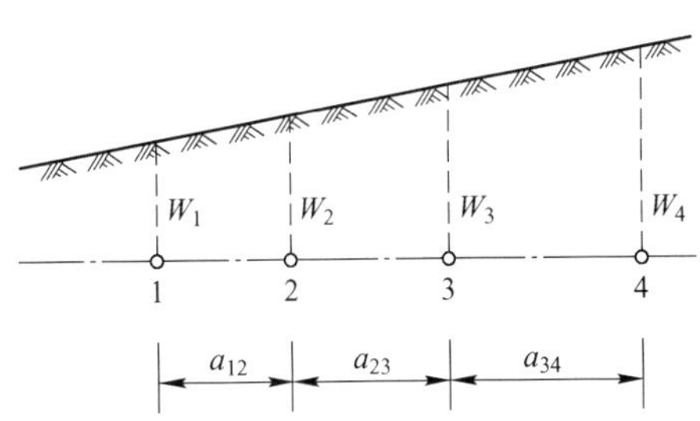

如果各炮孔的抵抗线不同，则计算较为烦琐。如图 4-21 所示，各炮孔（平行于自由面）的抵抗线分别为 W_1，W_2，$\cdots$，W_n，若将炮孔间距调整为

$$a_{i(i+1)} = (W_i + W_{i+1})/2$$

则炮孔装药量为

$$Q_i = f(n)qW_i^2l \tag{4-32}$$

图 4-21 最小抵抗线不同时的炮孔布置

如果采用相同的炮孔间距，则装药量计算公式需用装药密集系数进行修正。

$$m_{i(i+1)} = 0.5a/(W_i + W_{i+1})$$

于是，炮孔装药量计算公式为

$$Q_i = f(n)qW_i^2lm_{i(i+1)} \tag{4-33}$$

上述各计算式中的单位耗药量 q 的值，应考虑多方面的影响因素综合确定：

（1）查表、参考定额或有关资料数据。

（2）参照条件类似的爆破工程炸药消耗成本或矿山单位耗药量的统计值。

（3）通过标准爆破漏斗试验求算。

（4）根据经验公式确定：

$$q = 0.4 + (\gamma/2450)^2 \tag{4-34}$$

式中，γ 为岩石容重，kg/m^3。

综合上述，装药量计算的原则是装药量的多少取决于要求爆破的岩石体积、爆破类型等。但是，爆破的质量（块度）问题的重要性，却都未能在计算公式中反映出来。虽然如此，但体积公式一直沿用至今，给人们提供了估算装药量的依据。在长期的生产实践中，都用体积为依据，结合各自岩石性质和爆破的要求，改变不同的单位耗药量 q，进行装药量的计算。

另外，以上计算公式都是以单自由面为前提的，而在实际工程中，为了改善爆破效果，也常利用多自由面爆破，因此计算装药量时，还应考虑自由面数量的影响。一般当自由面数量由 1 增加到 2 时，单位耗药量 q 降低 10%；当自由面数量由 2 增加到 3 时，单位耗药量 q 降低 30%。采用的炸药品种改变时，还须进行炸药量的当量换算。

4.6 装药结构与起爆方法

4.6.1 装药结构

装药在炮孔（眼）内的安置方式称为装药结构，它是影响爆破效果的重要因素。最常采用的装药结构形式有：

（1）耦合装药——炸药直径与炮孔直径相同，炸药与炮孔孔壁之间不留间隙。

（2）不耦合装药——炸药直径小于炮孔直径，炸药与炮孔孔壁之间留有间隙。

（3）连续装药——炸药在炮孔内连续装填，不留间隔。

（4）间隔装药——炸药在炮孔内分段装填，装药之间由炮泥、木垫或空气柱隔开。

各种装药结构如图 4-22 所示。

试验证明，在一定岩石和炸药条件下，采用空气柱间隔装药，可以增加用于破碎或抛掷岩石的爆炸能量，提高炸药能量的有效利用率，降低耗药量。空气柱间隔装药的作用原理是：

（1）降低了作用在炮眼壁上的冲击压力峰值。若冲击压力过高，在岩体内激起冲击波，产生压碎圈，使炮眼附近岩石过度粉碎，就会消耗大量能量，影响压碎圈以外岩石的破碎效果。

（2）增加了应力波作用时间。原因有两个：其一，由于降低了冲击压力，减小或消除了冲击波作用，相应地增大了应力波能量，从而能够增加应力波的作用时间；其二，当两段装药间存有空气柱时，装药爆炸后，首先在空气柱内激起相向传播的空气冲击波，并在空气柱中心发生碰撞，使压力增高，同时产生反射冲击波于相反方向传播，其后又发生反射和碰撞。炮眼内空气冲击波往返传播，发生多次碰撞，增加了冲击压力及其激起的应力

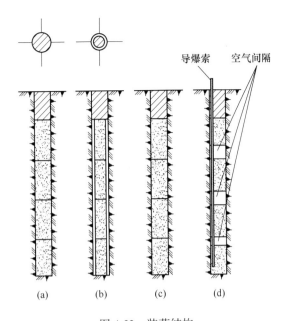

图 4-22　装药结构

（a）耦合装药；（b）不耦合装药；（c）连续装药；（d）间隔装药

波的作用时间。

图 4-23 为在相似材料模型中和相同试验条件下测得的连续装药和空气柱间隔装药的应力波波形。可见，空气柱间隔装药激起的应力波，其峰值应力减小，应力波作用时间增大，又由于空气冲击波碰撞，在应力波波形上可以看到两个峰值应力，但总的来看，应力变化比较平缓。

（3）增大了应力波传给岩石的冲量，而且比冲量沿炮孔分布较均匀，这是以上两点带来的结果。有关试验结果表明：在连续装药情况下，炮孔底比冲量远比炮孔口比冲量高，比冲量沿炮孔全长分布不均，这会使爆破块度不均并增加大块率；采用空气柱间隔装药时，炮孔底比冲量减小，而炮孔口比冲量增大，比冲量沿炮孔全长分布趋于均匀，故能改善块度质量并减小大块率。

由于空气柱间隔装药有以上三个方面的作用，在一定的岩石和炸药条件下，合理确定空气柱长度与装药长度的比值，能达到调整应力波参数、提高炸药能量的有效利用和改善爆破效果的目的。

在通常采用的炸药条件下，不同岩石适用的空气柱长度与装药长度的比值见表 4-1。

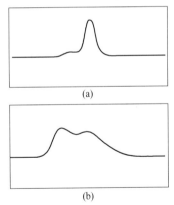

图 4-23　连续装药与空气柱间隔装药激起应力波波形的对比

（a）连续装药；（b）空气柱间隔装药

若空气柱长度超过 3.5~4m，应采用多段间隔装药。在隧道或井巷掘进中，一般可将装药分为两段，其中底部装药应为总药量的 65%~70%，装药间用导爆索连接起爆。如果没有合适的起爆方法，也可以采用多段间隙装药，使装药间距不超过殉爆距离，或采用连续装药，将空气柱留在装药与炮泥之间。

表 4-1 合理的空气柱长度

岩石名称	软岩	中等坚固多裂隙岩石 (f=8~10)	中等坚固块体岩石 (f=8~10)	多裂隙的坚固岩石 (f=1~16)	坚固、坚韧且具有微裂隙的岩石
空气柱长度与装药长度之比	0.35~0.4	0.3~0.32	0.21~0.27	0.15~0.2	0.15~0.2

此外，在光面爆破中，没有专用的光面爆破炸药可供使用时，也可采用空气柱间隔装药（增大空气柱长度）来控制炸药的爆破作用。对此，将在第 5 章论述。

4.6.2 起爆方法

装药采用雷管起爆时，雷管所在位置称为起爆点。起爆点通常是一个，但当装药长度很大时，也可设多个起爆点，或沿装药全长敷设导爆索起爆（相当于无穷多个起爆点）。

单点起爆时，若起爆点置于装药顶端（靠近炮孔口的装药端）。爆轰波传向孔底，这种起爆方式称为正向起爆。反之，起爆点置于装药底端，爆轰波传向孔口，就称为反向起爆。

起爆点位置和爆轰方向也是影响岩石爆破作用和爆破效果的重要因素。试验结果表明，反向起爆优于正向起爆，表现在：炮孔利用率随起爆点移向装药底部而增加，但增加程度与岩石性质、炸药性质和炮眼深度有关；单位耗药量相同时，反向起爆能减小大块率等。

目前，关于起爆点位置和爆轰方向对岩石破碎过程的影响有以下几种论点：

（1）反向起爆时，炮泥开始运动的时间比正向起爆推迟 Δt（$\Delta t = l_c/D$，l_c 为装药长度，D 为炸药爆速），使爆炸气体在炮孔内存留的时间相应增大，从而增加了岩体内应力波的作用时间。

（2）起爆点位置不同，岩体内的应力分布不同。若柱状装药全长同时起爆，在岩体内激起的应力波为柱面波。但在正、反向起爆的情况下，柱状装药并非全长同时起爆，这时应力波的波面形状决定于炸药爆速和岩石中纵波波速的比值 D/c_p。当 D/c_p>1 时，应力波波面形状为锥体；D/c_p<1 时，则为球体。

在露天台阶上采用正、反向起爆时，岩石内激起应力波的波面形状及其传播情况如图 4-24 所示，可以看出，若设正、反向起爆在台阶底线处沿应力波波面法线方向产生的应力矢量相等，反向起爆沿台阶底板的应力分量较正向起爆大；反向起爆沿台阶波面的应力分量的方向与正向起爆相反，朝向台阶底板。反向起爆的这种应力状态有利于底部岩石的破碎。

（3）若装药长度较大，正向起爆时，在装药爆轰未结束前，由起爆点 A 产生的应力波到达上部自由面后，产生向岩体内部传播的反射波可能越过 A 点（见图 4-25）。在这种情况下，反射波产生的裂隙将使炮眼内气体迅速逸出，导致炮眼下部岩石破碎条件恶化和炮孔利用率的降低。反向爆破时，爆轰波由 B 点向 A 点传播，爆轰产物在孔底部存留的时间较长，而且若 c_p>D，由炮眼底部产生的应力波超前于爆轰波传播，能加强炮眼上部应力波的作用，因此，反向爆破不仅能提高炮眼利用率，而且也能加强岩石的破碎。

需要说明，无论是正向起爆，还是反向起爆，岩体内的应力分布都是很不均匀的，但

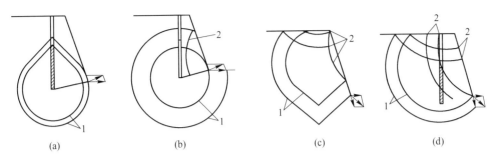

图 4-24　正、反向起爆时应力波在岩石内的传播情况及在台阶底线处的应力状态
（a）反向起爆，$D/c_p > 1$；（b）反向起爆，$D/c_p \leq 1$；（c）正向起爆，$D/c_p > 1$；（d）正向起爆，$D/c_p \leq 1$
1—入射波；2—反射波

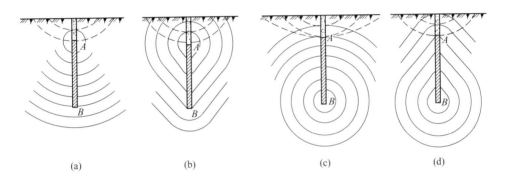

图 4-25　正、反向起爆时的炸药爆轰及应力波传播
（a）正向起爆，$D/c_p \leq 1$；（b）正向起爆，$D/c_p > 1$；（c）反向起爆，$D/c_p \leq 1$；（d）反向起爆，$D/c_p > 1$

若相邻炮孔分别采用正、反向起爆，将能改善这种状况。

若采用多点起爆，由于爆轰波发生相互碰撞，可以增大爆炸应力波的参数，包括峰值应力、应力波作用时间及其冲量，从而能够提高岩石的破碎度，但起爆点数目超过 4 个时，冲量和破碎度不再明显增加。目前，因没有实现多点起爆的完善方法，故在大多数情况下，仍是采用单点起爆。

需要引起注意的是某些国家在安全规程中规定，在有沼气的工作面内进行爆破时，只能采用反向起爆。我国《煤矿安全规程》（2003 版）规定：在有瓦斯的工作面实施毫秒爆破时，若采用反向起爆，则必须采取相应的安全措施。而修订的《爆破安全规程》（2004版）对含瓦斯岩石或煤层条件下，爆破能否采用反向起爆及采用反向起爆的安全性却没有明确的规定。

4.7　炮孔的堵塞

工程爆破中，一般都要对炮孔进行堵塞，用来封闭炮孔的材料统称为炮泥。用炮泥堵塞炮孔可以达到以下目的：

（1）保证炸药充分反应，使之放出最大热量和减少有毒气体生成量。

（2）降低爆炸气体逸出自由面的温度和压力，提高炸药的热效率，使更多的热量转变为机械功。

（3）在有瓦斯的工作面内，除降低爆炸气体逸出自由面的温度和压力外，炮泥还起着阻止灼热固体颗粒（例如雷管壳碎片等）从炮孔内飞出的作用，提高爆破安全性。

以上几方面也称为炮泥的功用。

除此之外，炮泥也会影响爆炸应力波的参数，从而影响岩石的破碎过程和炸药能量的有效利用。试验表明，爆炸应力波的参数与炮泥材料、炮泥长度和填塞质量等因素有关。

分析炮泥对爆炸应力波参数的影响，需要了解炮泥在炸药爆炸过程中的运动规律。试验研究得到，炮泥运动具有以下规律：

（1）炮泥一般是可压缩性物质，其运动不是在所有截面同时发生的。靠近装药的炮泥层最先运动（见图4-26曲线3），其后，后面的层依次跟着发生运动（见图4-26曲线2、曲线1）。

（2）在不同区段上，炮泥运动具有不同的规律。靠近装药的一段炮泥，其运动规律最复杂。

（3）离装药较远或近炮孔口的一段炮泥，从运动开始，其速度一直在增长，不发生减速，而且超过一定时间后，其运动速度

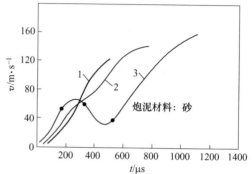

图4-26 装药爆炸时炮泥运动速度的变化
1—上段炮泥；2—中段炮泥；3—下段炮泥

将大于下段炮泥的运动速度，从而对下段炮泥的运动不再产生任何阻碍作用。

从炮泥运动规律可以看出，在岩石破碎以前，炮泥能够阻止爆炸气体从炮孔内逸出，增加爆炸应力波的作用时间及其冲量。但不同区段炮泥阻止爆炸气体逸出的机理不同。下段炮泥（靠近装药的炮泥），在未发生剪切前，主要靠横推力产生的摩擦力阻止炮泥运动和气体膨胀，剪切后，靠其惯性延迟气体逸出；上段炮泥在一定时间内靠惯性阻止下段炮泥的运动，但当运动速度超过下段炮泥的运动速度后，就不再起任何作用。

影响岩石内应力波参数的因素，首先是炮孔内气体压力的变化。若没有炮泥，装药与大气直接接触，气体压力就会很快由最大值下降到大气压；当装有炮泥，又没有裂隙与自由面相通时，气体压力下降较慢，从而能够增加压力作用时间和传给岩石的比冲量。

图4-27所示为在一定距离处（$r/r_b = 40$）测得的无炮泥和有炮泥时的应力波形，从图中看出，在有炮泥时，应力上升较快，达峰值后下降较慢，应力作用时间增大，而且应力波形与炮泥材料有关。炮泥材料的密度、压缩性、抗剪强度和内摩擦系数越高，对炮孔内气体运动和膨胀产生的阻力就越大，因此压力作用时间和传给岩石的比冲量也将相应增大。而且，采用低爆速、低猛度炸药时，炮泥的作用尤为显著。

在瓦斯的工作面内，可以采用聚乙烯塑料袋装的水炮泥。但采用水炮泥时，仍需用声阻抗比水大的其他材料封堵孔口（或采用两个以上的水炮泥）。试验表明，采用这种结构的填塞方式时，装药爆炸后，在水炮泥一端激起的冲击波和从另一端反射回的冲击波相碰撞时，可产生很高阻力，减缓水炮泥的运动，如图4-28所示。

除选用合适的炮泥材料外，还需确定合理的炮泥长度。一种简单的计算炮泥长度的方法是使炮泥全长卸载的时间大于爆炸气体压力在装药全长卸载的时间，使传给岩石的比冲

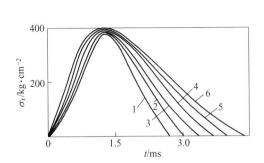

图 4-27　无炮泥和有炮泥时的应力波形
1—无炮泥；2—黏土；3—砂；4—三袋水炮泥；
5—碎石；6—两袋水炮泥和其他材料封口

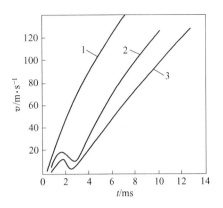

图 4-28　不同结构水炮泥运动速度的变化
1——袋水炮泥；2—三袋水炮泥；3—两袋
水炮泥和其他材料封口

量达最大，即

$$2l_s/c_{ps} \geq l_c/c_0 \qquad (4\text{-}35)$$

式中，l_s 为炮泥长度；c_{ps} 为炮泥中纵波波速或声速；l_c 为装药长度；c_0 为稀疏波波尾传播速度，等于静止爆炸产物中的声速。

根据炸药爆轰流体动力学理论算出 $c_0 = D/2$，代入式（4-35）得

$$l_s \geq l_c c_{ps}/D \qquad (4\text{-}36)$$

小直径炮眼爆破一般采用砂和黏土混合物作炮泥，其内声速为 1500~1800m/s，若取炸药爆速 $D = 3000~5000$m/s，按式（4-36）计算出的炮泥长度应为装药长度的 35%~50%。

我国《爆破安全规程》和《煤矿安全规程》都规定，在有瓦斯的条件下，爆破作业必须用炮泥堵塞炮孔，而且堵塞长度不能小于一定值。

4.8　毫秒爆破

4.8.1　毫秒爆破的概念及其优点

爆破时都是采用许多的炮孔，而且要求这些炮孔必须按一定顺序起爆，否则会降低爆破效果。选择起爆顺序的原则是后期起爆的装药能充分利用先期起爆装药形成的自由面。一次起爆装药的数目越少或起爆段数越多，除能充分利用自由面外，还能减小装药爆炸产生的振动、空气冲击波的强度和爆炸噪声。

利用秒延期雷管实现装药按顺序起爆的爆破方法称为秒延期爆破。这种爆破方法能达到较高的炮眼利用率，减小岩石抛掷及其造成的破坏作用，但岩石破碎块度较大，个别炮孔产生拒爆的可能性也较大。此外，由于延期时间较长，不能在有瓦斯或煤尘爆炸危险的工作面内使用。

利用毫秒雷管或其他毫秒延期引爆装置实现装药按顺序起爆的方法称为毫秒爆破或微差爆破。这种爆破方法除具有秒延期爆破的优点外，还能克服其缺点，所以在没有瓦斯或煤尘爆炸危险的工作面内，可采用毫秒爆破。

归纳起来，毫秒爆破有以下主要优点：

（1）增强了破碎作用，能够减小岩石爆破块度，或扩大爆破参数，降低单位耗药量。

（2）减小了抛掷作用和抛掷距离，能防止爆破对周围设备的损坏，而且爆堆集中，能提高装岩效率。

（3）能降低爆破产生的振动作用，防止对周围岩体或地面建筑造成破坏。

（4）可以在地下有瓦斯的工作面内使用（放炮前，沼气浓度不超过 1%，总延期时间不超过 130ms），实现全断面一次爆破，缩短爆破作业时间，提高掘进速度，并有利于工人健康。

4.8.2　毫秒爆破的破岩机理

为使毫秒爆破获得较好的爆破效果，必须合理确定炮眼间距、起爆顺序和起爆间隔时间。这些问题的解决，依赖于对毫秒爆破破岩机理的了解。对此，目前有以下几种主要假说：

（1）应力波相互干涉假说。已经知道，若相邻两装药同时爆炸，由于应力波的相互干涉，在两装药中间岩体某区域内将形成无应力或应力降低区，从而容易产生大块。但若使相邻的两装药间隔一定时间爆炸，比如当先期爆炸装药在岩体内激起压缩波从自由面反射成拉伸波后，再引爆后期爆炸的装药，不仅能消除无应力区，而且能增大该区内的拉应力，如图 4-29 所示。

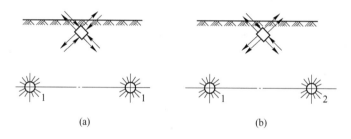

图 4-29　瞬发爆破与毫秒爆破时相邻装药产生应力波的比较
（a）瞬发爆破；（b）毫秒爆破
1，2—起爆顺序

试验表明：在深孔毫秒爆破中，后起爆药包较先起爆药包滞后十至几十毫秒起爆，两组深孔爆破产生的应力波叠加，可以改善破碎效果。

（2）自由面假说。该假说认为毫秒爆破能够改善岩石的破碎质量，是由于先期爆炸装药在岩体内已造成了某种程度的破坏，形成了一定宽度的裂隙和附加自由面，为后期装药爆炸创造了有利的破岩条件。

如图 4-30 所示，在先爆破炮孔形成漏斗后，对后起爆炮孔来说，相当于增加了新的自由面，后起爆炮孔的最小抵抗线和爆破作用方向都有所改变，增加了入射压缩波与反射拉伸波在自由面方向的破岩作用，并减少夹制作用。此外，由于先期爆炸产生的新自由面改变了后期爆炸装药的作用方向（不再垂直原有自由面），故能减小岩石的抛掷距离和爆堆宽度，并为运动岩块相互碰撞、利用动能使之发生二次破碎创造了条件。

按这种假说，在毫秒爆破的各种形式中，以台阶爆破的炮孔间隔起爆或波浪形毫秒爆

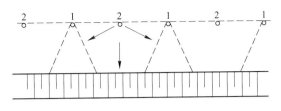

图 4-30 台阶爆破单排炮孔毫秒起爆
1，2—起爆顺序

破的爆破效果最好。

（3）剩余应力假说。该假说的主要内容包括：

1）先期爆炸激起的爆炸应力波在岩体内形成动态应力场并产生一系列裂缝。

2）其后，岩体承受高压爆炸气体的作用，使裂缝进一步扩展，但随着爆炸气体的膨胀，压力不断降低。

3）后期爆炸装药应在先期爆炸装药产生的静态应力场尚未消失前起爆，利用先期爆炸装药在岩体产生的剩余应力来改善岩石的破碎质量。

（4）岩块碰撞假说。该假说认为，在毫秒爆破过程中，从岩体内破碎的运动岩块能够发生相互碰撞，利用动能使其再次发生破碎，同时，减小了岩石的抛掷距离和爆堆宽度。按这种假说，毫秒爆破最好的起爆方式和起爆间隔时间应能为岩块发生碰撞创造条件。

后两个假说与自由面假说是相辅相成的，常结合起来用以说明毫秒爆破在破岩机理方面所具有的特点。

除此之外，还有许多其他假说，例如悬臂梁假说、振动或共振破坏假说等，但这些假说均未被多数人所承认。尽管国内外学者对毫秒爆破的破岩机理进行了许多研究，提出了许多论点，但目前尚未形成统一的认识。对此，仍有待进一步的研究。

4.8.3 毫秒间隔时间的确定

采用毫秒爆破时，其爆破效果除与装药起爆方式和起爆顺序有关外，还决定于所采用的爆破参数。毫秒爆破参数确定方法与一般爆破相同，但毫秒爆破还需要确定另一个重要参数——毫秒间隔时间。确定毫秒爆破的毫秒间隔时间，目前有以下方法：

（1）按应力波干涉假说计算。按应力波干涉假说，波克罗夫斯基给出能够增强破碎效果的合理延期时间 Δt 为

$$\Delta t = \sqrt{a^2 + 4W^2} / c_p \tag{4-37}$$

式中，a 为炮孔距离，m；W 为最小抵抗线，m；c_p 为应力波传播速度。

（2）按自由面假说计算。哈努卡耶夫认为，后爆破炮孔以在先爆炮孔刚好形成爆破漏斗且爆岩脱离岩体并形成 0.8~1.0cm 宽的裂缝时起爆为宜。合理的间隔时间为

$$\Delta t = t_1 + t_2 + t_3 = 2W/c_p + L/c_1 + B/v_r \tag{4-38}$$

式中，t_1 为弹性波传至自由面并返回的时间；t_2 为形成裂缝的时间；t_3 为破碎岩石离开岩体距离 B 的时间；L 为裂缝长度，$L \approx 1.4W$；B 为裂缝宽度；c_1 为裂缝扩展平均速度，$c_1 =$

$0.1c_p$；v_r 为岩石运动平均速度。

（3）依经验计算。

1）我国长沙矿冶研究院提出的公式

$$\Delta t = (20 \sim 40)W_0/f \ (\text{ms}) \tag{4-39}$$

式中，W_0 为实际最小抵抗线，m；f 为岩石的坚固性系数。

2）U. Langefors（兰格弗斯）等的瑞典经验公式

$$\Delta t = 3.3kW \ (\text{ms}) \tag{4-40}$$

式中，k 为除最小抵抗线外，决定于其他因素的系数，$k = 1 \sim 2$；W 为最小抵抗线，m。

3）苏联矿山部门的公式

$$\Delta t = k'W(24 - f) \ (\text{ms}) \tag{4-41}$$

式中，k' 为岩石裂隙系数，裂隙不发育的岩石 $k' = 0.5$，中等发育岩石 $k' = 0.75$，发育岩石 $k' = 0.9$。

近年来，各国采用的毫秒爆破合理毫秒间隔时间情况是：美国 $\Delta t = 9 \sim 12.5\text{ms}$；瑞典 $\Delta t = 3 \sim 10\text{ms}$；加拿大 $\Delta t = 50 \sim 75\text{ms}$；法国 $\Delta t = 15 \sim 60\text{ms}$；英国 $\Delta t = 25 \sim 30\text{ms}$；我国 $\Delta t = 25\text{ms}$ 等。

由于岩石条件的复杂性、爆破性能的离散性、爆破孔网参数的不均匀性、实施毫秒爆破器材的局限性等，工程爆破中的最优毫秒间隔时间应是一个区间或范围，而不应是一个固定值。然而，我国目前批量生产的毫秒雷管只有一种，其延期时间为 25ms，而且段数较少，尚不能很好满足选择合理延期时间的需要。

4.8.4　毫秒爆破的减振作用

毫秒爆破不仅可以改善岩石破碎质量、提高爆破效果，而且可以减小在围岩内产生的振动。关于毫秒爆破的减振机理，目前有以下几种观点：

（1）相反相位振动的叠加。这种观点认为，毫秒爆破的减振作用与岩石破碎质量或爆破效果无关，主要决定于先后爆炸装药产生地震波的相位差。当相位相反时，地震波叠加后的强度或质点振速将减小。这种观点存在不足：首先，如果这种观点成立的话，那么同样也存在着使振动增强的可能性，然而在实际中并未观测到有增强现象的发生；其次，在井下黏土页岩试验巷道内的观测资料表明，一次爆炸产生振动过程的延续时间只有 $4 \sim 8\text{ms}$，而毫秒爆破采用的延期时间远比该时间长，这说明实际上不可能发生振动的叠加。

（2）减小了一次爆炸的药量。持这种观点的人认为，由于振动过程的延续时间很短，可将每组装药爆炸激起的地震波看作孤立的，当一次爆炸的药量越大时，距爆源相同距离处产生的振速就越大。但这种观点不能用来说明毫秒爆破与秒延期爆破在减振作用方面的区别。

（3）提高了炸药能量的有效利用。实际观测资料表明，毫秒爆破的减振作用与延期时间有很大关系，毫秒爆破在合理延期时间条件下能够减小振动的原因，主要是改善了破碎质量，使炸药能量获得了较充分的利用，从而减小了地震波的能量和强度。这种观点已被多数人所承认。如果这种观点正确的话，减振作用的合理延期时间应与改善岩石破碎质量的合理延期时间相一致。

4.8.5 毫秒爆破的安全性

在有瓦斯爆炸危险的工作面内进行爆破工作，以瞬发爆破最安全，但在这种情况下，全断面只能分次放炮。爆破次数越多对施工进度影响越大，爆破次数越少对爆破效果和振动作用影响越大。秒延期爆破，因其延期时间较长，在爆破过程中从岩体内泄出的瓦斯浓度有可能达爆炸界限，不能在有瓦斯危险工作面内使用。毫秒爆破除能克服瞬发爆破的上述缺点外，只要总延期时间（即最后一段雷管的延期时间）不超过一定限度和不违反安全规程，就不会发生秒延期爆破的那种危险。

安全起见，各国在有瓦斯工作面采用毫秒爆破时，对总延期时间都有明确规定，但规定的数值不完全相同，我国规定为 130ms。

4.9 影响炸药爆破效果的因素

达到预期的爆破目的和不断改善爆破效果是工程爆破工作者追求的目标，也是我们学习本课程的主要任务。工程爆破中，达到预期的爆破目的和不断改善爆破效果都是以了解爆破作用原理、全面和正确地分析影响爆破作用的各方面因素为基础的。为此，本节将在前面爆破作用原理的基础上，对影响爆破效果的各方面因素进行全面的总结和论述。

影响爆破作用的因素很多，但可大体归纳为炸药因素、岩石因素、炸药与岩石的相关因素、爆破条件与爆破技术有关的因素等方面。

4.9.1 炸药因素

在炸药的各种性能（包括物理性能、化学性能和爆炸性能）中，直接影响爆破作用及其效果的炸药性能有炸药密度、爆速、爆热、爆轰压力、爆炸压力、爆轰气体产物的体积、炸药的波阻抗以及炸药的能量利用率等。其中，主要的影响因素是炸药密度、爆热和爆速，因为它们决定了在岩体内激起爆炸应力波的峰值压力、应力波作用时间、热化学压力、传给岩石的比冲量和比能。

4.9.1.1 炸药密度、爆热和爆速

无论是破碎还是抛掷岩石，都是靠炸药爆炸释放出的热能来做功的。增大爆热和炸药密度，可以提高单位体积炸药的能量密度，同时也提高了爆速；爆速是炸药本身影响其能量有效利用的一个重要性能。不同爆速的炸药在岩体内爆炸激起应力波的参数不同，从而对岩石爆破作用及其效果有着明显的影响。若炸药密度和爆热相同，提高爆速可以增大应力波的应力峰值，但相应地减小了它的作用时间。爆破岩石时，其内裂隙的发展不仅决定于应力峰值，而且与应力波形、应力作用时间有关。

4.9.1.2 爆轰压力

当爆轰波传播到炮孔壁面上时，在孔壁的岩体中会激发成强烈的冲击波，这种冲击波在岩体中传播会引起岩石粉碎和破裂，它为整个岩石破碎创造了先决条件。一般来说，爆轰压力越高，在岩石中激发的冲击波的初始峰值压力和引起的应力以及应变也越大，越有利于岩石的破裂（预裂），尤其是爆破坚韧致密的岩石更是如此。但是对所有岩石来说，

并不都是爆轰压力越高越好，某些岩石若爆轰压力过高将会造成炮孔周围岩石的过度粉碎，浪费了能量，另外爆轰压力越高，冲击波对岩石的作用时间越短，冲击波的能量利用率低而且造成岩石破碎不均匀。因此，必须根据岩石的性质和工程的要求来合理选配炸药的品种。由于爆轰压力与炸药密度的一次方和爆速平方的乘积成正比关系，所以在爆破坚硬致密的岩石时，以选用密度较大和爆速较高的炸药为宜，见表4-2。

表4-2 爆破不同岩石选用炸药的性能

岩石波阻抗 /MPa·s·m⁻¹	坚固性系数 f	炸 药 爆 炸 性 质			
		爆轰压力/MPa	爆速/m·s⁻¹	密度/kg·m⁻³	潜能/kg·m·kg⁻¹
$16\times10^5 \sim 20\times10^5$	14~20	200×10^2	6.3×10^3	$1.2\times10^3 \sim 1.4\times10^3$	$500\times10^3 \sim 550\times10^3$
$14\times10^5 \sim 16\times10^5$	9~14	165×10^2	5.6×10^3	$1.2\times10^3 \sim 1.4\times10^3$	$475\times10^3 \sim 500\times10^3$
$10\times10^5 \sim 14\times10^5$	5~9	125×10^2	4.8×10^3	$1.0\times10^3 \sim 1.2\times10^3$	$420\times10^3 \sim 475\times10^3$
$8\times10^5 \sim 10\times10^5$	3~5	85×10^2	4.0×10^3	$1.0\times10^3 \sim 1.2\times10^3$	$350\times10^3 \sim 420\times10^3$
$4\times10^5 \sim 8\times10^5$	1~3	48×10^2	3.0×10^3	$1.0\times10^3 \sim 1.2\times10^3$	$300\times10^3 \sim 350\times10^3$
$2\times10^5 \sim 4\times10^5$	0.5~1	20×10^2	2.5×10^3	$0.8\times10^3 \sim 1.0\times10^3$	$280\times10^3 \sim 300\times10^3$

4.9.1.3 爆炸压力（又叫爆压或炮孔压力）

爆炸压力是对破碎效果起决定性作用的因素。在爆破破碎过程中，爆压对岩石起胀裂、推移和抛掷作用。一般来说，爆压越高，说明爆轰气体产物中含有的能量越大，对岩石的胀裂、推移和抛掷的作用越强烈。

在整个爆破过程中，冲击波的作用超前于爆轰气体产物的膨胀作用，冲击波在岩体中造成的初始变形，为爆压的胀裂作用创造了有利的条件。另外，炸药的爆轰反应是一个极短暂的过程，往往在岩石破碎尚未完成以前就结束了。所以爆轰压力起作用的时间短于爆压作用的时间，这有利于由爆炸应力波在岩体中造成的初生裂隙进一步延伸和发育，有利于提高爆炸能量的利用率。

图4-31表示炮孔中的药包起爆以后，炮孔内的压力随时间变化的曲线。t_1为炸药包爆轰反应所经历的时间，t_2为爆轰气体膨胀作用的时间。p_1为爆轰压力，p_2为爆轰气体的膨胀压力在均压以后的爆炸压力。从图4-31中可以看出，曲线越陡，爆轰压力越高，t_1时间越短，炸药爆轰的粉碎作用越大，能量利用率越低；t_2时间越长，爆炸压力作用的时间也越长，这样能使由爆轰压力在岩体中引起的初始裂隙得到充分的胀裂和延伸，能量利用率高，岩石破碎也较均匀。

爆炸压力的大小取决于炸药的爆热、爆温和爆轰气体的体积。而爆炸压力作用的时间除与炸药本身的性能有关以外，还与爆破时炮泥的堵塞质量有关。因此在工程爆破中除了针对岩石性能和爆破目的选用性能相适应的炸药品种外，还应注意堵塞质量。

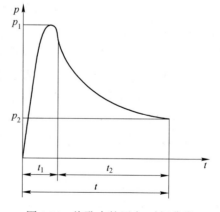

图4-31 炮孔内的压力-时间曲线

4.9.1.4 炸药爆炸能量利用率

炸药在岩体中爆炸时所释出的能量，通过爆炸应力波和爆轰气体膨胀压力的方式传递给岩石，使岩石产生破碎。但是，真正用于破碎岩石的能量只占炸药释出能量的极小部分。大部分能量都消耗在做无用功上。例如采用抛掷爆破时用于爆破破碎上的有用功只占总能量的 5%~7%，就是采用松动爆破，能量利用率也不会超过 20%，因此提高炸药能量的利用率是有效地破碎岩石、改善爆破效果和提高经济效益的重要手段。

在工程爆破中，造成岩石的过度粉碎，产生强烈的抛掷，形成强大爆破地震波、空气冲击波、噪声和飞石均属无益消耗的爆炸功。因此，必须根据爆破工程的要求，采取有效措施来提高炸药爆炸能量的利用率。例如，根据岩石性质来合理选择炸药的品种，合理确定爆破参数，选择合理的装药结构和药包的起爆顺序，以及保证堵塞质量等，都可以提高炸药在岩体中爆炸时的能量利用率。

4.9.2 炸药与岩石的相关因素

4.9.2.1 炸药波阻抗同岩石波阻抗间的匹配

炸药在岩石中爆轰所激发的冲击波压力，对于一定的炸药来说，其值随着岩石波阻抗的不同而变化，对于一定的岩石来说，它又因炸药波阻抗的不同而异，这说明炸药爆轰传给岩石的能量及传递效率与岩石的波阻抗和炸药的波阻抗有着直接的关系。

冲击波压力越大，表明炸药传给岩石的能量越多，岩石中产生的应变值也越大。炸药的波阻抗值与岩石的波阻抗值越接近时，炸药爆炸后传递给岩石的能量越高。这对在工程爆破中，根据岩石性质选用相匹配的炸药具有重要的指导意义。

对高阻抗岩石，因其强度较高，为使裂隙发展，应力波应具较高的应力峰值。对中等阻抗岩石，应力波峰值不宜过高，而应增大应力波的作用时间；在低阻抗岩石中，主要靠气体静压形成破坏，应力波峰值应尽可能予以削掉。

从能量观点来看，为提高炸药能量的传递效率，炸药阻抗应尽可能与岩石阻抗相匹配。例如，对坚硬致密的岩石希望获得较好的破碎效果，就必须选用波阻抗较大的炸药品种；对于软岩，引起它破坏所需的应变值较小，因此只需选用波阻抗值较小的炸药品种。

综上所述，从经济和爆破效果来考虑，对不同岩石应选择不同性能的炸药。各种岩石宜选用炸药的性能见表 4-2。

4.9.2.2 药包与孔壁的耦合

不耦合将会使炸药在炮孔中爆炸时爆轰波能量受到很大的损失，在岩体中由它激发的爆炸应力波的强度也会降低，从而影响了岩石的破碎效果。这对爆破坚硬致密的岩石来说，是极端不利的。但是对光面、预裂以及其他需控制孔壁岩石过度粉碎的爆破来说，常常要借助增大不耦合系数来控制爆轰波对孔壁的冲击作用。

采用不耦合装药可以有效降低爆炸作用于炮孔孔壁的压力峰值，增加爆炸压力的作用时间，避免炮孔孔壁附近岩石的过度粉碎破坏，提高炸药的能量有效利用率。采用不耦合装药所能达到的效果与采用空气柱间隔装药达到的效果是类似的，这里不再重复。

4.9.3 爆破因素

4.9.3.1 自由面的影响

自由面的大小和数目对爆破作用效果有着明显的影响。自由面小和自由面的个数少，爆破作用受到的夹制作用大，爆破困难，单位炸药消耗量增高。

自由面的位置对爆破作用也产生影响。炮孔中的装药在自由面上的投影面积越大，越有利于爆炸应力波的反射，对岩石的破坏越有利。如果在一个自由面的条件下，垂直于自由面布置炮孔，那么在这种条件下炮孔中装药在自由面的投影面积极小，所以爆破破碎也很小，如图4-32（a）所示。如果炮孔与自由面成斜交布置，那么装药在自由面上的投影面积比较大，爆破破碎范围也比较大，如图4-32（b）所示。另外，当其他条件一样时，若自由面位于装药的下方（见图4-33（a）），由于在这种条件下有岩石本身重力的作用，所以爆破效果比较好；反之若自由面位于装药的上方（见图4-33（b）），爆破效果就要差一些，因为此时爆破的作用要克服岩石本身的重力。

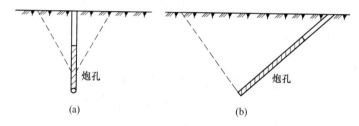

图4-32　炮孔与自由面相对关系对爆破效果的影响
（a）垂直布置炮孔；（b）倾斜布置炮孔

4.9.3.2 堵塞的影响

堵塞就是将装炸药的药室（如炮孔、深孔以及硐室等）与大气的通道用固体或液体材料堵死，即将炸药密封在岩体中，堵塞的主要作用是为了在岩石爆破破碎之前，阻止高压的爆轰气体过早地泄漏到大气中，这样能延长高压爆轰气体对岩石的加压作用，提高爆炸能量的利用率。堵塞质量的好坏直接影响爆破效果和能量的利用率。例如，当采用裸露药包破碎大块时，由于药包没有密闭，爆破后的爆轰气体迅速扩散到大气中，它的大部分能量没有用来破碎岩石，所以在这种条件下岩石的破碎几乎完全依靠爆轰波的直接冲击，因而能量利用率低，炸药消耗高。

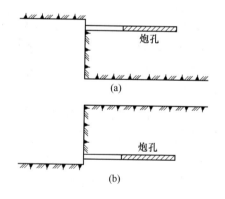

图4-33　自由面位置对爆破效果的影响
（a）自由面在炮孔下方；（b）自由面在炮孔上方

在炮孔中爆破时，良好的堵塞质量可以阻止爆轰气体的过早逸散，使炮孔在相对较长的时间内保持高压状态，从而极大提高爆破的作用。图4-34表示在有堵塞和无堵塞的炮孔中，压力随时间变化的关系。从图4-34中可以看出，有堵塞和无堵塞两种条件下对炮孔孔壁的冲击初始压力虽然没有明显的影响，但堵塞大大增加了爆轰气体膨胀作用在孔壁上的压力和延长了压力作用的时间。从而极大提高了它对岩石的胀裂和抛移作用。良好的堵塞还加强了它对炮孔中的炸药爆轰时的约束作用，使炸药的爆炸反应及其爆炸性能得到一定程度的改善，从而全面地提高炸药爆炸能量的利用率和做功能力。

4.9.3.3　起爆药包的位置

采用柱状装药时，起爆药包的位置决定着炸药起爆以后爆轰波的传播方向，也决定了爆炸应力波的传播方向和爆轰气体的作用时间，所以对爆破作用产生一定的影响。

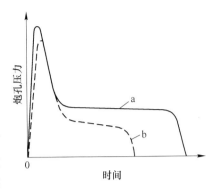

图 4-34　堵塞对炮孔内压力的影响
a—有堵塞；b—无堵塞

根据起爆药包在炮孔中装置的位置不同，有三种不同的起爆方式：反向起爆、正向起爆和将起爆药包放在整个装药的中间，聚能穴朝向孔底的中间（或双向）起爆。

实践证明，反向起爆能提高炮孔利用率，减小岩石的块度，降低炸药消耗量和改善爆破作业的安全条件。反向起爆取得较好效果的原因如下：提高了爆炸应力波的作用，增加了应力波的动压和爆轰气体静压的作用时间，增大了孔底的爆破作用。

应当指出，当孔太深而又采用做功能力较小的硝铵类炸药时，若采用单个起爆药包起爆，那么不论是采用正向起爆法还是反向起爆法，都有可能因沟槽效应而引起某些药包的拒爆。此时，若将起爆药包装置在整个药柱的中间，有可能保证全药柱的传爆。

4.9.3.4　装药结构的影响

装药结构对爆破效果的影响十分明显。常用的装药结构有连续装药与间隔装药、耦合装药与不耦合装药等。采用不耦合装药或空气柱间隔装药时，能够有效降低炸药爆炸作用于炮孔孔壁的压力峰值，增加爆炸压力的作用时间，并使爆炸压力沿炮孔全长分布趋于均匀，消除炮孔孔壁岩石的过度压碎性破坏，消耗大量的炸药能量，从而提高炸药能量的有效利用率。不耦合装药和空气柱间隔装药是周边控制爆破常采用的装药结构形式，在降低爆破造成围岩破坏，保护爆破后围岩完整性方面发挥着重要的作用。

采用不耦合装药时，需要注意采取必要的措施避免炸药爆炸间隙效应的发生；采用空气柱间隔装药时，则应保证各段装药的可靠起爆。

习　题

4-1　已知炸药密度为 1000kg/m²、爆速为 3600m/s，已知装药不耦合系数（炮眼直径为 42mm，药卷直径为 32mm，装药碰撞炮孔孔壁的压力增大系数为 10，应力波衰减指数为 1.67），试计算不耦合装药的爆炸压力和应力波随距离的质点衰减速度、介质密度。

4-2　试给出浅孔爆破、深孔爆破的炮孔装药量计算式。

5 周边爆破原理与技术

5.1 概　述

5.1.1 周边爆破方法

工程施工中，无论规模大小、地上地下，爆破开挖都是在有限的范围内进行的，因此实施爆破需要解决两个同等重要的问题：(1) 用最有效的方法将既定范围内的岩石进行适度破碎，必要时，再将破碎后的岩石进行抛掷，以达到一定的工程目的，并取得良好的经济效益。(2) 降低爆破对开挖范围以外岩石的破坏（损伤），最大限度保持岩石原有的强度和稳定性，以利于爆破后围岩的长期稳定，进而降低工程的支护与维护费用。同时，也包括设法降低爆破引起的地震效应，以保证周围设施的安全。

为此，经过长期的研究，人们提出并发展了光面爆破、预裂爆破、岩石定向断裂控制爆破等。这些爆破方法与技术均用于爆破开挖范围的周边，统称为岩石周边爆破。目前较为常用的各种周边爆破技术（或方法）的关系如下：

$$\text{岩石周边爆破}\begin{cases}\text{普通周边爆破}\\[2pt]\text{定向断裂爆破}\begin{cases}\text{切槽孔爆破}\\\text{聚能药包爆破}\\\text{切缝药包爆破}\end{cases}\begin{cases}\text{光面爆破}\\\text{预裂爆破}\end{cases}\end{cases}$$

需要指出：这里将周边爆破区分为光面爆破和预裂爆破是针对周边炮孔与其他炮孔起爆先后顺序而言的，而区分为普通周边爆破和定向断裂爆破则是针对它们形成炮孔间贯通裂缝的本质区别而言的。光面爆破是在设计轮廓线内的岩石爆破崩落以后，再起爆轮廓炮孔，爆破形成设计轮廓的方法；预裂爆破则是事先沿设计开挖轮廓线爆破轮廓炮孔，形成裂缝，再起爆轮廓范围内的炮孔崩落岩石的方法；普通周边爆破中，炮孔内装药爆破后，对炮孔孔壁不同方位施加相同大小的爆炸压力，因此在形成炮孔间贯通裂缝的同时，也在起炮孔壁的其他方向形成裂缝，不可避免地对围岩造成一定的破坏；但是定向断裂爆破中，采用特殊的装药结构或炮孔形状，炮孔内装药形成的爆炸载荷具有明显的方向性，促使裂缝在炮孔间连线方向优先产生和扩展，大大降低爆破对围岩的损坏，周边爆破效果明显提高。

工程实际中，应用较多的是光面爆破方法，对周边爆破的已有研究大多也是围绕光面爆破进行的。

5.1.2 周边爆破的发展

光面爆破技术起源于瑞典，20 世纪 50 年代苏联等有关国家采用大直径炮孔爆破提高爆破效率时，瑞典开始了研究小药包、低爆速装药的光面爆破技术。兰格福尔斯

（U. Langefors）等首先在实验室进行了模型试验，研究了装药密度、爆破时差、最小抵抗线等爆破参数的影响，并在地下隧道掘进中成功进行了试验，获得了光滑平整的岩壁，因而称为"光面爆破"（smooth blasting），随后又研制了专用炸药。挪威、美国、加拿大、英国、苏联、日本、澳大利亚等，也先后研究推广和发展了光面爆破技术。

我国铁路、冶金、水电、煤炭等部门从 20 世纪 60 年代中期，特别是 20 世纪 70 年代初期，专门成立科研小组在各种岩石隧道、巷道和硐室中进行光面爆破试验，以配合推广锚喷支护和机械化快速掘进技术，同时对光面爆破理论、技术和光面爆破材料进行了研究。

预裂爆破是在光面爆破基础上发展起来的一种技术。它和光面爆破主要区别是：在岩体开挖爆破之前，预先沿设计轮廓线，爆出一条具有一定宽度的裂缝。当主爆区爆破时，应力波传到预裂缝处发生反射，从而减少对保护岩体的破坏作用，同时使得爆破后的开挖面整齐规则，减少用于支护的混凝土消耗，提高了经济效益。

岩石定向断裂爆破技术则是近年来发展的周边爆破技术，它能克服普通光面、预裂爆破的不足，进一步提高爆破效果，使围岩得到更有效的保护，实现更好的施工经济效益。根据实现岩石定向断裂方式的不同，这种爆破技术又分为切槽孔爆破、聚能药包爆破和切缝药包爆破等。

普通周边爆破（包括预裂爆破和光面爆破）是在密集钻孔爆破法、龟裂爆破法、缓冲爆破法等基础上发展起来的。目前，这些方法仍在一定范围内被采用，故作简单介绍。

（1）密集钻孔爆破法：密集钻孔爆破法也称线性钻孔法，是一种最原始阶段的方法，即沿着设计的开挖轮廓线钻一排密集的钻孔，孔距为孔径的 2~4 倍，形成一条密孔幕，通常也称之为防振孔，孔内不装炸药，必要时也可以设置两排或三排。这种防振孔能起到一定的减振作用，但对限制裂缝的延伸，其效果并不十分理想。例如，青铜峡水利枢纽的混凝土拆除爆破试验，裂缝穿过三排防振孔，延伸达 3m。另外，由于这种方法的钻孔工作量大，并要求钻孔整齐地排列在轮廓面上，才能获得较为理想的效果，因此这种方法很少大面积使用，只是在局部地点有重点地用一下。密集钻孔爆破法的布孔如图 5-1 所示。

（2）龟裂爆破法：在我国，很早以前就有用龟裂爆破方法开采料石的历史，其方法就

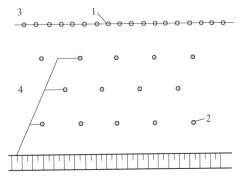

图 5-1 密集钻孔爆破法钻孔布置
1—防振孔；2—爆破孔；3—保留区；4—爆破开挖区

是沿着开挖轮廓线布置一排间距很小的钻孔，每隔一孔或数孔装填少量的黑火药作为爆破孔（没有采用不耦合装药），其余不装药的空孔作为导向孔，利用空孔应力集中的原理，爆破时岩体就沿钻孔连心线方向裂开。现在已多采用硝铵类炸药代替黑火药。通常，钻孔间距取 20~30cm，最小抵抗线一般为 30~50cm，装药量控制在 100~200g/m，隔一孔或数孔装药。我国青铜峡水利枢纽水轮机组改建混凝土拆除爆破中，用龟裂爆破法整修保留区混凝土的界面，效果良好。龟裂爆破法布孔如图 5-2 所示。与密集钻孔爆破法相比较，龟裂爆破法的效果要好些，但由于没有采用不耦合装药，炮孔装药部位附近的岩体仍受到一

定程度的破坏，同时它的钻孔数量仍是比较多的。

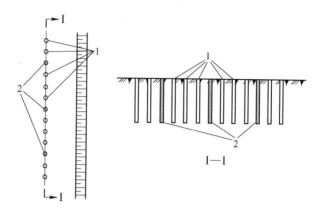

图 5-2　龟裂爆破法炮孔布置
1—导向孔；2—爆破孔

（3）缓冲爆破法：这种爆破方法与上述龟裂爆破法类似，沿着开挖轮廓线钻一排平行的钻孔，隔孔装药；所不同的是炮孔内的药卷直径要小于炮孔的孔径，采用分段装填，并在药卷的四周充填惰性填塞物。药卷一般用导爆索起爆。炸药四周的填塞物和空气起到对爆炸应力波的缓冲作用，借以减轻爆破对保留区岩体的破坏作用。缓冲爆破的钻孔间距也不宜过大，应小于最小抵抗线。缓冲爆破的布孔如图 5-3 所示。

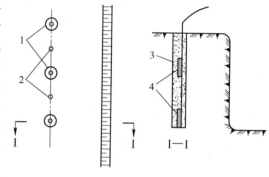

图 5-3　缓冲爆破法炮孔布置
1—爆破孔；2—导向孔；3—充填料；4—装药

5.1.3　周边爆破理论现状与内容

五十多年来，岩石周边爆破理论得到了较大发展，已在各行业的岩石爆破开挖工程中得到了广泛应用。归纳起来，五十多年来岩石周边控制爆破理论的发展大体经历了以下两个阶段：

（1）以材料拉伸强度理论为基础的发展阶段。在这一阶段内，岩石周边爆破理论主要是光面爆破理论。该理论认为岩石是均质的、各向同性的，未考虑岩石中含有的各种缺陷和弱面；而且还认为当岩石中的拉应力达到其极限强度时，便发生突然破坏，形成炮孔间的贯通裂缝。这一阶段的理论已维持了相对较长的时间，其主要贡献在于形成了普遍接受的应力波与爆炸生成气体的综合作用理论，即认为：光面爆破中，炮孔间贯通裂缝的形成是爆炸应力波和爆炸生成气体共同作用的结果，爆炸应力波首先在炮孔周围形成初始导向裂缝，而后爆炸生成气体的作用使初始裂缝进一步扩展，最后形成炮孔间的贯通裂缝。

（2）以 Griffith 强度理论为基础的发展阶段。在这一阶段，岩石中含有的裂缝对周边爆破炮孔间贯通裂缝形成的影响受到重视，认为：爆炸载荷作用下，岩石中的既有裂缝尖端将产生应力集中，当裂缝尖端的应力强度因子达到岩石的断裂韧度时，这些裂缝起裂、扩展，如果炮孔间距适当，进一步将形成炮孔间贯通裂缝。由此，推导出了相应的周边爆破参数计算方法，进而还提出了在周边爆破的炮孔孔壁上，制造人为的定向裂缝，达到对炮孔周围岩石裂缝发展方向的有效控制，实现良好的周边爆破效果。而由此发展的岩石定向断裂周边爆破技术，目前正逐步得到推广应用。

以上两阶段发展的理论中，以材料力学理论为基础的理论强调相邻炮孔产生爆炸载荷的共同作用（如应力波叠加），但未考虑岩石中固有缺陷的影响；基于断裂力学的理论充分考虑了岩石固有各种缺陷的影响，但对相邻炮孔载荷的共同作用重视不够，二者均存在不足。

因而认为，完备的岩石周边爆破理论应能充分体现周边爆破的特点：

（1）炮孔间贯通裂缝的形成是相邻炮孔爆炸载荷共同作用的结果。

（2）岩石中固有的各种缺陷对炮孔间贯通裂缝的形成有一定影响。

（3）周边爆破在形成炮孔间贯通裂缝的同时，也对围岩造成损伤，引起岩石力学性质的劣化，降低围岩稳定性。

可见，目前尚无令人满意的周边爆破理论。笔者认为：爆炸载荷作用下，岩石的破坏过程是十分复杂的，岩石的最终破坏表现是多种破坏方式并存的结果。因此，用单一理论（或假说）将不足以解释周边爆破现象，只有综合应用已有的各种理论，才有可能对周边爆破作出较为满意的解释，进而，才有助于取得良好的周边爆破效果。

由于实施周边爆破的根本目的是保护围岩，尽可能减少爆破作业对围岩稳定性的扰动，因而仍需要研究岩石周边爆破造成围岩损伤的规律，做到合理设计爆破参数，从而降低围岩爆破引起的破坏，有效保护围岩，同时也使岩石周边爆破理论更趋深入和完善，这是十分必要的，有重要的现实意义。

因而，岩石周边爆破理论应该是关于炸药爆炸载荷作用下，相邻炮孔之间贯通裂缝形成的理论，包括有利于实现良好周边爆破效果——需用炮眼数量尽可能少、岩石断裂面平整、凹凸度小及爆破过程对围岩的破坏（损伤）程度低——的爆炸作用理论；相邻炮孔之间贯通裂缝形成的力学机理及其与爆破参数之间的影响关系；爆破在围岩中造成损伤因子的分布规律及与之相关的周边爆破参数优化等研究内容。

5. 2　周边爆破的优点与质量评价

5.2.1　周边爆破的优点

周边爆破是一种新爆破技术，它是控制爆破中的一种方法，目的是使爆破后设计开挖轮廓线形状规整，符合设计要求，具有光滑表面；更重要的是设计轮廓线以外的岩石爆破损伤小，保持原有的强度和稳定性。

在隧道掘进中，周边爆破又称为轮廓爆破，主要形式是光面爆破。目前在隧道掘进中，光面爆破已全面推广，并成为一种标准的施工方法。在隧道掘进中应用光面爆破，与采用普通的爆破法相比，具有以下优点：

（1）能减少超挖，特别在松软岩层中更能显示其优点。

（2）爆破后成型规整，提高了隧道（井巷）轮廓质量。

（3）爆破后隧道轮廓外的围岩不产生或产生很少的爆破裂缝，有效保持了围岩的稳定性和减少了自身承载能力的降低，不需要或很少需要加强支护，减少了支护工作量和材料消耗。

（4）能加快隧道掘进速度，降低成本，保证施工安全。

总之，和普通爆破法相比，周边爆破（光面爆破）具有快速、优质、安全、高效、低耗的优点。

图 5-4 为周边爆破形成的隧道轮廓形状，图 5-5 所示为地下隧道施工爆破采用普通爆破和周边爆破对围岩造成破裂的情况对比。可见，采用周边爆破（光面爆破）可以有效提高隧道轮廓成型质量和极大降低爆破对围岩的破坏程度与范围。

还有，我国唐山开滦的马家沟煤矿采用光面爆破创造了上山月进 560.8m 及下山月进 378.4m 纪录。根据开滦煤矿在唐山大地震后，对 4515m 光面爆破锚喷巷道调查，震后完好率达 95%。据统计，在

图 5-4　周边爆破形成的隧道轮廓形状

150km 井巷掘进施工中，共节约坑木 15000m³，钢材 4000t，节约资金 2300 万元，降低成本 30%左右。又如，大秦铁路施工中以 19km 隧道统计，如果超挖 10cm，就相当于多挖 1km 同断面隧道。可见，采用周边爆破的效果是明显的。

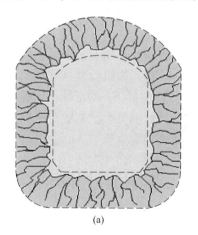

(a)　　　　　　　　　　　　(b)

图 5-5　隧道掘进采用普通爆破与周边爆破对围岩造成破裂的情况对比
(a) 采用普通爆破；(b) 采用周边爆破

几十年来，我国煤炭、铁道、水电、冶金矿山等各行各业都普遍采用了周边（光面）爆破技术，都获得了良好的经济效益，也获得了良好的社会效益。

5.2.2　周边爆破质量评价

无论是光面爆破还是预裂爆破，由于影响因素复杂，单纯通过计算很难合理地定出各

项最优的爆破参数，往往需要通过一些现场试验，逐步地使各项选用的参数向最优方向接近。

评价参数选择的优劣，唯一的标准就是看爆破的质量如何，是否达到了所要求的成型效果，对周围的岩体有无破坏。对此，光面爆破与预裂爆破有所不同。

5.2.2.1 光面爆破的质量评价标准

光面爆破的质量标准，目前尚未统一，通常采用的标准是：

（1）平均线性超挖量不大于 100mm，最大线性超挖量不大于 250mm，超挖量指实际的开挖轮廓与设计开挖线的差值。

（2）壁面光滑，凹凸度在 50mm 左右。

（3）炮孔眼痕率不小于 50%，并在围岩表面均匀分布。

（4）不应出现欠挖，特别是在坚硬岩层中。

（5）围岩内原有裂隙大体上没有扩展，也没有产生过多的新的爆破裂隙，围岩完整稳固。

布劳当尼克曾提出，以眼痕保留程度作为光面爆破的评价指标，并分为 5 个质量等级，如表 5-1 所示。

表 5-1 光面爆破质量评价标准

级 别	1	2	3	4	5
眼痕情况	沿全孔长留下眼痕	除炮孔个别地方外，全孔都有眼痕	全孔长的 50%~70% 留有眼痕	全孔长的 50% 以下留有眼痕	全孔长的个别地方留有眼痕

一般认为，仅从个别炮孔眼痕来评价光面爆破效果是不全面的，除个别眼痕外，断裂面眼痕分布的均匀性，断裂面的凹凸度及岩石性质等都应该体现在光面爆破质量的评价标准体系之中。

5.2.2.2 预裂爆破的质量评价标准

通常，在评价预裂爆破的质量时，首先直接观察爆破后出现的一些现象，初步判断预裂爆破效果。而最终的评定还需要有一定的指标。初步的评价通过表面观察，主要包括下列内容：

（1）爆破后应形成一条连续的、基本上沿着钻孔连心线方向的裂缝，且预裂缝要达到一定的宽度。从实际的工程情况看，缝宽的大小与岩石的性质、强度等因素有关，未必要统一。例如，完整性较好的坚硬岩石，不易开裂，表面的缝宽小一些并不影响它的效果。相反，如果把裂缝的宽度强调得过分，反而会带来不良的后果。例如，东江水电站坝基的预裂爆破位于新鲜完整的花岗岩上，当地表的预裂缝宽度达 0.5cm 时，预裂面是比较理想的，但当缝宽达到 1cm 时，表层岩石破坏严重，深部也随着层面产生错动，这说明爆破的装药量已经过大了。

（2）预裂缝顶部的岩体无破坏。一般情况下都应当这样要求，但在一些松软的、被构造和节理裂隙严重切割的岩体中，要使岩体表面一点都不破坏是困难的，此时，局部少量的表面破坏、松动或预裂缝的偏斜等，只要不影响整个预裂面的质量，应该是可以允许的。

（3）在有条件的地方，应当采用声波探测、孔内电视等手段，检查预裂缝的状况。

最终的评定要在爆破区开挖清碴以后，预裂面全部显露出来，才能进行。指标包括：

（1）预裂面的不平整度，一般要求不超过 15cm。

（2）预裂面上的半孔率，好的预裂面，钻孔的痕迹可保留 80%～90%。

（3）预裂面上的岩体完整，不应出现明显的爆破裂隙，特别是要检查药卷所在位置处的破坏情况。

根据试验的结果，最终可给出符合工程实际的预裂爆破优化参数。预裂爆破的现场试验，就是根据初步选定的几项爆破参数，如线装药密度、炮孔间距、装药结构等，在现场进行爆破试验，然后按照上面所列的各项指标进行预裂面质量的检查。如果预裂的效果良好，则说明选用的参数是合适的。如果预裂面的质量不高，达不到设计上的要求，则要分析其原因，并进行适当的调整，主要是调整孔距和线装药密度，以达到预期的效果。装药结构的调整范围不大，只要保证预裂缝的顶部和底部不要出现异常现象即可。如果顶部出现漏斗或者破坏严重，这可能是堵塞段过短或者上部的线装药密度太大，此时应增加堵塞的长度或者将顶部的线装药密度适当减小。底部主要是观察增加的装药量是否合适，根据预裂缝的形成情况和岩体的破坏程度，对装药量做适当的增减。

光面爆破的优化参数可以按类同的试验方法获得。

5.3 周边爆破原理

周边爆破机理是关于相邻炮孔之间贯通裂缝形成的理论，而且认为对于光面爆破和预裂爆破是一致的。这里先介绍普通周边爆破的炮孔间裂缝形成机理，定向断裂的爆破机理将在后面另节介绍。

5.3.1 普通周边爆破炮孔间贯通裂缝的形成

由于岩石爆破过程本身的复杂性，以及理论研究的不成熟，对于普通周边爆破的成缝机理各家的观点尚未一致。这里，只介绍几种有代表性的观点。

（1）应力波叠加理论。应力波叠加理论认为，当相邻两炮孔同时起爆时，各炮孔爆炸产生的压缩应力波，以柱面波的形式向四周扩散，并在两孔连心线的中点相遇，产生应力波的叠加。在交会处，应力波合力的方向垂直于连心线，而且方向相背，促使岩体向外移动，产生拉伸应力，如图 5-6（a）、图 5-6（b）和图 5-6（d）所示。当合成应力超过岩石的抗拉强度时，便会在两炮孔的中间点首先产生裂缝，然后，沿着连心线向两炮孔方向发展，最后形成一条断裂面。

应力波叠加理论是一种纯理论的分析，要使相邻炮孔的爆炸应力波在其连心线中点相遇，必须保证相邻两炮孔绝对同时起爆。这在生产实践中往往是很难做到的，即使采用瞬发电雷管或采用导爆索起爆，仍然或多或少地存在着某些时差。在预裂（光面）爆破中，相邻两孔的间距一般都不大，只有几十厘米，而应力波在岩体中的传播速度往往达到 4000m/s 以上，可知两孔之间的传播时间只有 0.1～0.2ms，有时甚至还要更短些，而实际的起爆时差要比上述数值大得多，因此在生产实践中，单纯用应力波叠加的理论来进行分析是很难完全解释清楚的。这是应力波叠加理论的不足。

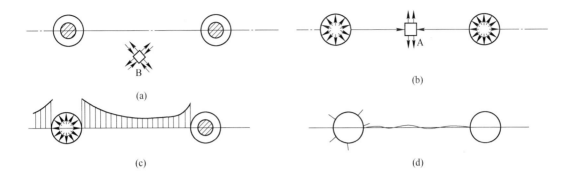

图 5-6 普通周边爆破炮孔间贯通裂缝的形成

（a）不耦合装药；（b）两孔同时起爆，应力波叠加；（c）两孔顺序起爆，孔壁应力集中；（d）贯通裂缝形成

（2）以高压气体为主要作用的理论。爆炸高压气体作用认为应力波的作用是微小的，炮孔间贯通裂缝的形成主要是爆炸生成的高压气体的准静态应力所致。该理论强调不耦合装药条件下的缓冲作用，由于空气间隙的存在，使得作用于孔壁的冲击波波峰压力极大地减小。尹藤一郎等曾在铝块做的爆破试验表明，随着不耦合系数的不断增大，作用于孔壁的压力呈指数衰减急剧下降，当不耦合系数为 2.5 时，孔壁上的压力值约为不耦合因数等于 1.1 时的压力值的 1/16。从孔壁压力的作用过程看，当不耦合系数大时，压力与时间的关系曲线已不再是冲击波的典型形式，而是呈台阶状，压力峰值下降，但压力的作用时间延长了，这主要是爆炸高压气体所造成的准静态压力的作用。此外，该理论还特别强调空孔的效应。炮孔爆破时，若附近有空孔存在，则沿爆破孔与空孔的连心线将产生应力集中，如图 5-6（a）、图 5-6（c）和图 5-6（d）所示，相邻两个炮孔越接近，应力集中现象越显著。此时，首先在孔壁上应力集中最大的地方出现拉伸裂隙，然后，这些裂隙沿着炮孔连心线方向延伸，当孔距合适时，相向延伸的裂缝互相贯通，形成一个光滑的断裂面。但该理论不能解释周边爆破中实际存在的相邻炮孔的起爆时差对光面（预裂）爆破效果的影响。

（3）应力波与气体压力共同作用理论。应力波和爆炸气体压力共同作用的理论是目前得到较多认可的理论。该理论认为应力波的主要作用是在炮孔周围产生一些初始的径向裂缝，随后，爆炸高压气体准静态应力的作用使初始径向裂缝进一步扩展。当相邻的两个炮孔爆炸时，不论是同时起爆，还是存在不同程度的起爆时差，由于应力集中，沿炮孔的连心线方向首先出现裂缝，并且发展也最快。在爆炸气体压力的作用下，由于最长的径向裂隙扩展所需的能量最小，所以该处的裂缝将首先得到扩展。因此，连心线方向也就成为裂缝继续扩展的最优方向，而其他方向的裂缝发展甚微。从而保证了裂缝沿着连心线将岩体裂开，这种解释比较符合实际情况。

5.3.2 相邻两孔起爆时差对成缝机理的影响

工程实践表明，要使预裂爆破或光面爆破中的所有炮孔都同时起爆，实际上是很难做到的。此外，从一些实际的预裂或光面爆破工程中也发现，即便是各孔间的起爆时差较大，例如采用毫秒分段起爆时，照样也能获得良好的预裂效果。这就有必要来分析一下不同的起爆时差，在预裂缝形成过程中的作用情况。

实际中出现的相邻炮孔起爆可能出现的时间差，归纳为 4 种典型的状况：

（1）起爆时差大，当先起爆炮孔（A 炮孔）爆破的压力已减弱到可以忽略不计时，后起爆炮孔（B 炮孔）才起爆。

（2）A 炮孔的爆炸冲击波波峰已掠过 B 炮孔后，B 炮孔才开始起爆，但此时 A 炮孔爆炸高压气体所形成的准静态应力场并未消失，仍在继续起作用。

（3）A 炮孔爆炸冲击波波峰到达 B 炮孔的瞬间，B 炮孔起爆。

（4）A、B 两炮孔同时起爆。

5.3.2.1　相邻炮孔起爆时差大

极端的情况是，两个炮孔起爆的时间间隔很长，A 炮孔的爆炸应力场（动应力和准静态应力）几乎完全消失后，B 炮孔才起爆。此时，如果两炮孔的间距比较大，则可以认为是两个炮孔的单独爆破，互相不产生影响，因此在这种时差条件无法形成预裂缝面。如果两炮孔相距很近，则当 A 炮孔爆炸时 B 炮孔可视为空孔，使得 A 炮孔的爆炸动静应力向 AB 连心线方向集中，在 A、B 孔壁处达到极大值，并从该处首先出现开裂，不论该裂缝是否贯通，当 B 炮孔爆破时，将首先沿着此裂缝扩展，从而在两孔的连心线方向上形成裂缝面。

5.3.2.2　相邻炮孔起爆时间差较小

当相邻炮孔起爆时间差较小，B 炮孔起爆时，A 炮孔的冲击波波峰已掠过 B 炮孔，但高压气体的准静态应力场并未消失。这种情况，当 A 炮孔爆炸时，孔壁四周裂隙的形成并未受到 B 炮孔爆炸的影响，至少其初始阶段是这样，只是由于 B 炮孔的空孔效应，可能在 AB 连心线方向上出现较长的裂缝，或者在 B 孔的孔壁上出现初始的裂缝。待到 B 炮孔爆炸时，由于 A 炮孔产生的准静态应力场在 B 炮孔周围的应力集中，将协助 B 炮孔的爆炸应力波在连心线方向形成裂缝。在 A 炮孔的准静态应力作用下，在 B 炮孔的周围，沿炮孔连线产生切向拉伸，垂直连线则为切向压缩，如图 5-7 所示。当 B 炮孔爆炸时，在孔壁四周产生的应力将与 A 孔的准静态应力相叠加。此时，沿炮孔连线方向的切向拉伸应力将是同号相加而得到增强，而垂直炮孔连线方向则为异号相减而削弱，这就使得裂缝沿炮孔连线方向开展，而在其垂直方向则受到某种程度的抑制。B 炮孔的应力波波峰过后，高压气体的楔入，促使裂缝进一步扩大，此时，即使 A 炮孔的准静态应力可能已经很小，但根据长裂缝发展所需能量最小的原理，在 B 炮孔准静态应力的作用下，裂缝继续沿着连心线方向扩展，并形成具有一定宽度的预裂缝。

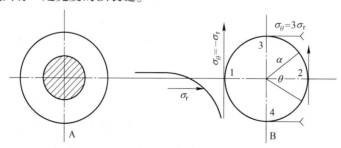

图 5-7　孔壁上的应力集中

5.3.2.3 相邻炮孔起爆时差极小

如果相邻炮孔的起爆时差再进一步缩短，使得在 A 炮孔的冲击波波峰通过 B 炮孔的瞬间，B 炮孔起爆，此时，B 炮孔处，A 炮孔爆炸产生的动拉应力集中与 B 炮孔的动拉应力相叠加，达到了最大的拉应力值，动应力波波峰过后，A、B 孔的高压气体准静态应力的叠加，同样达到极大值。这种形式的预裂爆破，无论是在能量利用还是在成缝方面，都是非常理想的，可以获得很好的预裂效果，但是在生产实践中，这样的条件是难以实现的，只能是尽量接近，以期获得较好的效果。

5.3.2.4 相邻炮孔同时起爆

A、B 两孔的起爆时间差等于零，或者虽有时间差，但其值极小，小于 A 孔冲击波传播到达 B 孔的时间。此时，两孔的爆破冲击波在孔间的中点相遇，或者在偏于 B 孔一侧相遇，在相遇处产生应力波的叠加。如果两孔的间距比较大，由于应力波传播过程的衰减，在相遇叠加后的切向拉应力并不大，仍小于岩体的抗拉强度，此处也并不会首先产生裂缝。此时，成缝的原因仍是在 B 孔壁的炮孔连线方向处，受到 A 孔的准静态应力集中与 B 孔动应力的共同作用，首先产生连心线方向的裂缝，且在 B 孔高压气体的作用下，迅速贯通成缝。如果孔距较小，叠加后的动应力值超过了岩体的抗拉强度，则在相遇处会首先出现裂缝，但是由于此开裂点没有高压气体的楔入，裂缝发展缓慢，最后仍需靠 B 孔处裂缝和中间开裂点共同扩展，才能贯通成缝。

模型试验和实际爆破表明：普通周边炮孔同时起爆时，贯通裂缝平整；微差起爆次之；秒延期起爆最差。若周边孔起爆时差超过 0.1s，各炮孔就如同单独起爆一样，炮孔周围将产生较多的裂缝，并形成凹凸不平的壁面。因此，在普通周边爆破中应尽可能减小周边孔的起爆时差。如图 5-8 所示为不同起爆时差下的炮孔间贯通裂缝形成情况，可以看出起爆时差对断裂面形成质量的影响。

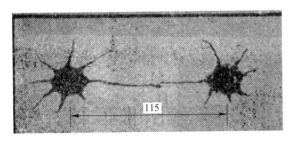

(a)

(b)

图 5-8　不同起爆时差的炮孔间贯通裂缝形成

(a) 同时起爆；(b) 大时差顺序起爆

此外，周边孔与其相邻炮孔的起爆时差对爆破效果的影响也很大。如果起爆时差选择合理，可获得良好的光面爆破效果。理想的起爆时差应该使先发爆破的岩石应力作用尚未完全消失且岩体刚开始断裂移动时，后发爆破立即起爆。在这种状态下，既为后发爆破创造了自由面，又能造成应力叠加，发挥微差爆破的优势。实践证明，起爆时差随炮眼深度的不同而不同，炮孔越深，起爆时差应越大，一般在 $50 \sim 100 \mathrm{ms}$。

5.3.3 周边爆破中空孔的导向作用

如果装药孔的附近有空孔，除了前面提到的产生应力集中，有助于径向裂缝向空孔方向发展外，空孔的存在对其他方向的径向裂缝发展能起抑制作用。这时，空孔称为导向孔。如图 5-9 所示，假定岩石未被破坏，1、2 两点距爆源的距离相等，1 点在空孔孔壁上（见图 5-9（a）），由于应力集中其切向拉应力大于 2 点的切向拉应力，1 点的拉应力首先达到岩石的动态抗拉强度而裂开，所经过的时间设为 t_1，在此瞬间 2 点不会开裂。1 点一旦开裂，其切向应力被释放，应力释放波（卸载波）向岩体内传播，1、2 的距离为 l，应力释放波从 1 到 2 的时间为 l/c_u（c_u 为应力释放波的传播速度）。2 点的拉应力达到岩石的动态抗拉强度的时间设为 t_2。如果 $t = t_1 + l/c_u < t_2$，则 2 点的切向拉应力在未达到岩石动态抗拉强度之前就被释放（卸载），从爆源延展过来的裂缝也就不会到达 2 点（见图 5-9（b））。反之，如果 t 大于 t_2，则 2 点就可形成裂缝。从上述分析可知，空孔距装药越远，在空孔孔壁上的应力集中值越小，抑制裂缝的效果也越差。装药孔附近只有一个空孔，虽然两孔之间能够形成贯通裂缝，但装药孔的另一侧仍然有径向裂缝产生，即在一个空孔的条件下，不能完全消除装药孔周围的径向裂缝。如果装药孔两侧都有空孔，它不仅增加了一个形成贯通裂缝的条件，而且在装药孔的其他方向形成径向裂缝的机会极大减少。

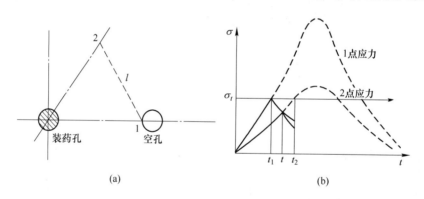

图 5-9 空孔对裂缝扩展的抑制作用

（a）空孔位置；（b）空孔引起的应力释放

如果邻近两边都是不耦合装药，互为空孔，两孔同时起爆，则应力波必然在两孔之间相遇，立即形成贯通裂缝，以后切向应力释放，其他方向的径向裂缝不再延伸，这是最理想的条件，但是一般难以做到同时起爆。

5.4 光面（预裂）爆破的参数确定

光面爆破与预裂爆破的参数确定是普通周边爆破研究的主要问题之一，长期以来受到了有关学者的普遍关注，而且近年来也有了许多的研究成果。在近年提出的各种普通周边爆破参数计算方法中，许多都涉及到了断裂力学知识，本书不打算介绍这些方法，有兴趣的读者可参阅有关著作和专业期刊。下面介绍的是有助于理解光面爆破与预裂爆破理论的、目前得到主要认可的参数计算方法。

5.4.1 光面（预裂）爆破参数的理论计算

光面爆破与预裂爆破的炮孔间裂缝形成机理是一致的，由此它们的参数计算方法除了最小抵抗线外，也是相同的。光面（预裂）爆破的参数包括炮孔装药量，炮孔间距和最小抵抗线。

5.4.1.1 炮孔装药量

光面（预裂）爆破的炮孔装药量，通过炮孔装药不耦合系数或装药系数（即单位长度炮孔的装药长度）来控制。

A 装药不耦合系数

不耦合装药的目的是为了降低作用于炮孔孔壁上的爆炸压力。为了实现光面（预裂）爆破效果，要求作用在炮孔孔壁上的压力小于岩石的抗压强度，但大于岩石的抗拉强度。通常以下式为计算原则：

$$p_2 \leqslant K_b \sigma_c \tag{5-1}$$

式中，p_2 为爆炸作用于炮孔孔壁上的压力；σ_c 为岩石的抗拉强度；K_b 为体积应力状态下的岩石强度提高系数，$K_b = 10$。

对沿炮孔全长的不耦合装药，有

$$p_2 = \rho_0 D^2 (d_c/d_b)^6 n/8 \tag{5-2}$$

式中，ρ_0 为装药密度；D 为炸药爆速；d_c 和 d_b 为装药直径和炮孔直径；n 为爆炸冲击波撞击炮孔孔壁引起的压力增大系数，一般取 $n = 8 \sim 11$。

由式（5-1）和式（5-2），得到装药不耦合系数 k_d 的倒数为

$$k_d^{-1} = d_c/d_b \geqslant \left(\frac{n\rho_0 D^2}{8 K_b \sigma_c} \right)^{\frac{1}{6}} \tag{5-3}$$

B 装药系数

当采用空气柱间隔装药时，炮孔装药量由装药系数决定。空气柱间隔装药时，取作用于炮孔孔壁上的压力为

$$p_2 = \rho_0 D^2 (d_c/d_b)^6 [l_c/(l_c + l_a)] n/8 \tag{5-4}$$

式中，l_c 和 l_a 为装药长度和空气柱长度。

若忽略炮泥长度（炮泥长度一般为 0.2~0.3m），则 $l_c + l_a = l_b$，l_b 为炮孔长度。于是由式（5-1）和式（5-4），可得到装药系数 l_L 为

$$l_L = l_c/l_b \leqslant \frac{8 K_b \sigma_c}{n\rho_0 D^2} (d_b/d_c)^6 \tag{5-5}$$

因而，炮孔装药线密度 q_l 为

$$q_l = \frac{\pi}{4} \rho_0 d_b^2 k_d^2 l_L \tag{5-6}$$

5.4.1.2 炮孔间距

按照应力波叠加理论，要实现炮孔间的裂缝贯通，必须使炮孔连线中点的拉应力大于岩石的抗拉强度。若作用于炮孔孔壁上的初始压力峰值为 p_2，则在炮孔连线中点处产生的最大拉应力为

$$\sigma_\theta = 2bp_2 / \bar{r}^\alpha \tag{5-7}$$

式中，$\bar{r}$ 为比距离，$\bar{r} = r/r_b$；r 为应力计算点到炮孔中心的距离；r_b 为炮孔半径；α 为应力波衰减指数，$\alpha = 2 - \mu/(1-\mu)$；b 为切向应力与径向应力之比，$b = 1/(1-\mu)$。

取 $r = a/2$，$\sigma_\theta = \sigma_t$（这里 a 为炮孔间距，σ_t 为岩石的抗拉强度），可得

$$a = (2bp_2/\sigma_t)^{1/\alpha} d_b \tag{5-8}$$

按照应力波与爆炸气体共同作用理论，炮孔间距为

$$a = 2R_k + pd_b/\sigma_t \tag{5-9}$$

式中，R_k 为每个炮孔产生的裂缝长度，$R_k = (bp_2/\sigma_t)^{1/\alpha} r_b$；$p$ 为爆炸气体充满炮孔体积时的静压力。

根据凝聚炸药的状态方程，有

$$p = (p_c/p_k)^{j/k} (V_c/V_b)^k p_k \tag{5-10}$$

式中，p_k 为爆炸生成气体膨胀过程中的临界压力，一般取 $p_k = 100\text{MPa}$；p_c 为爆轰压力；k 为高压状态下爆炸生成气体的绝热膨胀指数，可取 $k=3$；j 为低压状态下爆炸生成气体的等熵膨胀指数，可取 $j=1.4$；V_b 和 V_c 为炮孔体积和装药体积。

5.4.1.3　最小抵抗线

这里，光面（预裂）爆破的最小抵抗线指周边炮孔到邻近一圈（或排）崩落炮孔之间的垂直距离，如图 5-10 所示。最小抵抗线的过大或过小都不利于获得理想的周边爆破效果。

知道炮孔间距后，光面（预裂）爆破的最小抵抗线可利用装药密集系数确定，有

$$W = a/m \tag{5-11}$$

式中，W 为光面（预裂）爆破的最小抵抗线；m 为装药密集系数，一般取 $m = 0.8 \sim 1.0$。

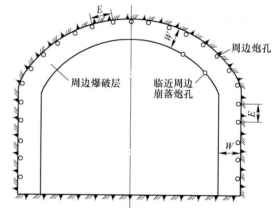

图 5-10　隧道（巷道）爆破的周边炮孔最小抵抗线

事实上，光面爆破与预裂爆破的靠近周边一层岩石的破坏机理是不同的。光面爆破时，靠近周边一层岩石的破坏由周边炮孔爆破完成，而预裂爆破时，这一层岩石的破坏则是由临近周边的一圈（或排）炮孔的爆破完成的，因而计算周边炮孔最小抵抗线时，应当对光面爆破和预裂爆破加以区分。对光面爆破，由于周边炮孔最后起爆，其爆破相当于台阶爆破，周边炮孔最小抵抗线（也称光爆层厚度）的计算式可借助豪柔公式推得，为

$$W = \sqrt{q_1/[mq_t f(n)]} \tag{5-12}$$

式中，q_1 为周边炮孔的单位长度装药量；q_t 为台阶爆破的单位体积耗药量，参见表 5-2 选取；$f(n)$ 为爆破作用指数函数，$f(n) = 0.4 + 0.6n^3$；n 为爆破作用指数，对水平巷道或隧道、倾斜巷道的上部炮孔取 $n=0.75$，对水平巷道或隧道、倾斜巷道的下部炮孔及立井周边爆破取 $n=1$。

表 5-2 台阶爆破的单位体积耗药量（2 号岩石炸药）

岩石坚固性系数	2~3	4	5~6	8	10	15	20
单位体积耗药量/kg·m^{-3}	0.39	0.45	0.50	0.56	0.62~0.68	0.73	0.79

预裂爆破时，周边炮孔与其临近一层岩石的破坏是由临近周边的崩落炮孔爆破完成的，为使临近周边的崩落炮孔的爆破不造成围岩破坏，要求临近周边的崩落炮孔爆破产生的应力波传播到达周边炮孔位置时，引起的拉应力不大于岩石的抗拉强度。为简便计算，取临近周边炮孔为耦合装药，忽略临近周边的崩落炮孔周围冲击波的存在，且应力波在预裂缝处完全透射，于是要求有

$$\frac{1}{4}\rho_0 D^2 \times 2\left(1 + \frac{\rho_0 D}{\rho_{r0} c_p}\right)^{-1} b\left(\frac{W}{r_b}\right)^{-\alpha} \leqslant \sigma_t$$

由此得预裂爆破的周边炮孔最小抵抗线的计算式为

$$W = \left\{\frac{\rho_0 D^2 b}{2\sigma_t\left[1 + \rho_0 D/(\rho_{r0} c_p)\right]}\right\}^{1/\alpha} r_b \qquad (5\text{-}13)$$

式中，$\rho_0 D$ 为炸药的冲击阻抗；$\rho_{r0} c_p$ 为岩石的声阻抗；ρ_{r0} 为岩石密度；c_p 为岩石中的弹性波速度。

5.4.2 预裂爆破参数的经验公式计算法

从本质上说，光面爆破与预裂爆破是不同的。预裂爆破不仅要求形成炮孔间的贯通裂缝，而且要求形成的裂缝应达到一定宽度。这使得预裂爆破主要参数的计算更为复杂，很难从理论上得出一个完美的解，预裂爆破炮孔间距的计算式的结果只能是极近似的。于是，为了获得满意的预裂爆破效果，不少爆破工作者根据各自积累的经验，针对几个最主要的影响因素，归纳了一些经验计算式。在这些计算式中，主要是考虑线装药密度与岩石的抗压强度、炮孔间距以及炮孔直径之间的关系，基本的形式是

$$q_l = K\sigma_c^\delta a^\beta d_b^\gamma \qquad (5\text{-}14)$$

式中，q_l 为炮孔的线装药密度，kg/m；σ_c 为岩石的极限抗压强度，MPa；a 为炮孔间距，m；d_b 为炮孔直径，m；K 为系数；δ、β、γ 为指数。

这类计算公式，常见的有：

（1）长江流域规划办公室、长科院提出的计算式

$$q_l = 0.034\sigma_c^{0.53} a^{0.67} \qquad (5\text{-}15)$$

（2）葛洲坝工程局提出的计算式

$$q_l = 0.367\sigma_c^{0.5} d_b^{0.86} \qquad (5\text{-}16)$$

（3）武汉水利电力学院提出的计算式

$$q_l = 0.127\sigma_c^{0.5} a^{0.84} (d_b/2)^{0.24} \qquad (5\text{-}17)$$

5.4.3 光面（预裂）爆破参数确定的工程类比法

在光面（预裂）爆破设计中，爆破参数除了用理论公式或经验公式计算外，往往还需要参考某些已建成工程的实际经验数据，进行分析对比确定。这是因为爆破的影响因素太复杂，计算结果的出入往往较大。在理论计算公式中，考虑的因素只是有限几项，其他如

地质构造等重要因素，对爆破效果的影响是大家所公认的，但计算式中却很难确切地反映。而经验公式往往受到归纳整理这些公式所处条件的限制，使其只能在一定的范围内适用，当偏离这些条件太远时，就会给这些公式的应用带来困难。特别是对于初次从事周边爆破的人们来说，困难更大。此时，参考一些已成工程的实际经验资料，从地质条件、钻孔机具以及爆破规模等各个方面进行类比，从中找出适合于本工地条件的近似数据，作为工程使用的参考，也是一种行之有效的方法。现将国内外一些学者推荐的数据和一部分工程实例列举于表5-3，供参考。

表5-3　我国部分工程预裂爆破参数

工程名称	岩石种类	炮孔直径/mm	炮孔间距/mm	炸药品种	线装药密度/kg·m⁻¹
船坞工程	花岗岩	50	600		0.36
		100	800		0.80
南山铁矿	黄铁矿、辉长岩、闪长岩	150	1700~2200	2号岩石炸药	1.2~1.6
			1300~1700	铵油炸药	1.0~1.9
东江水电站	花岗岩	110	1000	2号岩石炸药	0.70~0.73
		35~40	350	2号岩石炸药	0.456
葛洲坝三江电厂	砂岩、黏土质粉砂岩	91	1000	40%耐冻胶质炸药、2号岩石炸药	0.20
		65	800		0.273
三江船闸	砂岩	170	1350	40%耐冻胶质炸药	0.20
三江非溢流坝		45	500	2号岩石炸药	0.125

5.5　周边爆破的设计与施工

光面爆破与预裂爆破同属于周边爆破，但光面爆破多用于地下工程，如隧道掘进和各类矿山巷道掘进，而预裂爆破则多用于地面的高边坡开挖中。由于使用条件不同，它们在设计内容和施工要求方面存在着一定的区别。下面就其设计与施工中的有关事项分别叙述如下。

5.5.1　光面爆破的设计与施工

5.5.1.1　光面爆破的设计

在应用于隧道或巷道掘进的条件下，光面爆破设计一般按下列步骤进行：

(1) 收集基本资料。包括隧道或巷道开挖断面的大小，一次循环的进尺，岩体的种类、构造发育程度以及岩石物理力学性质等方面的资料。

(2) 确定光面爆破的施工顺序。是全断面开挖，还是采用预留光爆层分部开挖。预留光爆层的情况如图5-11所示。

(3) 选择合理的光面爆破参数。包括炮孔间距、炮孔线装药密度和周边眼抵抗线等。

(4) 确定炮孔的装药结构。

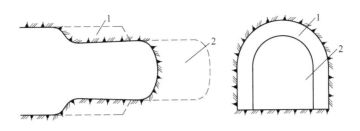

图 5-11　预留光爆层简图
1—预留光爆层；2—超前开挖区

（5）确定起爆方法及起爆网络的连接形式。

光面爆破中，为了获得良好的爆破效果，一方面应避免炮孔局部因过载而出现压碎，另一方面也应避免局部受载不足，影响光爆层岩石的破坏，因此应尽可能使炮孔全长范围内岩石受到的爆炸载荷趋于合理均匀。同时，还要求光面爆破的装药结构不能过于复杂，增加施工难度。基于以上方面的考虑，在实际施工中，周边眼装药结构采用几种不同的形式，如图 5-12 所示。图 5-12（a）为标准药径（ϕ32mm）的空气间隔装药结构，图 5-12（b）为小直径药卷空气间隔装药结构，图 5-12（c）为小直径药卷连续装药结构，图 5-12（d）为标准直径药卷孔底集中连续装药结构。其中，图 5-12（c）是一种典型的光面爆破装药结构形式。

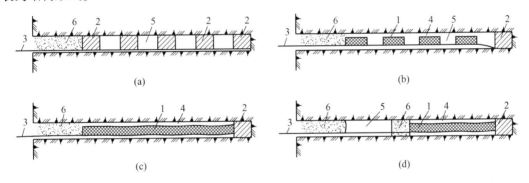

图 5-12　周边爆破的装药结构
（a）耦合空气柱间隔装药；（b）不耦合空气柱间隔装药；（c）不耦合连续装药；（d）不耦合孔底集中装药
1—小直径药卷；2—标准直径药卷；3—导爆索或雷管脚线；4—环向空间；5—空气柱；6—堵孔炮泥

在以上 4 种装药结构形式中，图 5-12（a）和图 5-12（d）所示装药结构施工简便、通用性强，但由于药包直径大，靠近药包孔壁容易产生微小裂缝；图 5-12（b）所示装药结构，用于开掘质量较高的巷道，对围岩破坏作用小；图 5-12（c）爆破效果最好，但必须使用光面爆破专用炸药，应用受到一定限制；图 5-12（d）装药结构，用于炮孔深度小于 2m 时，爆破效果较好。

需要说明的是，隧道光面爆破的设计与隧道或巷道掏槽、崩落炮孔布置是不能分开的。掏槽、崩落炮孔的爆破结果直接影响光面爆破的效果，同样，由于采用光面爆破，为了满足进行光面爆破的要求，也必然影响到掏槽、崩落炮孔的布置，因此，两者必须互相结合，整体考虑，不能顾此失彼，影响总的效果。

5.5.1.2　光面爆破的施工

为保证光面爆破的良好效果，除根据岩层条件、工程要求正确选择光面爆破参数外，精确钻孔极为重要，其是保证光面爆破质量的前提。

对钻孔的要求是"平、直、齐、准"。炮孔须按照以下要求施工：

（1）所有周边孔应彼此平行，并且其深度一般不应比其他炮眼深。

（2）各炮孔均应垂直于工作面。实际施工中，周边孔不可能都与工作面垂直，必须有一个向外的倾斜角度，根据炮孔深度一般此角度取 $3° \sim 5°$。

（3）如果工作面不齐，应按实际情况调整炮孔深度和装药量，力求所有炮孔底落在同一个断面上。

（4）开孔位置要准确，偏差值不大于30mm。周边孔开孔位置均应位于井巷或隧道断面的轮廓线上，不允许有偏向轮廓线里面的误差。

光面爆破掘进隧道或开挖巷道时有两种施工方案，即全断面一次爆破和预留光爆层分次爆破。

全断面一次爆破时，按起爆顺序分别装入多段毫秒电雷管或非电塑料导爆管起爆系统起爆，起爆顺序为"掏槽眼—辅助眼—崩落眼—周边眼"，多用于掘进小断面巷道。

在大断面隧道或巷道掘进时，可采用预留光爆层的分次爆破，如图5-11所示。这种方法又称为修边爆破，其优点是：根据最后留下光爆层的具体情况调整爆破参数，这样可以节约爆破材料，有利于提高光面爆破效果和质量。其缺点是：隧道或巷道施工工艺复杂，增加了辅助时间。

此外，光面爆破施工中，还必须按设计装药量和装药结构要求装药，确保装药在炮孔内的位置准确和炮孔的堵塞长度和质量。

5.5.2　预裂爆破的设计与施工

5.5.2.1　预裂爆破的设计

预裂爆破设计一般应包括6个方面：

（1）收集基本资料。包括开挖轮廓设计的基本情况，梯段开挖深度，开挖轮廓的形态，保留面的倾斜度，钻孔深度，地下水位，以及周围的建筑物状况等；爆破岩体的基本情况，岩石的种类、抗压和抗拉强度、泊松比、岩石的层理、节理裂隙、风化程度、断裂构造和软弱带的分布等；炸药性能，使用炸药的种类、做功能力、猛度、殉爆距离、爆热、炸药密度以及临界直径等。

（2）确定钻孔直径。应当根据工地的机具条件，预裂孔的深度，以及当地的地质条件等综合考虑，在确定钻孔直径时，既要从技术上的可靠性方面进行论证，同时也应当尽量简化施工，降低成本。

（3）确定炮孔间距。根据选定的孔径，按一定的比值选取炮孔间距，一般可取 $a = (7 \sim 12)d_b$，孔径大时取小值，孔径小时取大值；完整坚硬的岩石取大值，软弱破碎的岩石取小值。孔距也可计算确定。

（4）计算装药量。按理论公式或经验公式计算装药量，求出线装药密度，同时也应参考已完成工程的一些经验数据，作进一步的调整，然后根据所采用的炸药品种，折算成实际的装药量。

（5）确定装药结构。首先要根据地质条件、钻孔直径、孔深、炸药品种、装药量等因素确定堵塞段的长度和底部的装药增量及其范围，然后根据钻孔和炸药的供应情况，决定是采用间隔装药还是采用细药卷连续装药。

（6）确定起爆网络。选定起爆方式并进行起爆网络的设计和计算，提出起爆网络图。

5.5.2.2 预裂爆破的施工

预裂爆破多用于露天高边坡开挖爆破，这种情况下的工程施工应包括以下内容：

（1）施工准备。施工准备工作包括场地平整、测量放样，以及其他常规的准备工作。

在准备进行预裂爆破时，首先要平整场地，清除预裂线两侧一定范围内的覆盖层或浮碴等。清理的范围可以根据所采用的机具来确定，要能满足钻机的安装和行走，清理的要求应当使工作面平整，且最好处在同一高程上或者达到某种程度的平面。

由于预裂面一般就是最终的边界开挖面，因此，预裂缝的位置必须准确，当采用垂直的预裂孔时，放样工作没有什么困难，只要按照设计的孔位精确测量就可以了。对于倾斜的孔，特别是预裂面呈某种曲折面的斜孔，放样工作就要复杂得多。这是因为斜孔的孔口与孔底并不在同一个坐标位置上，而是随该孔的倾斜度以及地面的起伏而变化。在地面比较平整的情况下，可以通过计算来确定孔口的位置。但是在实际工程中，地面的起伏往往是无规则的，想要精确地测出孔口的位置比较困难，此时，采用整体样架放样就可能要方便得多。

（2）钻孔。钻孔的机具根据炮孔的直径和孔深来选用，在一般情况下，直径小于50mm、深度在8m以内的钻孔大多用风钻，孔径在70~80mm的深孔，则要采用潜孔钻。

钻孔时，必须严格控制质量，允许的偏斜度应控制在1°以内。保证钻孔质量的措施有：

1）由于岩面的不平整或与钻进的方向不垂直，往往容易引起孔口的偏离，此时，可以采用人工撬凿或者用钻机冲凿的办法，凿出孔口位置，经检测无误后，方可开孔、钻进。

2）当钻进5~10cm时，应对钻孔的方向、倾角等进行一次检查，若有误差，及时纠正。以后每钻进一定距离要检查一次，直至钻孔结束。

3）岩体中的软弱夹层，以及与钻孔方向相近的节理裂隙等，容易使钻孔的方向产生某种程度的改变。另外，当钻进倾斜的钻孔时，由于钻头、冲击器本身具有一定的重量，在自重的作用下，钻孔有下垂弯曲的趋势。凡此种种，都应当在开始钻孔之前，考虑这些因素作出一个估计，使钻孔能达到设计的要求。

（3）药包加工。用于预裂爆破的药包，最好能在钻孔内均匀地连续分布。此时，对于不同的线装药密度，就应有不同的药卷直径。为适应这一情况，国外已生产有不同直径的药卷供施工者选用，例如古力特炸药，小直径药卷有11mm、13mm和22mm等。但由于规格品种少，在实际施工中，大多须现场加工制备。通常采用两种方法：一种是将炸药装填于一定直径的硬塑料管内连续装药，为了顺利地引爆和传爆，在整个管内贯穿一根导爆索。这种方法多半用于小直径的钻孔，施工比较方便。另一种是采用间隔装药，即按照设计的装药量和各段的药量分配，将药卷绑扎在导爆索上，形成一个断续的炸药串。由于每个钻孔的深度不一致，装药量也不同，因此，对于每一个钻孔应当分别准备各自的炸药串，不能混淆，每一炸药串加工好后，应立即编上该孔的孔号，然后包扎好待用。

（4）装药、堵塞和起爆。为使炸药爆炸时能够获得良好的不耦合效应，药柱（或者药卷串）应置于炮孔的中心。为达到此目的，可采用一种塑料制的膨胀连接套管将药柱固定在炮孔的中央。在我国的预裂爆破中，多半将药卷串绑扎在竹片上，再插入孔中。对于垂直的孔，竹片应置于靠保留区的一侧；对于倾斜的孔，竹片应置于孔的下侧面；对于深度较小而直径较大的孔，也可以不用竹片，直接将药卷串装填于炮孔中。

炸药装填好后，孔口的不装药段应使用干砂等松散材料堵塞，在装填之前，先要用纸团等松软的物质盖在炸药柱上，在堵塞过程中，应注意使药卷串保持在孔中央的位置上，不要因堵塞而将药卷串推向孔边。堵塞应密实，以防止爆炸气体冲出，影响预裂效果。

在预裂爆破中，一般都采用导爆索起爆，效果较好。有时也可采用电雷管起爆，采用电雷管起爆时，由于电雷管本身存在着时差，特别是采用高段次延期电雷管时，时差就更大。另外，当炮孔内采用间隔装药时，药卷分散数量多，电雷管起爆网络复杂，不如导爆索方便。预裂孔最好能一次同时起爆，但当预裂规模大时，为了减轻预裂爆破过程中的振动影响，也可以沿轮廓线长度分区，分段起爆。在同一时段内采用导爆索起爆，各段之间则分别用毫秒电雷管引爆。

5.6   岩石定向断裂爆破技术

5.6.1   定向断裂爆破的基本方法

在隧道与巷道开挖、地面预裂等爆破工程中，人们发现普通周边爆破不仅在炮孔间形成贯通裂缝，而且也在炮孔周围其他方向形成随机径向裂缝。这些随机径向裂缝的产生对围岩造成破坏，在裂隙发育岩石或低强度岩石中还会引起巷道超挖。一般认为，普通周边爆破存在以下不足：

（1）炮孔间距小，钻孔工作量大，增加起爆器材消耗量。

（2）在裂隙发育岩层中，很少能形成光滑的壁面，不可避免地出现超挖，对围岩造成破坏。

（3）由于超挖，增加出渣工作量，增加支护材料用量。

因此，为了减少或避免爆破超挖和更有效地保护围岩，从根本上改进普通周边爆破技术已成为十分迫切的问题之一。事实上，早在1905年，Foster曾提出过在岩石中预制裂缝以控制爆破方向的设想。1963年，瑞典的U. Langefors和日本的伊藤一郎等发展了这一方法。20世纪70年代中期，美国马里兰大学的W. L. Fourney等在实验室做了模拟实验，并在现场试验中取得了一定成效。

岩石定向断裂爆破采用特殊方法，在周边炮孔之间的连线方向上首先形成初始裂缝，为炮孔爆破贯通裂缝的形成定向。而后，初始定向裂缝在炮孔内爆炸载荷作用下扩展，形成孔间贯通裂缝，从而达到提高周边光滑断裂面程度的目的。能够实现定向断裂的爆破方法很多，根据炮孔孔壁上初始裂缝形成机制和方式的不同，岩石定向断裂爆破大体上分为三类，即炮孔切槽岩石定向断裂爆破、聚能药包岩石定向断裂爆破和切缝药包岩石定向断裂爆破。

5.6.1.1 炮孔切槽爆破

这一方法是在炮孔孔壁沿纵向切出角度为 $60° \sim 80°$ 的 V 形槽。柱状药包爆炸后产生的应力波首先在切槽尖端引起应力集中而开裂,而后在爆炸气体作用下,使裂缝沿切槽方向持续开裂,直到相邻炮孔贯穿。炮孔孔壁 V 形槽的切槽工艺为:用普通钻头按设计的孔间距将周边孔全部打出,然后换上特制钎杆并装有套槽钻,如图 5-13 所示,将切槽钻头的刀槽对准开挖轮廓线方向,对已凿出的周边炮孔,将特制钻头直冲到孔底,形成预定方向的切槽,如图 5-14(a)所示。切槽速度与岩石性质有关,在切槽过程中,由于钎尾是圆形,钎杆不会转动;另外有对称切槽刀具的相互制约作用,使切槽具有良好的方向性。每次冲到孔底,即可拔出钎杆。

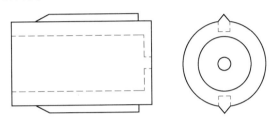

图 5-13 炮孔切槽钻头

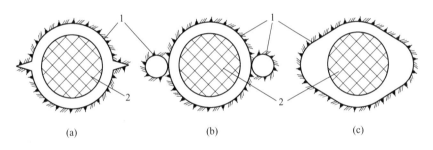

(a) (b) (c)

图 5-14 炮孔切槽及异形钻孔方法
(a)炮孔切槽;(b)设置导向孔;(c)异形炮孔
1—炮孔孔壁;2—孔内装药

炮孔切槽方法还有两种演变形式,图 5-14(b)为在炮孔孔壁两侧设置空孔,利用空孔的应力集中和导向作用形成导向裂缝;图 5-14(c)为利用椭圆形炮孔形成导向裂缝,根据弹性力学理论,爆炸载荷作用下,在椭圆孔长轴两端会有较大的切向拉应力,因而在此方向上将首先产生裂缝。图 5-14(c)也可看成是图 5-14(b)的两侧导向孔与装药孔连通的情况。

5.6.1.2 聚能药包爆破

这一方法是利用聚能药包爆炸后首先在炮孔孔壁的一定部位产生初始裂缝,然后在爆炸生成气体作用下裂缝继续扩展,形成定向断裂面,如图 5-15(a)所示。

根据聚能射流原理,药卷聚能穴外加金属铜罩后,聚能穴形成的聚能气流推动金属罩向轴线运动,将能量传递给金属罩体,因为罩体金属材料本身的可压缩性很小,它的内能增加很少,所传递能量的大部分表现为动能形式,迅速产生向轴线方向的压合运动,当压力足够大时,罩体表面内的速度比罩体本身的压合运动速度高得多,罩壁在轴线处迅速汇

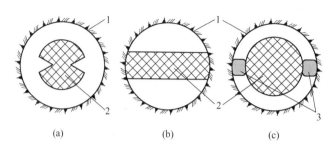

图 5-15 聚能装药及异形药包方法

（a）聚能药包；（b）矩形药包；（c）设置高硬度介质

1—炮孔孔壁；2—孔内装药；3—高硬度介质

聚碰撞的同时，发生能量的再分配，产生极高的碰撞压力形成沿轴线方向射出的高速、高压、高能量密度的金属粒子的射流，优先在岩石中形成定向裂缝。目前看来，周边聚能装药定向断裂爆破，还需要进一步从机理上对聚能穴的几何形状、炸药品种和性质、聚能罩的材料等问题进行研究。

属于这类方法的还有另外两种形式：图 5-15（b）为利用接触孔壁炸药爆轰波的直接作用，形成导向裂缝；图 5-15（c）为利用高硬度中间介质体将爆炸载荷传递到炮孔孔壁，形成导向裂缝。在这三种方法中，第一种较简单可靠，但是要求药包精确地在炮孔中放置，其余两种加工复杂，技术要求高，影响了工业应用。

5.6.1.3 切缝药包爆破

切缝药包爆破是利用轴向切槽的硬质管（见图 5-16），将炸药装于管内，再装入炮孔中爆炸，炮孔中管内壁受到的是均布载荷，而在切槽处受到的是集中拉应力，这种集中拉应力导致径向裂缝在预定区域的扩展优先于其他区域。这种方法的特点是不需要预先在炮孔周边减弱岩石的力学强度，它是利用特殊切缝管在爆轰产物高压作用阶段所产生的局部集中载荷来控制预定区域径向裂缝的发展。

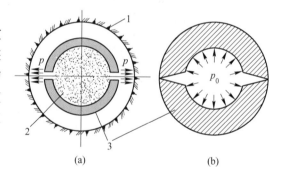

图 5-16 切缝药包方法

（a）切缝药包；（b）内切槽装药管

1—炮孔孔壁；2—切缝管内装药；3—切缝管

利用硬质塑料做成的切缝药卷现场爆破试验表明，将切缝药包爆破技术应用于岩巷掘进中可对现行的光面爆破技术做出改进，获得更好的爆破效果：炮孔间距增大 50%~100%；炮孔利用率达 95% 以上，断裂面精度大为提高。因而认为，这一方法具有实际应用价值。

比较得知，切缝药包岩石定向断裂爆破具有装药结构简单、操作容易、施工快速等诸多优点。近年来，这一技术在矿山地下硐室开挖中得到了生产应用，并产生了明显的经济效益，受到了现场工程技术人员的普遍欢迎。

5.6.2 定向断裂爆破贯通裂缝的形成

（普通）周边爆破的装药结构决定了周边爆破炮孔中的装药爆炸后，炮孔孔壁各个方向受到的作用力的时间和大小相同，因此，除在周边孔间形成贯通裂缝外，也在炮孔孔壁的其他方向产生径向裂缝，降低围岩稳定性。而岩石定向断裂爆破通过特定的制造初始导向裂缝的方法，在炮孔间连线方向上造成比其他方向大得多的破坏系数 N。在 N 最大的地方，岩石优先断裂，随即抑制其他方向裂缝的产生与扩展，从而实现岩石的定向断裂。

破坏系数 N 由下式定义：

$$N = F/R \tag{5-18}$$

式中，N 为破坏系数；F 为使岩石发生断裂破坏的力（广义力）；R 为抗破坏力（广义力）。

根据式（5-18），实现岩石沿周边炮孔间连线方向定向断裂爆破的基本方法是：增强沿光面爆破孔间连线方向的爆炸作用力（如侧向聚能药包爆破、切缝药包爆破），或削弱光面爆破孔间连线方向岩石的抗破坏力（如炮孔切槽爆破），或将两种方法同时使用。

由此看出：与普通周边爆破不同，定向断裂爆破的炮孔间贯通裂缝形成过程由两个阶段构成，即初始导向裂缝形成和初始导向裂缝的扩展、贯通。以上 3 种定向断裂爆破方法的区别也在于初始裂缝形成机理的不同。炮孔切槽方法是利用钻孔机械在炮孔孔壁事先形成初始导向裂缝；聚能药包方法是利用炸药爆炸的聚能效应在炮孔孔壁形成初始导向裂缝；切缝药包方法是利用切缝管的作用使炸药能量相对集中，优先作用于炮孔孔壁特定位置形成初始导向裂缝。

初始导向裂缝形成后，炮孔间贯通裂缝的最后形成是相同的，都是一个在炮孔内爆炸准静态载荷作用下，圆孔周围裂缝的扩展问题。炮孔孔壁上初始炮孔裂缝的最终扩展长度根据断裂力学方法计算。

定向裂缝的形成与利用，是岩石定向断裂爆破应用于裂隙发育岩层能够获得较好周边爆破效果的保证，也是岩石定向断裂爆破与普通周边爆破的根本区别所在。岩石定向断裂爆破中，初始导向裂缝长度是一个十分重要的参数，对爆破效果有重要的影响，并决定着炮孔装药量和炮孔间距的取值。这方面的论述涉及到断裂力学理论，读者可参阅有关文献，了解近年来这方面的研究成果。

5.6.3　定向断裂爆破的优越性

（1）定向断裂爆破带来的炮孔爆炸载荷作用或断裂破坏的方向性，首先在炮孔连线方向形成初始导向裂缝，大大减少了炮孔裂缝起始方向的随机性，从而有助于减少周边控制爆破形成轮廓表面的凹凸度，改善周边控制爆破成型质量，有效减少爆破引起的围岩稳定性降低。

（2）与普通周边控制爆破相比，导向裂缝形成后，定向断裂爆破仅需较小的炮孔载荷便能使其起裂、扩展，形成炮孔间的贯通裂缝，因而，采用岩石定向断裂爆破技术有助于减少炮孔装药量。周边爆破对围岩造成的破坏与炮孔装药量成正比，因此，采用岩石定向断裂爆破技术还能有效降低周边爆破对围岩的破坏（损伤）。

（3）由于岩石定向断裂控制爆破的定向断裂作用，在炮孔孔壁产生的裂缝数量较普通周边爆破明显减少，这能够降低炮孔内载荷的衰减速度，有助于实现较长的炮孔间裂缝扩展，实现较大的炮孔间距，有效减少周边控制爆破的炮孔数量，提高炸药爆炸能量的利用率。

（4）采用岩石定向断裂控制爆破技术，若岩石强度高、完整性好，则可采用适度较大的炮孔装药量，以增大炮孔内的载荷值，增大导向裂缝的扩展长度，达到增大炮孔间距、减少炮孔数量的目的。当岩石裂隙发育、松软，强度较低，稳定性较差，需要对爆破引起的围岩破坏（损伤）有严格限制时，则应严格控制炮孔装药量，达到充分发挥切缝药包岩石定向断裂控制爆破技术的先进性，有效保护围岩的目的。

5.7　岩石定向断裂爆破的工程应用

5.7.1　在开滦矿业集团唐山矿、范各庄矿的应用

5.7.1.1　岩石条件

开滦唐山矿、范各庄矿的巷道所处岩层为近水平，岩石为粗砂岩，单向静态抗压强度 σ_c 估计在 $80\sim100MPa$，岩石坚固性系数 $f=8\sim10$。岩石结构致密，层理不明显，巷道工作面无淋水、无瓦斯。

5.7.1.2　主要爆破参数

根据开滦矿业集团当时的条件和巷道的岩石情况，试验选用 2 号抗水岩石硝铵炸药，以及开滦矿业集团所属 602 厂生产的 $1\sim5$ 段毫秒延期电雷管。这种毫秒延期电雷管的段间延期为 25ms。唐山矿的周边孔参数为：炮眼间距 $a=540mm$，最小抵抗线 $W=500mm$。范各庄矿的周边孔参数为：炮眼间距 $a=500mm$，最小抵抗线 $W=450mm$。

5.7.1.3　应用效果

应用取得了较好结果，除炮眼利用率较应用前有一定提高外，周边孔痕率达到 87.5%，也有一定提高，从而有效地控制了超欠挖，周边不平整度不超过 100mm，周边孔间距较采用普通周边爆破时增大 30%~50%。更重要的是减少了工作面的炮孔数量，降低了炸药与雷管消耗，从而降低了巷道施工成本，加快了巷道施工速度，提高了经济效益。

正确应用岩石定向断裂爆破技术后，两矿的爆破效果得到了明显提高。具体表现为：与采用光面爆破的情况相比，唐山矿和范各庄矿的每米巷道炸药消耗量分别下降 15% 和 16.1%；每米巷道雷管消耗量分别下降 11.7% 和 12.5%；循环周边眼数量分别减少 26.1% 和 19.1%；炮眼利用率分别提高 23.1% 和 25.1%；周边眼痕率分别提高 18.2% 和 27.4%。

5.7.2　在大雁矿区软岩巷道中的应用

5.7.2.1　岩石条件

大雁矿区是我国典型的膨胀软岩矿区，过去爆破质量一直很差，冒顶片帮现象严重，为了提高爆破质量，在特软岩层中实施定向断裂控制爆破。大雁矿区内主要岩层为发育粉砂岩、泥岩等，主要物理力学特征是如下：

（1）强度低。单轴抗压强度一般为 1.02~9.13MPa，遇水崩解泥化或溃散。

（2）强膨胀性。蒙脱石含量高，平均为 56%，亲水性强，遇水膨胀。

（3）孔隙率大。岩石孔隙率在 32.18%~41.55%，有较好的重塑性和很大的流变性。

（4）弱胶结性。均为泥质胶结，胶结程度差，巷道开挖后自稳时间短，自稳能力差。

5.7.2.2　主要爆破参数

周边帮和顶部炮孔抵抗线为 550mm，底部炮孔抵抗线平均为 500mm，帮和顶部炮孔采用切缝药包进行定向断裂爆破，帮孔间距为 600mm，顶孔间距为 435mm，两孔间距缩至 450mm。周边孔距巷道轮廓线为 50~100mm，以防打锚杆眼时部分岩石掉落。

5.7.2.3　应用效果及简要分析

在极软岩巷道实施切缝药包的定向断裂控制爆破，一定要同时控制周边孔和二圈孔的装药量，对泥岩或砂质泥岩类不稳定岩石，周边眼每米炮孔的装药量应控制在 50~75g，二圈孔每米炮孔的装药量应控制在 125~150g。

定向断裂控制爆破在大雁矿区极软岩巷道的应用，收到以下几方面明显成效：

（1）减少了打眼数。应用前采用普通光面爆破，周边眼间距为 300~350m，周边眼数设计 17 个，实际 16~19 个。应用后采用切缝药包的定向断裂爆破，周边眼间距设计 400~550mm，实际 450~600mm，周边眼数设计 12 个，实际 10~14 个，每循环减少了 6 个炮孔左右。

（2）提高了巷道成型质量。经过一段时间的试验和调整，周边孔痕率从起初的 50%~80%提高到了 80%~100%，最大超欠挖从 70~120mm 降低到了 50~70mm。在特软巷道中取得了好的爆破效果。

（3）节约了材料。每米巷道节省雷管 6 发，炸药 1.1kg，同时也降低了钻头和钻杆的消耗。此外，由于减少了超挖，每米还可以节省支护喷射混凝土 0.74m³。

（4）有效保护了围岩。采用定向断裂爆破技术后，由于周边眼痕率和成型质量得到了提高，巷道围岩的破坏极大降低，从而降低了巷道的维护费用，有助于提高巷道的服务年限。

（5）便于实现快速掘进。由于定向断裂爆破技术减少了炮孔数量，降低了超欠挖，降低了出矸量和喷浆量，使得完成每米巷道的实际工作量大为减少，在作业方式不变的情况下，可以适当增加炮孔深度，提高循环进尺，从而便于组织快速施工。

综上认为：定向断裂控制爆破技术具有打眼少、半眼痕率高、减少超欠挖、提高成型质量、保护围岩、节省材料、降低成本等优点，可以应用于类似大雁矿区的玄武岩、泥岩和砂质泥岩等软岩和特软岩巷道中。

习　题

5-1　某掘进隧道，岩石的坚固性系数 $f=8$，取 $\sigma_c=80MPa$、$\sigma_t=6.7MPa$，表观密度 $\rho_{r0}=2.42\times10^3kg/m^3$，泊松比 $\mu=0.25$，纵波波速 $c_p=3430m/s$；所用炸药密度 $\rho_0=1000kg/m^3$，爆速 $D=3600m/s$，直径 $d_c=3.2\times10^{-2}m$；炮孔直径采用 $d_b=2r_b=4.2\times10^{-2}m$。试计算周边爆破参数，包括单孔装药量、炮孔间距、光爆层厚度。

6 炸药的爆轰理论与爆炸作用

炸药是一种相对稳定的，在一定的外在因素作用下，能够发生化学爆炸反应的物质。根据受外界作用条件的不同，炸药发生化学反应的形式不同，所产生的效应也不相同，一般炸药发生化学反应的形式有 3 种，即缓慢热分解、燃烧和爆炸。爆炸是炸药化学反应的最高形式，具有化学反应速度高、发出大量热量及生成大量气体等特征。而将具有这 3 个特征，并且传递速度恒定的爆炸称为爆轰。工程中都是利用炸药的爆轰，释放炸药能量，对外做功，达到既定的破坏目的。

炸药的爆轰产生爆轰波。爆轰波定义为存在于炸药中的伴随有化学反应的冲击波。炸药的爆轰过程是很复杂的，经过长期的研究，人们提出各种描述炸药爆轰过程的爆轰模型，这些模型中，目前得到普遍公认的有 C-J 模型和 ZND 模型。

爆轰的 C-J 模型由 Chapman 和 Jouguet 在 20 世纪初分别提出，这一模型不考虑炸药爆轰的化学动力学过程，而是从流体动力学出发，将爆轰面看成是没有厚度的炸药与反应产物的突跃分界面，如图 6-1 所示。据此 C-J 模型应用流体动力学理论，从质量守恒、动量守恒和能量守恒研究分界面（爆轰）的传播，进一步提出爆轰稳定传播的条件，发展成为爆轰波 C-J 理论，也称炸药爆轰的流体动力学理论及 C-J 理论。利用 C-J 理论，可以定性解释炸药爆轰的物理现象，建立炸药爆轰参数的计算式。一直以来，C-J 理论得到了广泛应用。

爆轰的 ZND 模型由 Zel'Dovich、Von Neumann 和 Doring 于 20 世纪 40 年代独立提出，与 C-J 模型不同，ZND 模型将爆轰波看成由前沿状态突跃面和紧随其后的化学反应区组成，两者以同一速度传播，如图 6-2 所示。根据 ZND 模型，炸药先受到前沿冲击波的强烈压缩，由初始状态达到高压状态，并激发化学反应，之后化学反应不断进行，压力减小，化学反应结束时达到 C-J 状态，放出最大反应热。C-J 面之后，爆轰产物等熵膨胀，压力缓慢下降（见图 6-2）。ZND 模型较 C-J 模型更接近实际，但仍不能完全描述炸药的实际爆轰过程。长期以来，ZND 模型在研究爆轰波的物理本质及反应区结构方面具有重要的理论指导意义。

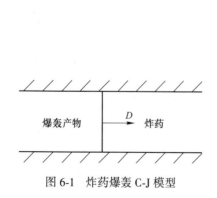

图 6-1　炸药爆轰 C-J 模型

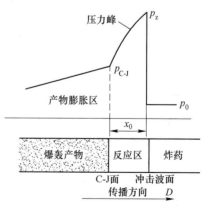

图 6-2　炸药爆轰的 ZND 结构与模型

6.1 爆轰波基本方程

爆轰波是带有化学反应的冲击波，遵循质量、动量和能量 3 个守恒定律。在一维爆轰条件下，以 D 表示爆轰波速度，以 ρ_0、p_0、u_0、T_0 和 e_0 分别表示冲击波前初始状态的炸药密度、压力、质点速度、温度和比热力学能，以 ρ_H、p_H、u_H、T_H 和 e_H 分别表示冲击波后爆炸产物的相应参数，如图 6-3 所示。假定 $u_0 = 0$，则可写出三个守恒关系式。

质量守恒关系（连续方程）：

$$\rho_0 D = \rho_H (D - u_H) \tag{6-1}$$

动量守恒关系（运动方程）：

$$p_H - p_0 = \rho_0 D u_H \tag{6-2}$$

能量守恒关系（能量方程）：

$$\rho_0 D e_0 + \frac{1}{2}\rho_0 D D^2 + p_0 D + \rho_0 D Q_V$$

$$= \rho_H (D - u_H) e_H + \frac{1}{2}\rho_H (D - u_H)(D - u_H)^2 + p_H (D - u_H) \tag{6-3}$$

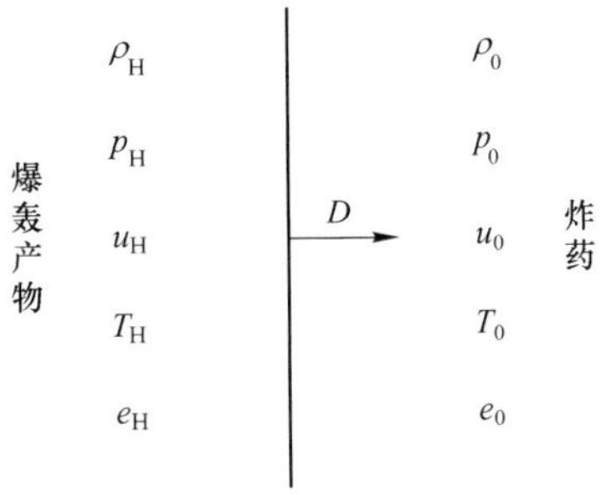

图 6-3 一维爆轰下爆轰波两侧的状态参数

式中，Q_V 为单位质量爆轰释放的能量。左边第一项代表物质的内能，第二项代表介质运动的动能，第三项代表压力位能，第四项代表爆轰区单位时间释放的能量；右边各项含义依次为爆轰产物的物质内能、介质运动动能和压力位能。

利用式（6-1），并除以 $\rho_0 D$，可将式（6-3）改写成

$$e_H - e_0 = \frac{1}{2}D^2 + p_0/\rho_0 + Q_V - \frac{1}{2}(D - u_H)^2 - \frac{p_H(D - u_H)}{\rho_0 D} \tag{6-4}$$

为便于应用，常对上述 3 个守恒方程做一定的转换。首先，由式（6-1）和式（6-2），可以将爆轰波速度 D 表述为

$$D = V_0 \sqrt{(p_H - p_0)/(V_0 - V_H)} \tag{6-5}$$

式中，V_0 为炸药初始状态下的比容，$V_0 = 1/\rho_0$；V_H 为爆轰产物的比容，$V_H = 1/\rho_H$。

再由式（6-2）和式（6-5）得到波后爆轰产物的速度 u_H 为

$$u_H = \sqrt{(p_H - p_0)(V_0 - V_H)} \tag{6-6}$$

利用式（6-2），可将式（6-4）化为

$$e_H - e_0 = \frac{p_H u_H}{\rho_0 D} - \frac{1}{2}u_H^2 + Q_V \tag{6-7}$$

将式（6-5）、式（6-6）代入式（6-7），得到

$$e_H - e_0 = (p_H + p_0)(V_0 - V_H)/2 + Q_V \tag{6-8}$$

如果将式（6-5）进行转化，可得到

$$p_H = p_0 + \frac{D^2}{V_0^2}(V_0 - V_H) \tag{6-9}$$

可以看出，在 p-V 平面上，式（6-9）表示一条以（V_0，p_0）为起始点的直线，该直线的斜率为

$$\tan\alpha = -\tan\varphi = -D^2/V_0^2$$

该直线称为波速线或 Rayleigh 曲线（也有称米海尔孙曲线的），它具有以下属性：表示由炸药初态（V_0，p_0）为始点向外发出的直线。由于爆轰波是冲击波，因此与冲击波的情况相同，波速线不代表物质状态改变的连线，而代表经由相同的初始状态（V_0，p_0）点，同一速度（如 D_1）的冲击波经过不同介质后所达到终点状态的连线。一条波速线上含有无穷多个终点状态点。冲击波速度不同，波速线斜率不同，表明经过同一初始状态点，冲击波速度不同，则波后状态不同，如图 6-4 所示。

另一方面，在 p-V 平面上，式（6-8）代表经过初始（V_0，p_0）点的一条向上凹的双曲线，如图 6-5 所示，称为冲击绝热线或 Hugoniot 曲线。由于爆轰波是伴随有化学反应的冲击波，因此爆轰波的能量方程与冲击波有所不同，相对于爆轰波，冲击波的能量方程缺少反应释放能量项 Q_V，即冲击波能量方程为

$$e_H - e_0 = (p_H + p_0)(V_0 - V_H)/2$$

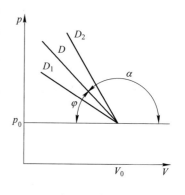

图 6-4　波速线

其基本属性是经过同一初始状态点，不同速度的冲击波，经过同一介质后所达到波后终点状态的连线。不同介质具有不同的冲击绝热线，如图 6-5（a）所示。对于爆轰波由于伴随化学反应的释放能量 Q_V，其冲击绝热线位于冲击波的上方，如图 6-5（b）所示，代表经由相同的炸药初始状态（V_0，p_0）点，经冲击压缩和炸药化学反应，所达到波阵面后不同炸药爆轰产物状态（V_H，p_H）点的连线。

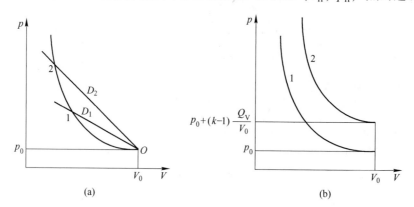

(a)　　　　　　　　　　　　　(b)

图 6-5　冲击绝热线

（a）冲击波的冲击绝热线；（b）爆轰波与冲击波冲击绝热线的关系

进一步，经过初始状态（V_0，p_0）点，作垂直线和水平线与冲击绝热曲线分别交于 B、C 点，可将爆轰波的冲击绝热线分解为三段，分别是 AB 段、BC 段和 CD 段，如图 6-6 所示。

各段所表示的含义如下：

首先，沿过 B 点的垂直线，有 $V = V_0$ ，$p > p_0$ ，由式（6-5），知 $D \to \infty$ 。可知，B 点对应于定容爆轰。

沿过 C 点的水平线，有 $p = p_0$ ，$V > V_0$ ，由式（6-5），知 $D = 0$ 。可知，C 点对应于定压燃烧。

然后，AB 段，有 $p > p_0$ ，$V < V_0$ ，由式（6-5）及式（6-6）知，$D>0$ ，$u>0$ ，在该段曲线上冲击波与质点在同一方向运动，具有爆轰特征，称为爆轰支。

CE 段，有 $p < p_0$ ，$V > V_0$ ，由式（6-5）及式（6-6）知，$D>0$ ，$u<0$ ，在该段曲线上冲击波与质点在相反方向运动，具有燃烧特征，称为燃烧支。

BC 段，有 $p > p_0$ ，$V > V_0$ ，由式（6-5）及式（6-6）知，D 和 u 无实数解，因此该段不能与实际过程相对应。

特别说明，波速线与冲击绝热线是冲击波理论与爆轰波理论中的两个重要概念。如果已知物质的冲击绝热特性和初始状态，利用波速线和冲击绝热线的交点，即可确定已知波速 D 下，物质的波后状态参数，如图6-6所示。

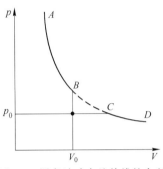

图 6-6 爆轰波冲击绝热线的含义

6.2 爆轰稳定传播的条件

6.2.1 稳定爆轰的 C-J 条件

炸药的稳定爆轰指炸药爆轰以恒定的速度传播的特性。如图6-7所示，根据前面分析，以爆速 D 传播的爆轰波，波阵面前的原始爆炸物在遭受冲击而尚未发生化学反应时，其状态由 $O(p_0, V_0)$ 突跃到瑞利（Rayleigh）线 ON 上的某一点，该点是该瑞利线与冲击波的 Hugoniot 曲线 1 的交点 N 或 N' 。然而，爆轰反应完成后由于爆轰反应热 Q_V 已放出，故爆轰波阵面传过后刚刚形成的爆轰产物的状态必定落在放热的 Hugoniot 曲线 2 上的某一点，该点应是瑞利线与曲线 2 的相交点 K、L 或是相切点 M 。显然，若爆速不同，爆轰波阵面传过后爆轰产物所达到的状态点也不同。

Chapman 和 Jouguet 各自对这一问题进行了研究，得出的相同结论是波速线与反应终了产物的冲击绝热线相切时，爆轰稳定传播，即 M 点的状态为爆轰稳定传播的唯一状态，其他状态均不能保证爆轰稳定传播，如图6-7所示。这一条件称为 C-J 理论，M 点称为 C-J 点，M 点的状态为炸药爆轰反应终了的产物状态，称为 C-J 状态。

根据热力学第一定律，有

$$TdS = de + pdV \qquad (6\text{-}10)$$

式中，T 为温度；S 为熵；e 为比内能；p 为压力；V

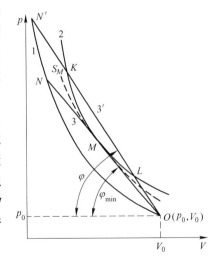

图 6-7 炸药稳定爆轰的 C-J 条件
1—前沿冲击波的冲击绝热线；2—爆轰波的
冲击绝热线；3, 3′—波速线；S_M—等熵线为比容。

将式（6-8）进行微分运算（略去下标 H），得

$$de = \left[(V_0 - V)dp + (p + p_0)dV \right]/2 \tag{6-11}$$

将式（6-11）代入式（6-10），有

$$TdS = \left[(V_0 - V)dp + (p + p_0)dV \right]/2 + pdV$$

$$2TdS = (V_0 - V)^2 d\frac{p - p_0}{V_0 - V} \tag{6-12}$$

参照图6-4，令

$$\tan\varphi = (p - p_0)/(V_0 - V)$$

代入式（6-12），整理得

$$2TdS = (V_0 - V)^2 d\tan\varphi = (V_0 - V)^2 \left[1 + \left(\frac{p - p_0}{V_0 - V} \right)^2 \right] d\varphi$$

$$2T\frac{dS}{dV} = (V_0 - V)^2 \left[1 + \left(\frac{p - p_0}{V_0 - V} \right)^2 \right] \frac{d\varphi}{dV} \tag{6-13}$$

式（6-13）中，$p > p_0$，$V < V_0$，因而 $\dfrac{dS}{dV}$ 的符号决定于 $\dfrac{d\varphi}{dV}$ 的符号。

由图6-7看出，在 M 点左侧 V 向右逐渐增大时，φ 逐渐减小，即 $\dfrac{d\varphi}{dV} < 0$；在 M 点右侧 V 逐渐增大时，φ 逐渐增大，即 $\dfrac{d\varphi}{dV} > 0$，于是在 M 点，有 $\dfrac{d\varphi}{dV} = 0$，φ 取极值，且 φ 取极小值，如图6-8所示，即爆轰波冲击绝热线2与波速线3的切点 M 处具有最小的熵值。

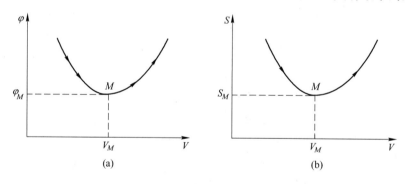

图6-8 φ 与 S 随 V 的变化

（a）φ-V 关系；（b）S-V 关系

同时还表明，爆轰波的冲击绝热线2与等熵线 S_M 也在 M 点相切，因为过 M 点的等熵线，其 S 随 V 的变化是与 V 平行的水平线，且等熵线上 $\dfrac{dS}{dV} = 0$。由此，在 M 点有

$$-\frac{dp}{dV}\bigg|_{2, M} = -\frac{dp}{dV}\bigg|_{S, M} \tag{6-14}$$

又爆轰波冲击绝热线与波速线在 M 点相切，有

$$-\left.\frac{\mathrm{d}p}{\mathrm{d}V}\right|_{2,\,M} = \frac{p_H - p_0}{V_0 - V_H} \tag{6-15}$$

于是，有

$$\frac{p_H - p_0}{V_0 - V_H} = -\left.\frac{\mathrm{d}p}{\mathrm{d}V}\right|_{2,\,M} = -\left.\frac{\mathrm{d}p}{\mathrm{d}V}\right|_{S,\,M} \tag{6-16}$$

将式（6-16）改写为

$$V_M \sqrt{\frac{p_H - p_0}{V_0 - V_H}} = V_M \sqrt{-\left.\frac{\mathrm{d}p}{\mathrm{d}V}\right|_{S,\,M}} \tag{6-17}$$

式（6-17）中，左边可写为

$$V_M \sqrt{\frac{p_H - p_0}{V_0 - V_H}} = V_0 \sqrt{\frac{p_H - p_0}{V_0 - V_H}} - (V_0 - V_M)\sqrt{\frac{p_H - p_0}{V_0 - V_H}}$$

由式（6-5）和式（6-6），得到

$$V_M \sqrt{\frac{p_H - p_0}{V_0 - V_H}} = D - u_H \tag{6-18}$$

利用 $\rho = 1/V$，将式（6-17）的右边写为

$$V_M \sqrt{-\left.\frac{\mathrm{d}p}{\mathrm{d}V}\right|_{S,\,M}} = \sqrt{\left.\frac{\mathrm{d}p}{\mathrm{d}\rho}\right|_{S,\,M}} = c_H \tag{6-19}$$

由式（6-18）、式（6-19）得到

$$D - u_H = c_H \quad \text{或} \quad D = u_H + c_H \tag{6-20}$$

式中，c_H 为爆轰波 C-J 面上的声速，$u_H + c_H$ 等于当地声速。

式（6-20）称为稳定爆轰的 C-J 条件，是 M 点或爆轰 C-J 点上状态参数遵循的关系式。爆轰稳定传播的条件也可叙述为：爆轰波后稀疏波速度等于爆轰波阵面的向前推进速度。$u_H + c_H$ 等于 C-J 面后的稀疏波速度，因为稀疏波阵面总是以当地声速传播。

图 6-7 中 M 点（C-J 点）具有 3 个重要性质，分别是：

（1）C-J 点是爆轰波冲击绝热线、波速线和等熵线的共切点。

（2）C-J 点为爆轰波冲击绝热线上熵最小的点。

（3）C-J 点为波速上熵最大的点。

上述（1）（2）已在前述做了证明，（3）的证明可参阅相关文献。

6.2.2 稳定爆轰 C-J 条件的物理本质

在物理本质上，爆轰在炸药中能够稳定传播的原因，完全在于化学反应供给能量，这个能量维持爆轰波阵面不衰减地传播下去。假若这个能量受到了损失，则爆轰波就会因缺乏能量而衰减。

爆轰在炸药中传播过后，产物处于高温、高压状态。但是此高温、高压状态不能孤立存在，必定迅速发生膨胀。从力学观点来说，也就是从外界向高压产物传播进一系列的膨胀扰动，这一膨胀波速度在化学反应区末端面上等于 $u_H + c_H$。

$u_H + c_H = D$，意味着爆轰产物膨胀所形成的膨胀波到达化学反应区末端面时，在此处与爆轰的传播速度相等，因而无法再传入化学反应区内，化学反应区放出的能量不会受到损

失，全部用来支持爆轰波的运动，使爆轰稳定传播，爆轰波速度恒定。

若 $u_H + c_H > D$，则意味着从爆轰产物传入的膨胀波在化学反应区末端面上的速度比爆轰波传播速度快，从而膨胀波可以进入化学反应区，使化学反应区膨胀而损失能量，这样化学反应区放出的能量就不能全部用来支持爆轰波的运动，导致爆轰波衰减。

类似地，$u_H + c_H < D$，意味着弱扰动速度小于爆速，这在实际中是不可能实现的。从力学观点来讲，在化学反应区内部，由于不间断地层层进行化学反应放出热量，陆续不断地层层产生压缩波，此一系列压缩波向前传播，最终汇聚成为前沿冲击波。在弱扰动速度小于爆速的情况下，化学反应区内向前传播的压缩波无法达到前沿冲击波，因此前沿冲击波会脱离化学反应区而成为无能源的一般冲击波，所以传播过程中必然衰减。

通过上面的分析再次明显看出，只有爆轰波的波速线和冲击绝热线相切点 M 所具有的条件 $u_H + c_H = D$ 才能保证爆轰稳定传播。

6.2.3　稳定爆轰过程描述

根据爆轰波的 ZND 模型，爆轰波由前沿冲击波和其后的化学反应区组成。如图 6-9 所示，当爆轰在炸药中传播时，炸药首先受到前沿冲击波的强烈压缩，使炸药从初始状态 O 点立即上升到冲击波的冲击绝热线和波速线的交点状态 N。然后炸药在高温、高压下迅速进行剧烈的化学反应，随着化学反应的进行，不断放出热量，化学反应区的产物也不断发生膨胀，使压力和密度不断下降。但爆轰稳定传播的速度不变，于是图 6-9 上状态由 N 点沿波速线不断下降，当化学反应结束到达化学反应区末端面时，状态对应于爆轰波的冲击绝热线和波速线的切点 M（C-J 点）。按照 C-J 点的特点，爆轰稳定传播。

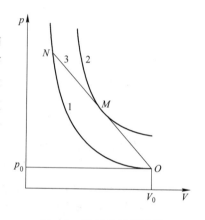

图 6-9　稳定的爆轰过程
1—前沿冲击波的冲击绝热线；2—爆轰波的冲击绝热线；3—波速线

6.3　爆轰的参数计算

6.3.1　气体爆轰的参数计算

对于气体爆轰，波前、波后均为气体，认为波前、波后气体均遵循理想气体状态方程。同时认为爆轰压力 $p_H \gg p_0$，p_0 可以忽略。于是，质量守恒、动量守恒和能量守恒方程式（6-1）、式（6-2）和式（6-8）重写为

$$\rho_0 D = \rho_H (D - u_H)$$

$$p_H = \rho_0 D u_H \tag{6-21}$$

$$e_H - e_0 = p_H (V_0 - V_H)/2 + Q_V \tag{6-22}$$

同时，具有爆轰稳定传播条件

$$D = u_H + c_H \tag{6-23}$$

和理想气体状态方程

$$p_{\mathrm{H}} V_{\mathrm{H}} = R T_{\mathrm{H}} / M_{\mathrm{H}} \tag{6-24}$$

式中，M_{H} 为爆炸生成气体产物的摩尔质量。

利用理想气体的状态方程，可将理想气体的内能表示为

$$e_{\mathrm{H}} = c_{\mathrm{V}} T = \frac{R}{k-1} T = \frac{p_{\mathrm{H}} V_{\mathrm{H}}}{k-1}, \quad e_0 = \frac{p_0 V_0}{k-1} \tag{6-25}$$

式中，k 为爆轰产物的比热比，或爆轰气体的等熵膨胀指数。

可以看出，爆轰波参数的 6 个未知量（D，p_{H}，u_{H}，V_{H} 或 ρ_{H}，T_{H}，e_{H}），可由上述 6 个方程式（6-1）、式（6-21）~式（6-25）唯一确定。

由式（6-1）和式（6-21），解得

$$D = V_0 \sqrt{p_{\mathrm{H}} / (V_0 - V_{\mathrm{H}})} \tag{6-26}$$

$$u_{\mathrm{H}} = (V_0 - V_{\mathrm{H}}) \sqrt{p_{\mathrm{H}} / (V_0 - V_{\mathrm{H}})} \tag{6-27}$$

将式（6-25）代入式（6-22），并忽略 p_0，得

$$\frac{p_{\mathrm{H}} V_{\mathrm{H}}}{k-1} = \frac{1}{2} p_{\mathrm{H}} (V_0 - V_{\mathrm{H}}) + Q_{\mathrm{V}} \tag{6-28}$$

利用爆轰稳定条件式（6-16）及等熵膨胀过程的状态方程 $pV^k = A$（常数），有

$$\frac{p_{\mathrm{H}}}{V_0 - V_{\mathrm{H}}} = -\left. \frac{\mathrm{d}p}{\mathrm{d}V} \right|_s = \frac{k p_{\mathrm{H}}}{V_{\mathrm{H}}} \tag{6-29}$$

由上式可得

$$\frac{V_0}{V_{\mathrm{H}}} = \frac{k+1}{k} \quad \text{或} \quad V_{\mathrm{H}} = \frac{k}{k+1} V_0 \tag{6-30}$$

由式（6-26）、式（6-29）及式（6-30），可得

$$D = V_0 \sqrt{\frac{k p_{\mathrm{H}}}{V_{\mathrm{H}}}}$$

$$\rho_0 D^2 = k p_{\mathrm{H}} \frac{V_0}{V_{\mathrm{H}}} = (k+1) p_{\mathrm{H}}$$

$$p_{\mathrm{H}} = \frac{1}{k+1} \rho_0 D^2 \tag{6-31}$$

利用式（6-26）及式（6-27），再根据式（6-29），有

$$u_{\mathrm{H}} = (V_0 - V_{\mathrm{H}}) D / V_0 = \frac{1}{k+1} D \tag{6-32}$$

由爆轰稳定条件式（6-20），得到

$$C_{\mathrm{H}} = D - u_{\mathrm{H}} \tag{6-33}$$

将式（6-29）及式（6-31）代入理想气体状态方程式（6-24），得

$$T_{\mathrm{H}} = \frac{M_{\mathrm{H}}}{R} \frac{k}{(k+1)^2} D^2 \tag{6-34}$$

将式（6-29）、式（6-31）代入式（6-28），有

$$\frac{1}{k-1} \frac{k D^2}{(k+1)^2} = \frac{D^2}{2(k+1)^2} + Q_{\mathrm{V}}$$

$$Q_{\mathrm{V}} = \frac{D^2}{2(k^2-1)}$$

$$D = \sqrt{2(k^2 - 1)Q_{\mathrm{V}}} \qquad (6\text{-}35)$$

至此，得到了爆轰波的 6 个未知量的解。

6.3.2 凝聚态炸药爆轰的参数近似计算

凝聚态炸药指液体炸药和固体炸药。与气体炸药相比，凝聚态炸药的密度大、爆速高、爆轰压力高。对于凝聚态炸药，虽然质量守恒、动量守恒、能量守恒及爆轰稳定条件不变，但爆轰产物的理想气体状态方程不再适用，参数计算时需要采用适合于描述相应爆轰产物参数之间关系的状态方程。

凝聚态炸药爆轰产物的状态方程非常复杂。凝聚态炸药爆轰参数近似计算时，可采用兰道-斯达纽科维奇给出的状态方程：

$$p = AV^{-r} + f(V)T \qquad (6\text{-}36)$$

式中，r 为凝聚态炸药的爆轰产物膨胀指数；A 为常数；$f(V)$ 为比容的函数。

对于实际使用的炸药，其密度一般大于 $1\mathrm{g/cm^3}$，因此分子热运动表现的压强 $f(V)T$ 的影响可以忽略，将式（6-36）改写为

$$p = AV^{-r} = A\rho^r \qquad (6\text{-}37)$$

由此，经过类似推导，得到凝聚态炸药爆轰的参数近似计算式为

$$
\begin{cases}
D = \sqrt{2(r^2 - 1)Q_{\mathrm{V}}} \\[2mm]
u_{\mathrm{H}} = \dfrac{1}{r + 1}D \\[2mm]
V_{\mathrm{H}} = \dfrac{r}{r + 1}V_0 \quad \text{或} \quad \rho_{\mathrm{H}} = \dfrac{r + 1}{r}\rho_0 \\[2mm]
p_{\mathrm{H}} = \dfrac{1}{r + 1}\rho_0 D^2 \\[2mm]
e_{\mathrm{H}} = \dfrac{p_{\mathrm{H}} V_{\mathrm{H}}}{r - 1} \\[2mm]
c_{\mathrm{H}} = D - u_{\mathrm{H}} = \dfrac{r}{r + 1}D
\end{cases}
\qquad (6\text{-}38)
$$

进一步，根据实验研究结果，认为对于常用的大多数炸药，可以取 $r = 3$，将状态方程写为 $p = A\rho^3$，于是，式（6-38）变为

$$
\begin{cases}
D = 4\sqrt{Q_{\mathrm{V}}} \\[1mm]
u_{\mathrm{H}} = D/4 \\[1mm]
V_{\mathrm{H}} = 3V_0/4 \quad \text{或} \quad \rho_{\mathrm{H}} = 4\rho_0/3 \\[1mm]
p_{\mathrm{H}} = \rho_0 D^2/4 \\[1mm]
e_{\mathrm{H}} = p_{\mathrm{H}} V_{\mathrm{H}}/2 \\[1mm]
c_{\mathrm{H}} = D - u_{\mathrm{H}} = 3D/4
\end{cases}
\qquad (6\text{-}39)
$$

以上爆轰波参数计算中涉及爆轰热 Q_{V}，但实际中的爆轰热 Q_{V} 很难获得。因此，工程中往往是利用实测手段先确定其中的 1 个参数，然后再利用计算式计算其余参数。比较而言，爆速较容易测量，也较容易获得准确值，因此多数情况下，都是事先测量炸药的爆速

D，然后利用式（6-39）计算其余爆轰波参数。目前，已有多种测量炸药爆速的方法，不仅可以测得平均速度，而且可以测得主要爆轰过程的瞬时速度。

6.4　炸药爆炸传入岩石中的载荷

这里，先引入几个基本概念。在柱状装药条件下，如果炸药充满整个药室空间，不留有任何空隙，则称为耦合装药。如果装入药室的炸药包（卷）与药室壁之间留有一定的空隙，则称为不耦合装药。不耦合装药分为径向不耦合装药和轴向不耦合装药两种情况，分别用装药不耦合系数和装药系数来表述各自的装药不耦合程度。它们分别定义为：

不耦合系数： $$k = d_{\mathrm{b}}/d_{\mathrm{c}} \tag{6-40}$$

装药系数： $$\eta = l_e/l \tag{6-41}$$

式中，k 为装药不耦合系数；η 为装药系数；d_{b} 和 d_{c} 分别为药室直径和药包直径；l 和 l_e 分别为药室长度和装药长度。

6.4.1　耦合装药时传入岩石中的爆炸载荷

上节根据流体动力学爆轰理论，建立了炸药正常爆轰条件下的爆轰参数计算式，得到目前工程上普遍采用的炸药爆轰参数的简明计算式（6-39）。

耦合装药条件下，炸药与岩石紧密接触，因而爆轰波将在炸药岩石界面上发生透射、反射。利用炮眼法爆破岩石时（如隧道、巷道掘进），通常炸药柱在一端用雷管引爆，爆轰波不是平面波，而是呈球面形，而且爆轰波对炮眼壁岩石的冲击也不是正冲击（正入射），而是斜冲击，如图 6-10 所示。目前确定炸药爆轰传入岩石的载荷采用的是近似方法。由于在装药表面附近，球面爆轰波的曲率半径已减小到很小，波头与炮眼壁间的夹角——爆轰波的入射角不大，因而近似将爆轰波对

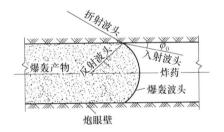

图 6-10　爆轰波对炮眼壁的冲击图

炮眼壁的冲击看成正冲击，可按正入射求解岩石中的透射波参数。

如图 6-11 所示，平面爆轰在炸药内从左向右传播，到达炸药岩石分界面时，发生透射和反射，透射波面在岩石中继续向右传播，反射波面则在爆轰产物内向左传播。设炸药的初始参数为 p_0、ρ_0、$u_0 = 0$；爆轰波速度为 D；爆轰波即爆轰产物初始参数为 p_{H}、ρ_{H}、u_{H}；岩石的初始参数为 $p_{\mathrm{m}} = p_0$、ρ_{m}、$u_{\mathrm{m}} = 0$；反射波参数为 p'_2、ρ'_2、u'_2、D'_2；透射波参数为 p_2、ρ_2、u_2，波速为 D_2。在炸药岩石的分界面上有连续条件 $p'_2 = p_2$ 和 $u'_2 = u_2$。

分别对入射波、反射波和透射波建立连续方程和运动方程，并利用界面上的连续条件即可求得

$$\frac{p_2 - p_0}{p_{\mathrm{H}} - p_0} = \frac{1 + N}{1 + N\rho_0 D/\rho_{\mathrm{m}} D_2} \tag{6-42}$$

其中 $$N = \frac{\rho_0 D}{\rho_1(D'_2 + u_{\mathrm{H}})}$$

由于 $p_2 \gg p_0$，$p_1 \gg p_0$，p_0 可忽略，上式可写为

$$p_2 = p_H \frac{1 + N}{1 + N \rho_0 D / \rho_m D_2} \qquad (6\text{-}43)$$

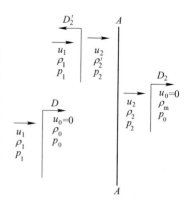

图 6-11 爆轰波的透射和反射

$\rho_0 D$、$\rho_1(D'_2 + u_H)$、$\rho_m D_2$ 分别称为炸药的冲击阻抗、爆轰产物的冲击阻抗和岩石的冲击阻抗。它们都是物质受扰动前的密度与波相对于受扰动物质传播速度的乘积。如果 $\rho_m D_2 > \rho_0 D$，即岩石的冲击阻抗大于炸药的冲击阻抗，则反射波为压缩波，$p_2 > p_H$；如果 $\rho_m D_2 < \rho_0 D$，则反射波为稀疏波，$p_2 < p_H$。关于压缩波与稀疏波的概念请参考有关文献。

为求得岩石中透射波的其他参数（ρ_2、D_2、u_2），需要知道岩石的 Hugoniot 曲线。岩石的 Hugoniot 曲线需要利用冲击试验来确定，其中之一为

$$p_2 = \frac{\rho_m c_{re}^2}{4}\left[\left(\frac{\rho_2}{\rho_m}\right)^4 - 1\right] \qquad (6\text{-}44)$$

式中，c_{re} 为岩石中的弹性波速度。

此外，还有 $p\text{-}u$ 形式的 Hugoniot 方程。如果知道岩石和炸药的 Hugoniot 方程及炸药的等熵膨胀方程，也可利用冲击波的透射、反射原理确定岩石中的冲击波初始参数，如图 6-12 所示。

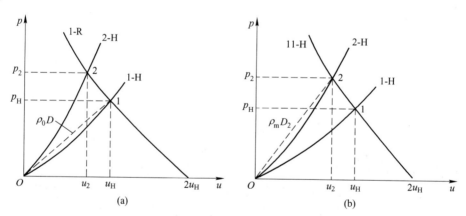

图 6-12 冲击波的反射、透射参数确定

（a）$\rho_0 D > \rho_m D_2$；（b）$\rho_0 D < \rho_m D_2$

1-H—炸药中入射波的 Hugoniot 曲线；2-H—岩石中入射波的 Hugoniot 曲线；1-R—炸药中反射波的等熵膨胀曲线；11-H—炸药中反射波的 Hugoniot 曲线；

1—入射冲击波参数；2—反射或透射冲击波参数

实践表明，炸药爆炸并非在所有岩石中都能生成冲击波，这取决于炸药与岩石的性质。对大多数岩石而言，即便生成冲击波，也很快衰减成弹性应力波，作用范围也很小，故有时也近似认为爆轰波与炮眼壁岩石的碰撞是弹性的，岩石中直接生成弹性应力波（简称应力波），进而按弹性波理论或声学近似理论确定岩石界面上的初始压力。根据声学近似理论可推得

$$p_2 = p_H \frac{2}{1 + \rho_0 D/\rho_m c_{re}} \tag{6-45}$$

6.4.2　不耦合装药时传入岩石中的爆炸载荷

不耦合装药情况下，爆轰波首先压缩装药与药室壁之间间隙内的空气，引起空气冲击波，而后再由空气冲击波作用于药室壁，对药室壁岩石加载。为求得岩石中的载荷值，先作3点假定：

（1）爆炸产物在间隙内的膨胀为绝热膨胀，其膨胀规律为 $pV^3 =$ 常数，遇药室壁激起冲击压力，并在岩石中引起爆炸应力波。

（2）忽略间隙内空气的存在。

（3）爆轰产物开始膨胀时的压力按平均爆轰压 p_m 计算，即有

$$p_m = \frac{1}{2} p_H = \frac{1}{8} \rho_0 D_1^2 \tag{6-46}$$

由以上假设，爆轰产物撞击药室壁前的炮眼内压力，即入射压力为

$$p_2 = p_m \left(\frac{V_c}{V_b} \right)^3 = \frac{1}{8} \rho_0 D^2 \left(\frac{V_c}{V_b} \right)^3 \tag{6-47}$$

式中，V_c、V_b 分别为炸药体积和药室体积。

根据有关研究，爆轰产物撞击药室壁时，压力将明显增大，增大倍数 $n = 8 \sim 11$。因此得到不耦合装药时，药室壁受到的冲击压力为

$$p_2 = \frac{1}{8} \rho_0 D^2 \left(\frac{V_c}{V_b} \right)^3 n \tag{6-48}$$

对隧洞掘进中的炮眼柱状装药，$V_c = \frac{1}{4} \pi d_c^2$，$V_b = \frac{1}{4} \pi d_b^2$，其中 d_c、d_b 分别为炮眼直径和装药直径，炮眼岩石壁受到的冲击压力为

$$p_2 = \frac{1}{8} \rho_0 D^2 \left(\frac{d_c}{d_b} \right)^6 \left(\frac{l_e}{l} \right)^3 n \tag{6-49}$$

如果装药与药室之间存在较大的间隙（如硐室爆破装药），则爆轰产物的膨胀宜分为高压膨胀和低压膨胀两个阶段。当气体产物压力大于临界压力时，为高压膨胀阶段，膨胀规律为 $pV^3 =$ 常数；当气体产物压力小于临界压力时，为低压膨胀阶段，膨胀规律为 $pV^X =$ 常数 $(X = 1.2 \sim 1.3)$。临界压力 p_{cri} 由下式计算：

$$p_{cri} = 0.154 \sqrt{\left(E_{en} - \frac{p_m}{2\rho_0} \right)^2 \frac{\rho_0^2}{p_m}} \tag{6-50}$$

式中，E_{en} 为单位质量炸药含有的能量；其余符号意义同前。

作为一种近似，也可取 $p_{cri} = 100 MPa$。

据此，炸药爆轰作用于岩石的入射冲击波压力为

$$p_2 = p_{\mathrm{cri}} \left(\frac{p_{\mathrm{m}}}{p_{\mathrm{cri}}} \right)^{\chi/3} \left(\frac{V_{\mathrm{c}}}{V_{\mathrm{b}}} \right)^{\chi} n \tag{6-51}$$

6.5　岩石中爆炸应力波的特征与衰减规律

　　绝大多数情况下，岩石爆破采用柱状装药或延长装药，在岩石中传播的爆炸应力波为柱面波。耦合装药条件下，在装药室附近岩石中形成冲击波，随着远离装药中心，冲击波衰减，应力幅值不断减小，波速不断降低，最后冲击波演变成应力波。进一步远离装药中心，应力波继续衰减，演变成地震波。分析认为引起爆炸应力波衰减的原因有：波阵面的扩大，导致单位面积波阵面上能量密度的降低；传播介质（岩石）质点运动引起的内摩擦能量耗散；以及爆炸应力波后期的追赶卸载。

　　冲击波、应力波和地震波具有不同的应力幅值和加载率，因而具有不同的衰减速率和作用范围，如图 6-13 所示。综合当前的研究成果，冲击波、应力波和地震波等在岩体中遵循相同的衰减规律——指数规律衰减，但衰减指数不同。

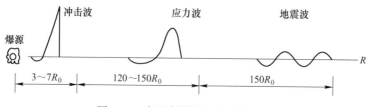

图 6-13　岩石中爆炸应力波的演变

6.5.1　冲击载荷作用下岩石变形规律与特征

　　固体材料（岩石）在冲击载荷作用下的变形规律如图 6-14 所示，对应不同应力幅值，所形成的应力波特征不同，如图 6-15 所示。

　　（1）在装药近区，作用于岩石的爆炸载荷值很高，若 $\sigma > \sigma_C$，将在岩石中形成波阵面上所有状态参数都发生突变的冲击波，如图 6-15（a）所示，冲击波在岩石中的速度为超声速，衰减最快。

　　（2）随着冲击波阵面向外传播、应力幅值衰减，当 $\sigma_B < \sigma < \sigma_C$ 时，如图 6-14 所示，由于变形模量 $\mathrm{d}\sigma/\mathrm{d}\varepsilon$ 随应力的增大而增大，波速大于图 6-14 中 A—B 段的塑性波波速，但小于 O—A 段的弹性

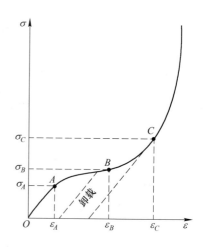

图 6-14　冲击载荷作用下岩石的变形规律

波波速，因此应力幅值大的塑性波追赶前面的塑性波，形成塑性追赶加载，形成陡峭的波阵面，但波速低于弹性波速，为亚声速，这种波称为非稳定的冲击波，如图 6-15（b）所示。

　　（3）进一步，当 $\sigma_A < \sigma < \sigma_B$ 时，由于 $\mathrm{d}\sigma/\mathrm{d}\varepsilon$ 不是常数，且随应力的增大而减小，因此应力幅值大的应力波速度低于应力幅值小的应力波速度，随远离波源波阵面逐渐变缓，

塑性波速度以亚声速传播。而应力小于 σ_A 的部分，则以弹性波速度传播，如图 6-15（c）所示。

（4）当 $\sigma < \sigma_A$ 时，$d\sigma/d\varepsilon$ 为常数，等于岩石的弹性常数，这时应力波为弹性波，以未扰动岩石中的声速传播，如图 6-15（d）所示。

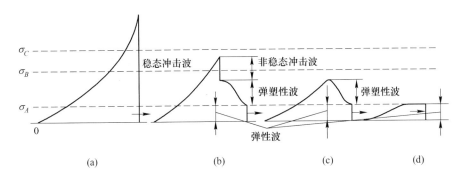

图 6-15　不同应力幅值时岩石中传播的各种应力波

6.5.2　岩石中爆炸应力波的衰减

在爆炸源近区，一般情况下岩石中出现的是冲击波。这时可把岩石看成流体，冲击波压力 p 随距离的衰减规律为

$$p = \sigma_r = p_2 \bar{r}^{-\alpha} \tag{6-52}$$

式中，$\bar{r}$ 为比距离，$\bar{r} = r/r_b$；r 为距药室中心的距离；r_b 为药室（炮眼）半径；σ_r 为径向应力峰值；α 为压力衰减指数，对冲击波，取 $\alpha \approx 3$ 或 $\alpha = 2 + \dfrac{\mu}{1+\mu}$。

冲击波阵面上，各状态参数满足冲击波的基本方程，即

$$\begin{cases} \dfrac{D}{D-u} = \dfrac{V_0}{V} \\[2mm] \dfrac{Du}{V} = p - p_0 \\[2mm] E_e - E_{e0} = \dfrac{1}{2}(p + p_0)(V_0 - V) \end{cases} \tag{6-53}$$

式中，D 为冲击波速度；u 为质点速度；p、V、E_e 分别为压力、比容和内能；带下角"0"的表示初始量。

利用式（6-53）求冲击波阵面上的状态参数，还需要知道岩石的状态方程，而获得岩石的状态方程是十分困难的，因此，一般用岩石的 Hugoniot 曲线式（6-44）或下式代替：

$$D = a + bu \tag{6-54}$$

式中，a 和 b 为实验确定的常数，部分岩石的 a、b 值见表 6-1。

表 6-1　某些岩石的 a、b 值

岩石名称	密度/kg·m^{-3}	a/m·s^{-1}	b
花岗岩（1）	2.63	2.1×1000	1.63
花岗岩（2）	2.67	3.6×1000	1.1
玄武岩	2.67	2.6×1000	1.6
辉长岩	2.98	3.5×1000	1.32
大理岩	2.7	4.0×1000	1.32
石灰岩（1）	2.6	3.5×1000	1.43
石灰岩（2）	2.5	3.4×1000	1.27
页岩	2.0	3.6×1000	1.34

这样，知道其中的 1 个参数便可求得冲击波阵面上的所有状态参数。对冲击波，一般认为 $\sigma_r = \sigma_\theta$（σ_θ 为切向应力峰值），岩石处于各向等压状态。根据冲击波速度与波阵面至波源距离的经验关系式

$$D = D_0 - B(\bar{r} - 1) \tag{6-55}$$

式中，D_0 为冲击波传播初始速度；B 为冲击波速度衰减常数，与炸药和岩石有关。如对大理岩中装填太安炸药，有 $D_0 = 6850\text{m/s}$，$B = 152.5\text{m/s}$。

进一步，可以求得冲击波的作用范围：

$$r = r_b[1 + (D_0 - D)/B] \tag{6-56}$$

根据研究与实验观察，常规炸药在岩石引起的冲击波作用范围仅有装药半径的 3～5 倍。冲击波作用范围虽小，但却消耗炸药能量的大部分。在实施周边爆破时，总是设法避免在岩石中形成冲击波，避免炮孔孔壁岩石出现压碎。

在冲击波作用区之外，冲击波衰减为应力波，应力波的衰减规律与冲击波相同，但衰减指数较小。苏联学者给出的应力波衰减指数为

$$\alpha = 2 - \frac{\mu}{1 - \mu} \tag{6-57}$$

此外，我国武汉岩土力学研究所通过现场试验得出的应力波衰减指数为

$$\alpha = -4.11 \times 10^{-7} \times \rho_r c_0 + 2.92 \tag{6-58}$$

若爆源为柱状药包，应力波作用区岩石中柱状应力波的径向应力与切向应力之间有如下关系：

$$\sigma_\theta = \frac{\mu}{1 + \mu}\sigma_r \tag{6-59}$$

应力波进一步衰减将变成地震波，习惯上用质点速度来表示地震波的强度，这时其衰减规律表示为

$$v = K\left(\frac{Q}{r}\right)^\alpha \tag{6-60}$$

式中，K 为与岩石性质有关的系数，岩石中 $K = 30\sim70$，土壤中 $K = 200$；衰减指数 $\alpha = 1\sim2$；Q 为一次起爆的炸药质量，kg，分段爆破时为同段起爆的炸药质量；v、r 的单位分别是 m/s 和 m。

地震波远离爆源，可以近似看成平面波，求得地震波的质点速度后，可由下式得到地震波的应力：

$$\sigma = \rho_r c_0 u \tag{6-61}$$

6.6 应力波通过结构面的透射与反射

前节讨论的是均匀岩石中应力波的衰减情况。由于岩石中往往含有节理、层理等结构面，了解应力波通过结构面的情况仍是十分必要的。第2章中讨论了结构面两侧岩石无相对滑动可能时，弹性应力波斜入射的反射、透射情况，本节将进一步讨论结构面两侧岩石可滑动时，弹性应力波斜入射的传透射、反射和弹塑性应力波通过结构面的透反射。为便于讨论，先提出应力波通过任意结构面时的一般解。

6.6.1 应力波向结构面斜入射时的一般解

如图 6-16 所示为应力纵波向结构面斜入射时的反射、透射情况。这里改用波势函数表示各种波，并设纵波和横波的波势函数分别为 Φ 和 Ψ，入射纵波的波势函数为 Φ''，反射纵波和横波的波势函数分别为 Φ' 和 Ψ'，透射纵波和横波的波势函数分别为 Φ''_1 和 Ψ''_1，纵波波势的反射系数为 $V_{ll} = \Phi'/\Phi''$，透射系数为 $W_1 = \Phi''_1/\Phi''$，纵波转化为横波的反射系数为 $V_{lt} = \Psi'/\Phi''$，纵波转化为横波的透射系数为 $W_t = \Psi''_1/\Phi''$。结构面两侧岩石的容重与纵波、横波速度分别用 ρ_r、c_p、c_s 和 ρ_{rl}、c_{p1}、c_{s1} 表示。对 $x>0$ 一侧，波势函数分别写为

$$\begin{cases} \Phi = \left[\Phi' \exp(jAx) + \Phi'' \exp(-jAx) \right] \exp\left[j(\xi x - \omega t) \right] \\ \Psi = \Psi' \exp(jBx) \exp\left[j(\xi x - \omega t) \right] \end{cases} \tag{6-62}$$

对 $x<0$ 一侧，仅存在透射波，有

$$\begin{cases} \Phi_1 = \Phi''_1 \exp(-jA_1 x) \exp\left[j(\xi x - \omega t) \right] \\ \Psi_1 = \Psi''_1 \exp(-jB_1 x) \exp\left[j(\xi x - \omega t) \right] \end{cases} \tag{6-63}$$

以上两式中，$\xi = k_1 \sin\alpha_1 = k_{11} \sin\alpha_3 = k_{t1} \sin\beta_3$，$A = k_1 \cos\alpha_1$，$A_1 = k_{11} \cos\alpha_3$，$B = k_t \cos\beta_1$，$B_1 = k_{t1} \cos\beta_3$，$k_1$、$k_{11}$ 为纵波波数，k_{t1} 为横波波数。

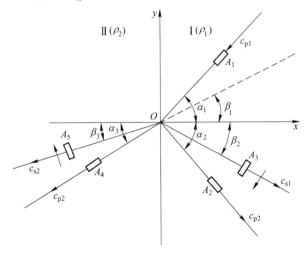

图 6-16 应力纵波向结构面斜入射时的反射与透射

波势函数与应力、位移的关系为

$$u_x = \frac{\partial \Phi}{\partial x} + \frac{\partial \Psi}{\partial y}, \quad u_y = \frac{\partial \Phi}{\partial x} - \frac{\partial \Psi}{\partial y}, \quad u_z = 0 \tag{6-64}$$

$$\sigma_x = \lambda\left(\frac{\partial u_x}{\partial x} + \frac{\partial u_y}{\partial y}\right) + 2G\frac{\partial u_x}{\partial x}, \quad \tau_{xy} = G\left(\frac{\partial u_x}{\partial y} + \frac{\partial u_y}{\partial x}\right) \tag{6-65}$$

假若结构面是有摩擦能滑动的，则其应力、应变应满足下列边界条件：

$$\begin{cases} u_x(y,\ 0,\ t) = u_{x1}(y,\ 0,\ t) \\ \sigma_x(y,\ 0,\ t) = \sigma_{x1}(y,\ 0,\ t) \\ \tau_{xy}(y,\ 0,\ t) = \tau_{xy1}(y,\ 0,\ t) \\ \tau_{xy}(y,\ 0,\ t) = -\sigma_x(y,\ 0,\ t)\tan\varphi \end{cases} \tag{6-66}$$

利用以上各式，得到

$$\begin{cases} A(V_{ll} - 1) + \xi V_{lt} = -A_1 W_1 + \xi W_t \\ -p(1 + V_{ll}) + BV_{lt} = -\dfrac{G}{G_1}(B_1 W_t + p_1 W_1) \\ A(V_{ll} - 1) + pV_{lt} = \dfrac{G}{G_1}(-A_1 W_1 + p_1 W_t) \\ (p_1\tan\varphi + A_1)W_1 + (B_1\tan\varphi - p_1)W_t = 0 \end{cases} \tag{6-67}$$

式中，$p = (\xi^2 - k_t^2/2)\xi^{-1} = -k_t\cos2\beta_1/2\sin\beta_1$，$p_1 = (\xi^2 - k_{t1}^2/2)\xi^{-1} = -k_{t1}\cos2\beta_3/2\sin\beta_3$。

由式（6-67），可解得

$$\begin{cases} W_1 = \dfrac{p_1 - B_1\tan\varphi}{p_1\tan\varphi + A_1}W_t = m_1 W_t \\ V_{lt} = \dfrac{A_1(1 - G_1/G)m_1 + (p_1 G_1/G - \xi)}{p - \xi}W_t = n_1 W_t \\ V_{ll} = \dfrac{-A_1 m_1 + \xi - \xi n_1}{A}W_t + 1 \\ W_t = \dfrac{2p}{(B_1 + p_1 m_1)G_1/G + Bn_1 + pA_1 m_1/A + p\xi(n_1 - 1)/A} \end{cases} \tag{6-68}$$

式（6-68）即为可滑动条件结构面的反射、透射关系。知道结构面参数、结构面两侧岩石的波阻抗、应力波入射角，便能求出反射、透射的应力幅值比。

第 2 章已经提到，应力纵波 σ_I 斜入射时，产生反射正应力 σ_R 和剪应力 τ_R 及透射正应力 σ_T 和剪应力 τ_T，它们与式（6-68）有下列关系：

$$\begin{cases} \sigma_T/\sigma_I = W_1\rho_1/\rho \\ \sigma_R/\sigma_I = V_{ll} \\ \tau_T/\sigma_I = W_t\rho_1/\rho \\ \tau_R/\sigma_I = V_{lt} \end{cases} \tag{6-69}$$

于是，求出 W_1、W_t、V_{ll}、V_{lt} 后，即可得到相应的应力反射系数、透射系数。

应当指出，若应力波的入射角较小，它的切向分量不足以克服结构面摩擦力产生滑动时，则应按完全黏性条件重新求解其反射、透射关系。

6.6.2 结构面两侧为相同岩石的应力波反射与透射

当结构面两侧的岩石性质相同时，$\rho_1/\rho = 1$，$c_{p1}/c_p = 1$，$G_1/G = 1$，进而 $p_1 = p$，于是由式（6-69）知，$n_1 = 1$。由此得知

$$\begin{cases} W_t = \dfrac{p}{B + pm} \\ V_{ll} = \dfrac{B}{B + pm} \end{cases} \tag{6-70}$$

其中

$$m = \frac{\cos2\beta_1 + \tan\varphi\sin2\beta_1}{\cos2\beta_1\tan\varphi - 2\sin\beta_1\cos\alpha_1(c_s/c_p)}$$

将 m、p、B 的表达式代入式（6-69）、式（6-70），得到

$$\begin{cases} V_{ll} = \dfrac{(c_s/c_p)^2\sin2\alpha_1/\cos2\beta_1 - \tan\varphi}{(c_s/c_p)^2\sin2\alpha_1/\cos2\beta_1 + \tan^{-1}2\beta_1} \\[2ex] V_{lt} = W_t = \dfrac{\tan\varphi - (c_s/c_p)^2\sin2\alpha_1/\cos2\beta_1}{1 + \tan2\beta_1(c_s/c_p)^2\sin2\alpha_1/\cos2\beta_1} \\[2ex] W_1 = \dfrac{\tan^{-1}2\beta_1 + \tan\varphi}{\tan^{-1}2\beta_1 + (c_s/c_p)^2\sin2\alpha_1/\cos2\beta_1} \end{cases} \tag{6-71}$$

图 6-17 和图 6-18 为 $c_s/c_p = 0.6$（对应的泊松比 $\mu = 0.22$）时，由式（6-71）计算得到的不同摩擦角压应力纵波斜入射产生的各种波的变化。

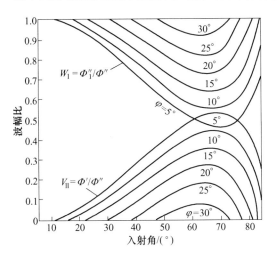 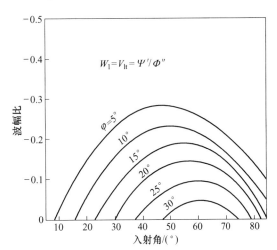

图 6-17 同种岩石中结构面在不同摩擦角下的纵波透射系数、反射系数（$c_s/c_p = 0.6$）

图 6-18 同种岩石中结构面在不同摩擦角下纵波转化为横波的透射系数、反射系数（$c_s/c_p = 0.6$）

6.7 应力波反射引起的破坏

由前面几节的讨论知道，入射到自由表面的压缩波经反射会形成拉伸波。这些反射回

来的拉伸波将与入射压缩波的后续部分相互作用，其结果有可能在邻近自由表面附近造成拉应力，如果所造成的拉应力满足某种材料动态的断裂准则，则将在该处引起材料破坏，裂口足够大时，整块的裂片便会携带着其中的动量而飞离。这种由压应力波在自由表面反射造成的动态断裂称为剥落或层裂，飞出的裂片称为痂片。层裂的发生多在于一些拉伸强度低于其压缩强度的工程材料（如岩石、混凝土）中。最早发现并研究这种动态剥落现象的是 Hopkinson，因此也称这种破坏为 Hopkinson 破裂。

在层裂过程中，在第一层层裂出现的同时，也形成了新的自由表面，继续入射的压力脉冲将在此新的自由表面上反射，从而有可能造成第二层层裂，以此类推，在一定条件下会形成多层层裂，产生一系列的痂片。图 6-19 给出了混凝土杆在一端接触爆炸时它的另一端产生层裂剥落的示意图，图 6-20 是厚钢板在炸药接触爆炸时其背面发生层裂的示意图。

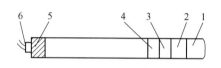

图 6-19　混凝土杆的层裂现象

1~4—痂片；5—炸药；6—起爆装置

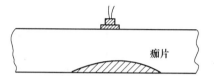

图 6-20　厚钢板的层裂现象

下面对三角形应力波反射引起层裂的情况进行分析。图 6-21（a）为三角形应力波向自由面正入射；图 6-21（b）表明入射一开始便出现了净拉应力，净拉应力的值在波头最大，并随着反射的继续而增大；图 6-21（c）所示为应力波一半反射时，净拉应力达到最大，等于应力波峰值；图 6-21（d）所示为反射继续进行，入射压缩波形仅有尾部存在杆中。进一步整个反射完成，压缩波形全部反射成拉伸波形，如图 6-21（e）所示。在图 6-21（c）出现之前，一旦净拉应力满足强度条件，则将发生断裂。最早提出而且形式简单的动态断裂准则是最大拉应力瞬时断裂准则，表述为

$$\sigma_e \geq \sigma_{td} \tag{6-72}$$

式中，σ_e 为截面上的净拉应力；σ_{td} 为材料的动态断裂强度。

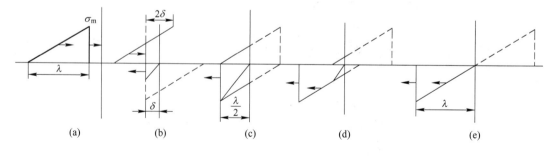

图 6-21　三角形应力波在自由面反射造成层裂的过程

将应力波的作用表示为时间的函数 $\sigma(t)$，并设波头到达时刻为 $t=0$，则距离自由面 δ 处（见图 6-21（b））形成的净拉应力将是

$$\sigma_e = \sigma(0) - \sigma\left(\frac{2\delta}{c_0}\right) \tag{6-73}$$

对图 6-21 所示的三角形应力波，可将 $\sigma(t)$ 的表达式写成

$$\sigma = \sigma_m\left(1 - \frac{c_0 t}{\lambda}\right) \tag{6-74}$$

式中，λ 为波长；σ_m 为应力波峰值。

由此得三角形应力波在自由面反射出现层裂的应力条件为

$$|\sigma_m| \geqslant \sigma_{td} \tag{6-75}$$

若正好是 $|\sigma_m| = \sigma_{td}$，则层裂裂片厚度为 $\delta = \lambda/2$；如果 $|\sigma_m| > \sigma_{td}$，则可根据式 (6-72)~式 (6-74) 确定首次层裂的裂片厚度 δ_1 为

$$\delta_1 = \frac{\lambda}{2}\frac{\sigma_{td}}{\sigma_m} \tag{6-76}$$

发生首次层裂的时间（从反射开始起计时）t_1 为

$$t_1 = \frac{\delta_1}{c_0} = \frac{\lambda}{2c_0}\frac{\sigma_{td}}{\sigma_m} \tag{6-77}$$

由冲量准则，首次层裂裂片的飞离速度 v_f 为

$$v_f = \frac{1}{\rho_0 \delta_1 A_0}\int_0^{\frac{2\delta_1}{c_0}} \sigma_m\left(1 - \frac{c_0 t}{\lambda}\right)A_0 \mathrm{d}t = \frac{2\sigma_m - \sigma_{td}}{\rho_0 c_0} \tag{6-78}$$

式中，A_0 为杆的截面面积。

首次层裂发生后，应力波未反射的剩余部分将在由层裂形成的新自由面处发生反射，并可能发生第二次层裂。如果 σ_m 足够大，则将会发生多次层裂。发生 n 次层裂的应力波峰值大小为

$$n\sigma_{td} \leqslant |\sigma_m| < (n+1)\sigma_{td} \tag{6-79}$$

利用同样的方法，不难对其他形式的应力波在自由面的反射引起的层裂问题进行分析。如图 6-22 所示为指数衰减的压应力波在自由面反射发生多次层裂及裂片厚度逐渐增厚的情况。

最后需要指出，材料的破坏不是瞬时发生的，而是一个以有限速度发展的过程，特别是高加载率载荷作用下，更呈现明显的断裂滞后现象。断裂的发生，不仅与作用应力的大小有关，而且还与应力作用的持续时间有关。因此更为准确的分析应当采用损伤积累断裂准则代替瞬时断裂准则，损伤积累断裂准则的表达式为

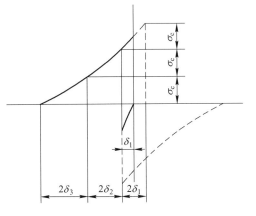

图 6-22 指数衰减压应力波在自由面反射的多次层裂

$$\int_0^t \left[\sigma(t) - \sigma_0\right]^\alpha \mathrm{d}t = K \tag{6-80}$$

式中，α 和 K 为材料常数；σ_0 为材料发生断裂的下临界应力即损伤应力阈值。

　　与层裂现象相类似，在由多个自由表面围成的物体内部，当有一个压缩扰动向外传播时，将会在各个自由表面反射形成拉伸波，这些拉伸波相遇后还会形成类似的其他形式的破裂。如图 6-23 所示的柱状物体，其顶面中心经受炸药爆炸时，将形成几个不同的破裂区域，$K\text{-}H$ 裂缝是由上述的层裂现象产生的，顶面 S 和 T 所示的环向破裂是由从侧表面反射形成的拉伸波造成的，沿轴线延伸的线状破裂 PC（通常称为心裂）是由从柱侧面反射的拉伸波集中于轴线上引起的拉应力所造成的。由柱底面和侧面反射的拉伸波相遇后相互作用，将在柱底周角处形成一个锥形破裂面，如图 6-23 中 L 和 M 所示，通常称这种形式的破坏为角裂。除此而外的其他应力波在自由面反射引起破裂的情况，如图 6-24～图 6-26 所示。

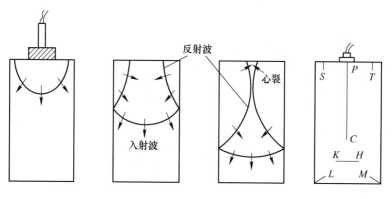

图 6-23　点载荷（应力波）引起直圆柱体的破裂（角裂、心裂）

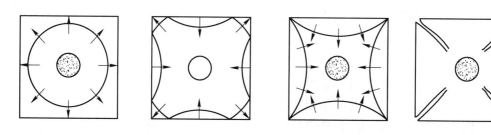

图 6-24　点载荷（应力波）对不同厚度板引起的破裂（角裂）

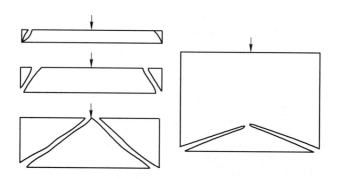

图 6-25　内部爆炸加载引起方形筒的破裂（角裂）

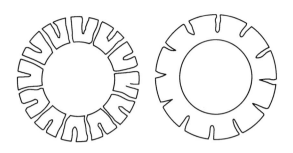

图 6-26　内部爆炸加载引起刻槽圆筒的破裂

6-1　根据质量守恒、动量守恒、能量守恒，以及爆轰波 C-J 条件和理想气体状态方程，试推导 5 个爆轰参数的计算式。

6-2　图 6-27 所示为爆轰波中的压力 p、比容 V 和熵 S 之间的关系，其中 2 点为 C-J 点，试证明以下条件爆轰波传播的特征：

（1）C-J 点是爆轰波冲击绝热线、波速线、等熵线的共切点；

（2）C-J 点是爆轰波冲击绝热线上熵最小的点；

（3）C-J 点是波速线上熵最大的点。

试推导爆轰稳定传播条件。

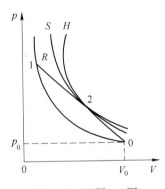

图 6-27　习题 6-2 图

6-3　长度为 3m、直径为 0.1m 的石膏杆，其密度为 $\rho_0 = 2000 \text{kg/m}^3$、抗拉强度为 $\sigma_t = 10\text{MPa}$，左端受爆炸载荷 $\sigma = \sigma_m e^{-\alpha t}$ 作用，这里 $\sigma_m = 50\text{MPa}$ 和 $\alpha = 3\text{ms}^{-1}$。假定爆炸波以弹性波速度 $c_0 = 1000\text{m/s}$ 传播，试利用突然破坏准则确定发生层裂时飞片厚度和飞片飞离的速度。

7 爆炸弹性应力波及其效应

7.1 应力波的基本概念

7.1.1 应力波的产生

当外载荷作用于可变形固体的局部表面时，一开始只有那些直接受到外载荷作用的表面部分的介质质点因变形离开了初始平衡位置。由于这部分介质质点与相邻介质质点发生了相对运动，必然将受到相邻介质质点所给予的作用力（应力），同时表面质点也给相邻介质质点以反作用力，因而使它们离开平衡位置而运动起来。由于介质质点的惯性，相邻介质质点的运动将滞后于表面介质质点的运动。依此类推，外载荷在表面上引起的扰动将在介质中逐渐由近及远传播出去。这种扰动在介质中由近及远的传播即是应力波。其中的扰动与未扰动的分界面称为波阵面，而扰动的传播速度称为波速。

实际上，引起应力波的外载荷都是动态载荷。所谓动态载荷（也称动载荷），指的是其大小随时间而变化的载荷，载荷随时间的变化用加载率 $\left(\dfrac{\partial \sigma}{\partial t}\text{ 或 }\dfrac{\mathrm{d}\sigma}{\mathrm{d}t}\right)$ 描述。根据加载率（或应变率 $\dfrac{\partial \varepsilon}{\partial t}$ 或 $\dfrac{\mathrm{d}\varepsilon}{\mathrm{d}t}$ ）的不同，可按表 7-1 对外载荷进行分类。

表 7-1　不同加载率的载荷状态

加载率/s^{-1}	$<10^{-5}$	$10^{-5} \sim 10^{-1}$	$10^{-1} \sim 10^{1}$	$10^{1} \sim 10^{3}$	$>10^{4}$
载荷状态	蠕变	静态	准动态	动态	超动态
加载手段	蠕变试验机	普通液压或刚性伺服试验机	气动快速加载机	霍普金森压杆或其改型装置	轻气炮或平面波发生器或电磁轨道炮
动静明显区别	惯性力可忽略		惯性力不可忽略		

7.1.2 应力波的分类

（1）按物理实质分类。波的基本类型有纵波（P 波、胀缩波）和横波（S 波、畸变波）。它们的速度分别为 v_p 和 v_s。P 波的质点振动方向与波行进方向平行，S 波的质点振动方向则与波行进方向垂直。

（2）按与界面的相互作用分类。在与界面相互作用时，P 波保持原来的特性，但 S 波却不同。为了研究方便，把 S 波分为两个分量或两种类型的波，即 SH 波和 SV 波。

（3）按与界面相互作用形成的面波分类。

1）表面波——与自由表面有关，常见的有：Rayleigh 波，出现在弹性半空间或弹性分层半空间的表面附近；Love 波，由弹性分层半空间中的 SH 波叠加所形成。

2）界面波——沿两介质的分界面传播，通常称为 Stoneley 波。

（4）按与介质不均匀性及复杂界面相联系的波分类。

1）弹性波遇到一定形状的物体时，要发生绕射现象，并形成绕射波，或称为衍射波。

2）弹性波遇到粗糙界面或介质内不规则的非均匀结构时，可能出现散射，并形成散射波。

（5）按弥散关系 $c(k) = \omega(k)/k$（$c(k)$ 和 $\omega(k)$ 分别是波数 k 的简谐波的相速度和圆频率）分类。

1）如果 $\omega(k)$ 是实函数，且正比于 k，则相速度 $c(k)$ 与波数 k 无关。这样的系统是简单的，此时波动在传播过程中相速度不变，形状不变，故称这样的波动为简单波或者是非弥散非耗散波。

2）如果 $\omega(k)$ 是关于 k 的非线性实函数，即 $\omega''(k) \neq 0$，则系统是弥散的。在此情况下不同波数的简谐波具有不同的传播速度。于是初始扰动的波形随着时间的发展将发生波形歪曲，这样的波称为弥散波。弥散波又分为物理弥散和几何弥散。前者是由于介质特性引起的，后者是由于几何效应引起的。

3）如果 $\omega(k)$ 是复函数，则波的相速度由 $\omega(k)/k$ 的实部给出。在此条件下产生的波既有弥散效应又有耗散效应，称为耗散波。

（6）按应力波中的应力大小的波分类。如果应力波中的应力小于介质的弹性极限，则介质中传播弹性扰动，形成弹性波，否则将出现弹塑性波；若介质为黏性介质，视应力是否大于介质的弹性极限，将出现黏弹性波或黏弹塑性波。弹性波通过后，介质的变形能够完全恢复，弹塑性波则将引起介质的残余变形，黏弹性波或和弹塑性波引起的介质变形有一时间滞后。

（7）按波阵面几何形状进行的波分类。根据波阵面的几何形状，应力波可分为平面波、柱面波和球面波。一般认为，平面波的波源是平面载荷，柱面波的波源是线载荷，而球面波的波源是点载荷。

（8）按波动方程自变量个数进行的波分类。根据描述应力波波动方程的自变量个数，应力波可分为一维应力波、二维应力波和三维应力波。

另外，应力波还可分为入射波、反射波和透射波，加载波和卸载波，以及连续性波和间断波等。

7.1.3 应力波方程的求解方法

根据问题难易程度及特点，发展了各种相应的求解应力波的方法，如解析法、半解析法、近似数值解法等。这里简要介绍一些常见方法。

（1）波函数展开法。该方法的思想是将位移场 u 分解成无旋场和旋转场，并分别满足相应的波动标量方程与矢量方程。它的实质是一种分离变量解法，关键是如何求解标量方程与矢量方程。这种方法适用于求解均匀各向同性介质中弹性波二维、三维问题和柱体、球体中的波动问题。对于各向异性和不均匀介质，则因无法分离变量而难以采用此种方法。

（2）积分方程法。如果研究的波动问题涉及扰动源，可用积分方程法求解。积分方程表达式可以通过格林函数方法和变分方法推导而得，其实质是把域内问题转化为边界问题进行求解。求解问题的关键在于格林函数的确定。该方法对于求解均匀各向异性问题是有效的，对不均匀介质，因格林函数是未知的而不能求解。此方法是近似理论如有限元法和边界元法的基础。

（3）积分变换法。该法的思路是把原函数空间中难以求解的问题进行变换，化为函数空间较简单的问题去求解，然后进行逆变换最后得到问题的解。此法难点在于逆变换很难找到精确解。积分变换类型是多种多样的，常见的有 Laplace 变换、Fourier 变换、Hankel 变换，这一方法常用于求瞬态波动问题，对于非线性问题则无能为力。

（4）广义射线法。该法是研究层状介质中弹性瞬态波动的有效方法，在地球物理学研究中有广泛的应用。其优点在于有明显的物理特征：它是将由波源发出而在某一瞬时到达接收点的波分解为直接到达、经一次反射到达、经二次反射到达……经 N 次反射到达（N 可由波动的路径、瞬时 t 及波速确定）的波叠加而得，清晰地反映了瞬态波的变化过程。

（5）特征线法。特征线法实质上是基于沿特征线的数值积分。该法对研究应力波问题有特殊的意义，因为特征线实际上就是扰动传播或波行进的路线。找到了特征线，就有了问题的解，而且可以给出清晰的图像。特征线法对线性、非线性问题都较为有效，它已成为应力波研究的经典方法。大体上说，特征线法有其独特的优点，理论体系便于应用在二维和三维问题中，求解起来方便可靠，有较好的数值稳定性。本书将重点介绍这一方法。

（6）其他方法。波动问题的不断发展，研究领域的不断扩大，问题复杂程度的不断提高，迫使人们研究更多、更新的方法，特别是用数值方法来解决相应的问题。目前应用较成熟的有 T-矩阵法、谱方法和波慢度法、反射率法、有限差分法、有限元法、边界元法、摄动法和小波变换法等，它们都在各种具体问题的研究中发挥着作用。

7.1.4　应力波理论的应用

应力波知识的大量积累开辟了应力波在自然探索和技术开发等方面应用的广阔前景。其在武器效应、航空航天工程、国防工程、矿山及交通工程、爆破工程、安全防护工程、地震监测、石油勘探、水利工程、建筑工程及机械加工等诸多领域都发挥了作用；应力波打桩、应力波探矿及探伤、应力波铆接等甚至正在发展为专门的技术。不仅如此，应力波的研究将会在缺陷的探测和表征、超声传感器性能描述、声学显微镜的研制、残余应力的超声测定、声发射等技术领域的研究中发挥潜力。此外，应力波理论研究还是当前固体力学中极为活跃的前沿课题之一，是现代声学、地球物理学、爆炸力学和材料力学性能研究的重要基础。

7.2　无限介质中的弹性应力波方程

受动载荷作用的物体或处于静载荷作用初始阶段的物体，内部的应力、变形、位移不仅是位置的函数，而且还将是时间的函数。在建立平衡方程时，除考虑应力、体力外，还需要考虑由于加速度而产生的惯性力。以 u、v、w 表示位移，ρ_0 表示密度，则相应的惯性力密度分量为

$$\rho_0 \frac{\partial^2 u}{\partial t^2}, \ \rho_0 \frac{\partial^2 v}{\partial t^2}, \ \rho_0 \frac{\partial^2 w}{\partial t^2}$$

于是，可以写出动态平衡方程

$$
\begin{cases}
\dfrac{\partial \sigma_x}{\partial x} + \dfrac{\partial \tau_{yx}}{\partial y} + \dfrac{\partial \tau_{zx}}{\partial z} + F_x = \rho_0 \dfrac{\partial^2 u}{\partial t^2} \\[2mm]
\dfrac{\partial \sigma_y}{\partial y} + \dfrac{\partial \tau_{zy}}{\partial z} + \dfrac{\partial \tau_{xy}}{\partial x} + F_y = \rho_0 \dfrac{\partial^2 u}{\partial t^2} \\[2mm]
\dfrac{\partial \sigma_z}{\partial z} + \dfrac{\partial \tau_{xz}}{\partial x} + \dfrac{\partial \tau_{yz}}{\partial y} + F_z = \rho_0 \dfrac{\partial^2 u}{\partial t^2}
\end{cases}
\tag{7-1}
$$

与几何方程、物理方程联立，即得弹性动力学问题的基本方程。

式 (7-1) 中含有位移分量，一般宜采用位移法求解。为此，利用几何方程和物理方程，并略去体力，可将式 (7-1) 化为按位移法求解动力问题所需的基本微分方程

$$
\begin{cases}
\dfrac{E}{2(1+\mu)\rho_0}\left(\dfrac{1}{1-2\mu} \dfrac{\partial e}{\partial x} + \nabla^2 u \right) = \dfrac{\partial^2 u}{\partial t^2} \\[3mm]
\dfrac{E}{2(1+\mu)\rho_0}\left(\dfrac{1}{1-2\mu} \dfrac{\partial e}{\partial y} + \nabla^2 v \right) = \dfrac{\partial^2 v}{\partial t^2} \\[3mm]
\dfrac{E}{2(1+\mu)\rho_0}\left(\dfrac{1}{1-2\mu} \dfrac{\partial e}{\partial z} + \nabla^2 w \right) = \dfrac{\partial^2 w}{\partial t^2}
\end{cases}
\tag{7-2}
$$

其中，

$$\nabla^2 = \frac{\partial^2}{\partial x^2} + \frac{\partial^2}{\partial y^2} + \frac{\partial^2}{\partial z^2}$$

$$e = \frac{\partial u}{\partial x} + \frac{\partial v}{\partial y} + \frac{\partial w}{\partial z}$$

取位移势函数 $\psi = \psi(x, y, z, t)$，使得

$$u = \frac{\partial \psi}{\partial x}, \ v = \frac{\partial \psi}{\partial y}, \ w = \frac{\partial \psi}{\partial z} \tag{7-3}$$

由于旋转量

$$\theta_z = \frac{1}{2}\left(\frac{\partial v}{\partial x} - \frac{\partial u}{\partial y} \right) = \frac{1}{2}\left(\frac{\partial^2 \psi}{\partial yx} - \frac{\partial^2 \psi}{\partial xy} \right) = 0$$

同理，旋转量 $\theta_x = \theta_y = 0$，因此式 (7-3) 表示的位移为无旋位移，对应于这种状态的弹性波称为无旋波。

根据式 (7-3)，有

$$e = \frac{\partial u}{\partial x} + \frac{\partial v}{\partial y} + \frac{\partial w}{\partial z} = \nabla^2 \psi$$

$$\frac{\partial e}{\partial x} = \frac{\partial}{\partial x} \nabla^2 \psi = \nabla^2 \frac{\partial \psi}{\partial x} = \nabla^2 u \tag{7-4}$$

同理，

$$\frac{\partial e}{\partial y} = \nabla^2 v, \ \frac{\partial e}{\partial z} = \nabla^2 w \tag{7-5}$$

将以上各式依次代入式（7-2），经化简即得无旋波的波动方程

$$\frac{\partial^2 u}{\partial t^2} = c_1^2 \nabla^2 u \, , \quad \frac{\partial^2 v}{\partial t^2} = c_1^2 \nabla^2 v \, , \quad \frac{\partial^2 w}{\partial t^2} = c_1^2 \nabla^2 w \tag{7-6}$$

其中，

$$c_1 = \sqrt{\frac{E(1-\mu)}{(1+\mu)(1-2\mu)\rho_0}} \tag{7-7}$$

式中，c_1 为无旋波的波速。

无旋波不会引起其通过介质的旋转，只会引起介质的拉伸（膨胀）或压缩。无旋波不会引起介质形状的改变，只会引起体积的变化，因此无旋波也称胀缩波，因其引起的介质质点运动方向与波的行进方向一致，故又称为纵波。

另外，如果设弹性物体中发生的位移 u、v、w 满足

$$e = \frac{\partial u}{\partial x} + \frac{\partial v}{\partial y} + \frac{\partial w}{\partial z} = 0 \tag{7-8}$$

则这样的位移为等容位移，对应于这种状态的弹性波称为等容波。将上式代入式（7-2），得等容波的波动方程

$$\frac{\partial^2 u}{\partial t^2} = c_2^2 \nabla^2 u \, , \quad \frac{\partial^2 v}{\partial t^2} = c_2^2 \nabla^2 v \, , \quad \frac{\partial^2 w}{\partial t^2} = c_2^2 \nabla^2 w \tag{7-9}$$

其中，

$$c_2 = \sqrt{\frac{E}{2(1+\mu)\rho_0}} = \sqrt{\frac{G}{\rho_0}} \tag{7-10}$$

式中，c_2 为等容波波速。

与无旋波不同，等容波因其介质形状改变，不会导致介质体积变化。等容波也称畸变波、剪切波及横波。

比较式（7-7）与式（7-10）知

$$\frac{c_1}{c_2} = \sqrt{\frac{2(1-\mu)}{1-2\mu}} \tag{7-11}$$

由于岩石的泊松比一般为 $\mu = 0.2 \sim 0.45$，故知 $c_1/c_2 = 1.63 \sim 3.32$。于是得知，岩石中的弹性纵波速度大于横波速度，一般可以认为 $c_1 = 2c_2$。在工程中，进行波动监测时，首先监测到的是纵波，而后才监测横波，其原因正在于此。

无旋波和等容波是弹性波的两种基本形式，它们的波动方程可以统一写为

$$\frac{\partial^2 \varphi}{\partial t^2} = c^2 \nabla^2 \varphi \tag{7-12}$$

式中，c 为弹性波速度；φ 为位移分量和时间的函数，表示为 $\varphi(x, y, z, t)$。对无旋波，$c = c_1$；对等容波，$c = c_2$。并且可以证明：在弹性体中，应力、变形等都将和位移以相同的方式与速度进行传播。

7.3　一维长杆中的应力波

7.3.1　描述运动的坐标系

研究物质的运动，总是要在一定的坐标系内进行。对于波动问题，可供选择的坐标系

有两种，即拉格朗日（Lagrange）坐标和欧拉（Euler）坐标。

拉格朗日坐标也称物质坐标，采用介质中固定的质点来观察物质的运动，所研究的是在给定的质点上各物理量随时间的变化，以及这些物理量由一质点转到其他质点时的变化。而欧拉坐标则是在空间固定点来观察物质的运动，所研究的是在给定的空间点以不同时刻到达的不同质点的物理量随时间的变化，以及这些量由一空间点转到其他空间点时的变化。

在拉格朗日坐标中，质点的位置 X（也可表示质点本身）是空间点坐标 x 和时间 t 的函数，即 $X = X(x, t)$。在欧拉坐标中，介质的运动表现为不同的质点在不同时刻占据不同的空间点坐标 x，于是有 $x = x(X, t)$。

特定质点 X 运动的速度写为

$$v = \left(\frac{\partial x}{\partial t}\right)_X \tag{7-13}$$

式（7-13）表示跟随同一质点观察到的空间位置的变化率，称为随体微商或物质微商。如果在欧拉坐标中观察物质的波动，设时刻 t 波阵面传到空间点 x，以 $x = \varphi(t)$ 表示波阵面在欧拉坐标中的传播规律，则

$$c = \left(\frac{\mathrm{d}x}{\mathrm{d}t}\right)_\mathrm{w} \tag{7-14}$$

称为欧拉波速或空间波速。以上两式有不同的物理意义，前者表示的是质点在空间中的速度，后者表示波阵面在空间的速度。类似地，在拉格朗日坐标中，假定在时刻 t 波阵面传到质点 X，以 $X = \varphi(t)$ 表示波阵面在拉格朗日坐标中的运动规律，则

$$C = \left(\frac{\mathrm{d}X}{\mathrm{d}t}\right)_\mathrm{w} \tag{7-15}$$

称为拉格朗日波速或物质波速。一般来说，这两种波速是不同的，除非波阵面前方的介质静止且无变形。

在一维运动中，有

$$\left(\frac{\partial x}{\partial X}\right)_\mathrm{t} = 1 + \varepsilon \tag{7-16}$$

式中，ε 为名义应变或工程应变。

如果跟随波阵面来考察某物理量 ψ 的变化，在拉格朗日坐标中，有

$$\left(\frac{\mathrm{d}\psi}{\mathrm{d}t}\right)_\mathrm{w} = \left(\frac{\mathrm{d}\psi}{\mathrm{d}t}\right)_X + \left(\frac{\partial \psi}{\partial X}\right)_\mathrm{t}\left(\frac{\partial X}{\partial t}\right)$$

$$= \left(\frac{\mathrm{d}\psi}{\mathrm{d}t}\right)_X + C\left(\frac{\partial \psi}{\partial X}\right)_\mathrm{t}$$

若 ψ 具体指空间坐标 x，则

$$\left(\frac{\mathrm{d}x}{\mathrm{d}t}\right)_\mathrm{w} = \left(\frac{\mathrm{d}x}{\mathrm{d}t}\right)_X + C\left(\frac{\partial x}{\partial X}\right)_\mathrm{t}$$

于是，可推得平面波条件下的空间波速与物质波速的如下关系：

$$c = v + (1 + \varepsilon)C \tag{7-17}$$

7.3.2 一维应力波的基本假定

研究一维等截面均匀长杆的纵向波动，通常在拉格朗日坐标中进行。为使问题得到简化，需要作如下两个基本假设。

第一基本假设：杆截面在变形过程中保持为平面，沿轴向只有均匀分布的轴向应力，从而使各运动参数都只是 X 和 t 的函数，问题化为一维问题。这时，位移 u、应变 $\varepsilon\left(\varepsilon = \dfrac{\partial u}{\partial x}\right)$、质点速度 $v\left(v = \dfrac{\partial u}{\partial t}\right)$ 及应力 σ 等均直接表示 X 方向的分量。

第二基本假设：将材料的本构关系限于应变率无关理论，即认为应力只是应变的单值函数，不计入应变率对应力的影响，这样材料的本构关系可写为

$$\sigma = \sigma(\varepsilon) \tag{7-18}$$

7.3.3 一维杆中纵波的控制方程

取变形前（$t=0$ 时）一维杆材料质点的空间位置为物质坐标，杆轴为 X 轴，如图 7-1 所示。杆变形前的原始截面面积为 A_0、原始密度为 ρ_0，材料性能参数均与坐标无关，于是可以得到一维杆波动的基本方程（控制方程），包括质量守恒方程或连续方程、动量守恒方程或动力学方程和材料本构方程或物性方程。

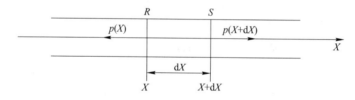

图 7-1 一维杆中的应力波

根据基本假设，应变 ε 和质点速度 v 分别是位移 u 对 X 和 t 的一阶导数，由位移 u 的单值连续条件 $\dfrac{\partial^2 u}{\partial X \partial t} = \dfrac{\partial^2 u}{\partial t \partial X}$，可得到连续方程或 ε 与 v 之间的相容性方程

$$\frac{\partial v}{\partial X} = \frac{\partial \varepsilon}{\partial t} \tag{7-19}$$

另外，在图 7-1 中的长度为 $\mathrm{d}X$ 的微元体上，截面 R 作用有总力 $p(X, t)$，而截面 S 作用的总力为

$$p(X + \mathrm{d}X, t) = p(X, t) + \frac{\partial p(X, t)}{\partial X}\mathrm{d}X$$

根据牛顿第二定律，得

$$p(X + \mathrm{d}X, t) - p(X, t) = \frac{\partial p(X, t)}{\partial X}\mathrm{d}X = \rho_0 A_0 \mathrm{d}X \frac{\partial v}{\partial t}$$

代入名义应力 $\sigma = \dfrac{p}{A_0}$，并经整理即得动量守恒方程

$$\rho_0 \frac{\partial v}{\partial t} = \frac{\partial \sigma}{\partial X} \tag{7-20}$$

本构方程由第二基本假设已经得到，见式（7-18）。这样便得到了关于变量 σ、ε 和 v 的封闭控制方程组，即式（7-18）~ 式（7-20）。求解一维杆中纵向应力波的问题就是根据这些基本方程，按给定的初始条件和边界条件，找出三个未知函数 $\sigma(X, t)$，$\varepsilon(X, t)$ 和 $v(X, t)$。

一般情况下，$\sigma(\varepsilon)$ 是连续可微的，令

$$C^2 = \frac{1}{\rho_0} \frac{\mathrm{d}\sigma}{\mathrm{d}\varepsilon} \tag{7-21}$$

则由式（7-18）、式（7-19）消去 ε，得

$$\frac{\partial \sigma}{\partial t} = \rho_0 C^2 \frac{\partial v}{\partial X} \tag{7-22}$$

由式（7-18）、式（7-20）消去 σ，得

$$\frac{\partial v}{\partial t} = C^2 \frac{\partial \varepsilon}{\partial X} \tag{7-23}$$

于是一维杆中的应力波问题化为求解关于 σ 和 v 的一阶微分方程组（式（7-20）和式（7-22））或关于 ε 和 v 的一阶微分方程组（式（7-19）和式（7-23））。

将 $\varepsilon = \dfrac{\partial u}{\partial X}$ 和 $v = \dfrac{\partial u}{\partial t}$ 代入式（7-22），于是一维杆中的应力波问题又可归结为求解以 u 为未知函数的二阶微分方程

$$\frac{\partial^2 u}{\partial t^2} - C^2 \frac{\partial^2 u}{\partial X^2} = 0 \tag{7-24}$$

这里的二阶微分方程与一阶微分方程组是完全等价的。

7.4 一维杆中应力波方程的特征线求解

一维应力波的控制方程一般是非线性的，只有在特殊的情况下才能得到精确解析解，因此一维杆中应力波方程大多用数值方法求解。

根据基本假定，式（7-24）属于两个自变量的二阶拟线性偏微分方程，当 C 为常数时，属于线性偏微分方程。进一步，由于大多数情况下，应力随应变而增加，$\dfrac{\mathrm{d}\sigma}{\mathrm{d}\varepsilon} > 0$，而 ρ_0 也总大于零，因而有 $C^2 = \dfrac{1}{\rho_0} \dfrac{\mathrm{d}\sigma}{\mathrm{d}\varepsilon} > 0$，由数理方程理论知，二阶的偏微分方程分三类，分别是双曲线型、抛物线型和椭圆型微分方程，它们分别具有两族特征线（双曲线型）、一族特征线（抛物线型）和没有特征线（椭圆型）。式（7-24）为双曲线型偏微分方程，有两族实特征线。式（7-24）可用特征线方法来求解。

特征线方法是求解双曲线型偏微分方程的主要方法之一，在应力波，特别是一维应力波的研究中占有重要的地位，目前已得到了广泛应用。实质上，特征线方法是把解两个自变量的二阶拟线性偏微分方程的问题化为解特征线上的常微分方程的问题。

7.4.1 特征线及特征线上的相容关系

特征线有多种不同的相互等价的定义方法。这里先介绍方向导数定义法。在只包含自

变量 (X, t) 的平面上，如果存在曲线 $S(X, t)$，能够把二阶偏微分方程或等价的一阶偏微分方程组的线性组合，化为只包含沿其上的方向导数的形式，则该曲线称为相应偏微分方程的特征线。

对式（7-24），设在自变量 (X, t) 平面上存在曲线 $S(X, t)$，位移 u 的一阶导数，即 v 和 ε 沿曲线方向的微分为

$$dv = \frac{\partial v}{\partial X}dX + \frac{\partial v}{\partial t}dt = \frac{\partial^2 u}{\partial t \partial X}dX + \frac{\partial^2 u}{\partial t^2}dt \tag{7-25}$$

$$d\varepsilon = \frac{\partial \varepsilon}{\partial X}dX + \frac{\partial \varepsilon}{\partial t}dt = \frac{\partial^2 u}{\partial X^2}dX + \frac{\partial^2 u}{\partial X \partial t}dt \tag{7-26}$$

式中，dX、dt 为曲线 $S(X, t)$ 上微段 dS 在 X 轴和 t 轴上的分量；$\frac{dX}{dt}$ 为曲线在 (X, t) 处的斜率。如果曲线 $S(X, t)$ 是式（7-24）的特征线，则式（7-25）的左边应能化为只包含沿此曲线的方向微分。于是，首先要求式（7-25）、式（7-26）的线性组合满足

$$dv + \lambda d\varepsilon = \frac{\partial^2 u}{\partial t^2}dt + (dX + \lambda dt)\frac{\partial^2 u}{\partial X \partial t} + \lambda \frac{\partial^2 u}{\partial X^2}dX = 0 \tag{7-27}$$

式中，λ 为待定系数。对比式（7-27）与式（7-24），只要满足下列关系即可：

$$\frac{1}{dt} = \frac{0}{dX + \lambda dt} = -\frac{C^2}{\lambda dX} \tag{7-28}$$

于是得到

$$\lambda = -\frac{dX}{dt}, \frac{dX}{dt} = \pm C$$

将后面的式子改写成

$$dX = \pm Cdt \tag{7-29}$$

这就是特征线的微分方程，对其积分便可得特征线方程。正负号分别表示过平面 (X, t) 上的任一点存在右行、左行两族特征线。

将式（7-29）代入式（7-28），可得 $\lambda = \pm C$，于是式（7-24）以及式（7-27）化为只包含沿特征线方向微分的常微分方程，即

$$dv = \pm Cd\varepsilon \tag{7-30}$$

式（7-30）即是特征线上 v 和 ε 必须满足的制约关系，称为特征线上的相容关系。式（7-30）也称为平面 (v, ε) 上的特征线。这样，就把解偏微分方程式（7-24）化为求解特征线方程式（7-29）及相应的相容关系式（7-30）的常微分方程组的问题。

许多时候需要知道波阵面上的守恒关系。由于右行波的波阵面总是穿过左行波的特征线，因此在右行波的波阵面上，质点速度 v 和应变 ε 之间有下式第一式的守恒关系；同理，在左行波的波阵面上，有下式第二式的守恒关系。

$$\begin{cases} dv = + Cd\varepsilon & （右行波） \\ dv = - Cd\varepsilon & （左行波） \end{cases} \tag{7-31}$$

式（7-29）的积分所表示的物理平面 (X, t) 上的两族特征线与式（7-31）积分所表示的速度平面 (v, ε) 上的两族特征线有一一对应关系。这提供了方程式（7-25）特征线解法的基础。

当波动方程以一阶偏微分方程组出现时，也同样可以用特征线方法求解。这时，求特征线方程一般采用不定线法。由于一阶偏微分方程组（式（7-20）和式（7-22）或式（7-19）和式（7-23））与二阶偏微分方程（式（7-24））等价，一阶偏微分方程组（式（7-19）和式（7-23））与式（7-25）、式（7-26）组成以下方程组

$$\begin{cases} \dfrac{\partial v}{\partial X} - \dfrac{\partial \varepsilon}{\partial t} = 0 \\[2mm] \dfrac{\partial v}{\partial t} - C^2 \dfrac{\partial \varepsilon}{\partial X} = 0 \\[2mm] \dfrac{\partial v}{\partial X} \mathrm{d}X + \dfrac{\partial v}{\partial t} \mathrm{d}t = \mathrm{d}v \\[2mm] \dfrac{\partial \varepsilon}{\partial X} \mathrm{d}X + \dfrac{\partial \varepsilon}{\partial t} \mathrm{d}t = \mathrm{d}\varepsilon \end{cases}$$

此方程可看成是以 $\dfrac{\partial v}{\partial X}$、$\dfrac{\partial v}{\partial t}$、$\dfrac{\partial \varepsilon}{\partial X}$、$\dfrac{\partial \varepsilon}{\partial t}$ 为未知函数的代数方程组。如果 S 是方程组的特征线，则此方程组解不确定，应有以下行列式

$$\Delta = \begin{vmatrix} 1 & 0 & 0 & -1 \\ 0 & 1 & -C^2 & 0 \\ \mathrm{d}X & \mathrm{d}t & 0 & 0 \\ 0 & 0 & \mathrm{d}X & \mathrm{d}t \end{vmatrix} = 0, \quad \Delta_1 = \begin{vmatrix} 0 & 0 & 0 & -1 \\ 0 & 1 & -C^2 & 0 \\ \mathrm{d}v & \mathrm{d}t & 0 & 0 \\ \mathrm{d}\varepsilon & 0 & \mathrm{d}X & \mathrm{d}t \end{vmatrix} = 0,$$

$$\Delta_2 = \begin{vmatrix} 1 & 0 & 0 & -1 \\ 0 & 0 & -C^2 & 0 \\ \mathrm{d}X & \mathrm{d}v & 0 & 0 \\ 0 & \mathrm{d}\varepsilon & \mathrm{d}X & \mathrm{d}t \end{vmatrix} = 0, \quad \Delta_3 = \Delta_4 = 0$$

展开行列式，即可得到特征线方程式（7-29）及特征线上的相容关系式（7-30）。同样，也可得到以 σ 和 v 为未知函数的一阶偏微分方程组的特征线及其相容关系。

$$\begin{cases} \mathrm{d}X \pm C\mathrm{d}t = 0 \\ \mathrm{d}\sigma \pm \rho_0 C \mathrm{d}v = 0 \end{cases} \tag{7-32}$$

在物理意义上，特征线方程表示扰动或波阵面在 (X, t) 平面上传播的轨迹，$C = \sqrt{\dfrac{1}{\rho_0} \dfrac{\mathrm{d}\sigma}{\mathrm{d}\varepsilon}}$ 代表扰动传播的速度，正号时表示右行波，负号时表示左行波。相容方程则表示沿特征线或波阵面上质点速度 v 与应变 ε 或应力 σ 之间的相容关系。同样，正号对应右行波，负号对应左行波。

此外，特征线具有以下基本性质：

（1）在连续流动区域内，同族特征线不相交。因为流场中每个点的 (X, t) 是唯一的，因此每个点只能有一条右行特征线和一条左行特征线相交，而不可能出现两条右行特征线或左行特征线，即同族特征线不相交。

（2）弱间断只能沿特征线传播。如图 7-2 所示，流动的初始值在 A 点具有弱间断，则该间断只能沿过 A 点的特征线传播。

（3）相邻的不同类型流动区域的分界线是特征线。在 (X, t) 平面上的两个相邻区

域中，流动由不同形式的解描述，一般在两区域交界处流动的某个物理量的变化率将出现间断，且为弱间断。由于弱间断沿特征线传播，所以流动区域的分界线是特征线。

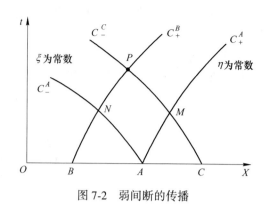

图 7-2　弱间断的传播

7.4.2　半无限长杆中一维弹性应力波的特征线解

根据前面的推导，式（7-24）表示的杆中波动方程在平面 (X, t) 上存在右行、左行两族特征线。这些特征线在平面 (X, t) 上形成十字交叉网格，按照精度要求，选取合适的间隔距离，并把网格四边的微段看成直线，如果已知相邻两个点 1、2 的有关参数 (X, t, v, ε) 及波速 C，则可以求出过 1 点右行特征线与过 2 点左行特征线交点 3 的参数 $(X_3, t_3, v_3, \varepsilon_3)$，如图 7-3 所示。写出相应的特征线方程及其相容关系：

$$\begin{cases} X_1 - C_1 t_1 = X_3 - C_1 t_3 \\ X_2 + C_2 t_2 = X_3 + C_2 t_3 \\ v_1 - C_1 \varepsilon_1 = v_3 - C_1 \varepsilon_3 \\ v_2 + C_2 \varepsilon_2 = v_3 + C_2 \varepsilon_3 \end{cases} \qquad (7\text{-}33)$$

可知，四个代数方程求解四个未知数 $(X_3, t_3, v_3, \varepsilon_3)$，3 点的参数是确定的，而且是唯一的。下面就半无限长杆中的弹性波求解进行详细讨论。

半无限长杆中指的是 X 在 0 到 ∞ 之间取值，因而只有沿 X 轴正方向的单向波，没有反射波的情况。此外，还做出限制，$\left| \dfrac{\partial \sigma}{\partial t} \right| \geqslant 0$ 或 $\left| \dfrac{\partial v}{\partial t} \right| \geqslant 0$，即没有卸载出现，以简化分析。

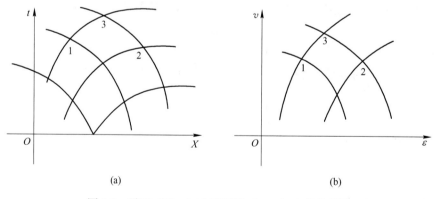

(a)　　　　　　　　　　　　　　(b)

图 7-3　平面 (X, t) 上和平面 (v, ε) 上的特征线

（a）平面 (X, t) 上的特征线；（b）平面 (v, ε) 上的特征线

7.4.3　线弹性应力波

这时，材料的本构关系可用胡克定律表达，即式（7-18）具体化为

$$\sigma = E\varepsilon$$

式中，E 为弹性模量。进而，由式（7-21）得弹性应力波速度

$$C_0 = \sqrt{\frac{1}{\rho_0}\frac{\mathrm{d}\sigma}{\mathrm{d}\varepsilon}} = \sqrt{\frac{E}{\rho_0}} \qquad (7\text{-}34)$$

于是波动方程式（7-24）变为

$$\frac{\partial^2 u}{\partial t^2} - C_0^2 \frac{\partial^2 u}{\partial X^2} = 0$$

由于 C_0 为常数，对特征线与相容方程式（7-29）和式（7-30）积分，并引入积分常数 ξ_1、ξ_2 与 R_1、R_2，得

$$\begin{cases} X - C_0 t = \xi_1 \\ v - C_0\varepsilon = R_1 \end{cases} \qquad （右行波） \qquad (7\text{-}35)$$

$$\begin{cases} X + C_0 t = \xi_2 \\ v + C_0\varepsilon = R_2 \end{cases} \qquad （左行波） \qquad (7\text{-}36)$$

有时称 R_1 和 R_2 为 Riemann 不变量。

假设问题具有如下初始条件和边界条件：

初始条件

$$v(X,\ 0) = \varepsilon(X,\ 0) = 0 \quad X \in \{R_+\} \qquad (7\text{-}37)$$

边界条件

$$v(0,\ t) = v_0(\tau) \quad t \in \{0,\ R_+\} \qquad (7\text{-}38)$$

式中，R_+ 为正的实数集。

如图 7-4 所示，OA 为经过 $O(0, 0)$ 的右行特征线。在 XOA 区，沿 OX 轴的 v 和 ε 由初始条件给出，是已知的，而区内任一点 P 的右行特征线 QP 与左行特征线 RP 都与 OX 轴相交，于是沿 QP 有

$$v(P) - C_0\varepsilon(P) = v(R) - C_0\varepsilon(R)$$

沿 RP 有

$$v(P) + C_0\varepsilon(P) = v(R) + C_0\varepsilon(R)$$

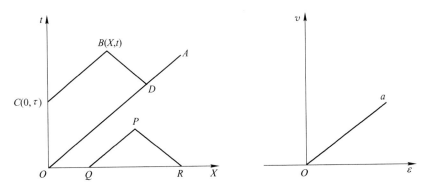

图 7-4　半无限长杆中的弹性应力波求解

由以上两式解得 P 点的 v 和 ε 为

$$\begin{cases} v(P) = \dfrac{1}{2}\{[v(R) + v(Q)] + C_0[\varepsilon(R) - \varepsilon(Q)]\} \\ \varepsilon(P) = \dfrac{1}{2C_0}\{[v(R) - v(Q)] + C_0[\varepsilon(R) + \varepsilon(Q)]\} \end{cases} \tag{7-39}$$

由此知，对衡值初始条件，即 $v(Q) = v(R) = $ 常数，$\varepsilon(Q) = \varepsilon(R) = $ 常数，总有 $v(P) = v(Q) = v(R)$，$\varepsilon(P) = \varepsilon(Q) = \varepsilon(R)$，在 XOA 区 ε、v 总是恒值，该区称为恒值区。对当前初值条件式（7-37），在 XOA 区 $v = \varepsilon = 0$。

这种在任意线段 QR（不一定与 X 轴平行）上给定 v 和 ε，则可在由 QR 和特征线 QP、RP 为界的曲线区域 QPR 中求得单值解的问题，称为初值问题或 Cauchy 问题。

现在讨论 AOt 的情况。经过任一点 B 的左行特征线 BD 总交于 OA，沿 OA 线 $v = \varepsilon = 0$，因此在 AOt 区恒有 $R_2 = 0$，同时也恒有

$$v = -C_0\varepsilon = -\frac{\sigma}{\rho_0 C_0} \tag{7-40}$$

右行特征线 CB 总交于 t 轴，沿 t 轴的 v 由边界条件给出，于是 R_1 由 C 点的 $v_0(\tau)$ 确定，沿 BC 线有

$$R_1 = v - C_0\varepsilon = 2v = -2C_0\varepsilon = 2v_0(\tau)$$

$$X = C_0(t - \tau)$$

式中，τ 为 BC 线在 t 轴上的截距，因而 AOt 区任意点 $B(X, t)$ 处的 v 和 ε 可确定为

$$v = -C_0\varepsilon = v_0\left(t - \frac{X}{C_0}\right) \tag{7-41}$$

与上述解 AOt 区问题类似，如果在一条特征线上给定 v 和 ε，而在另一条与之相交的非特征线（要求经其上任一点的两条特征线随时间增加，只有一条进入所讨论的区域）上给定 v 或 ε，可在以两曲线为边界的区域中求得单值解，则这类问题称为混合问题或 Picard 问题。

以上是在杆端给定质点速度作边界条件进行讨论的。如果在杆端给定的是应变边界条件或应力边界条件，也完全可以得到类似的结果。

7.4.4　一维杆中弹性应力波的作图法求解

这一方法是以特征线法为基础的。用作图法可以简单方便地确定任一时刻杆中应力（或应变、质点速度）随时间的变化。

如图 7-5 所示，在 (X, t) 平面上作 $t = t_1$ 水平线，与简单波各右行特征线交于 1，2，3，4，5，6 诸点，由于沿各特征线 v（或 ε、σ）等于杆端的已知值，因而得到 $t = t_1$ 时刻的质点速度分布以及相应的应变分布和应力分布，称为波形曲线（图 7-5 中的下图）。类似地，在 (X, t) 平面上作 $X = X_1$ 垂直线，与各特征线交于 1′，2′，3′，4′，5′，6′ 诸点，由此得到 $X = X_1$ 截面上的质点速度、应变和应力随时间的变化，称为时程曲线（图 7-5 中的右图）。通过一系列不同时刻的波形曲线，或一系列不同截面上的时程曲线可以形象地刻画出应力扰动的传播。如果是线弹性波，波速恒定，则可看出应力波形在波阵面传播过程中不改变。

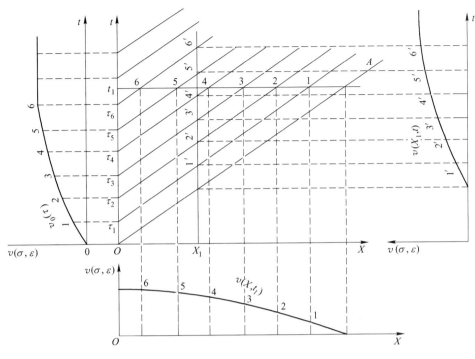

图 7-5 一维杆中应力波作图法

7.5 一维杆中线弹性应力波方程有效性的讨论

由前面论述知，一维杆中线弹性应力扰动的传播保持波形曲线形状不变，即线弹性应力波不会发生衰减。这样的结果来自基本假定：经历应力扰动传播过程中，杆截面保持平面，杆截面只有均匀分布的轴向应力，各运动参数只有沿轴向 X 的分量。在分析过程中，忽略了杆中质点横向运动的惯性作用，忽略了杆横向膨胀或收缩对动能的贡献。

事实上，杆在轴向应力 $\sigma(X, t)$ 作用下，除产生轴向应变 ε_X 外，由于泊松效应，还将有横向应变 ε_Y 和 ε_Z，分别是

$$\varepsilon_X = \frac{\partial u_X}{\partial X} = \sigma(X, t)/E$$

$$\varepsilon_Y = \frac{\partial u_Y}{\partial Y} = -\mu\varepsilon_X$$

$$\varepsilon_Z = \frac{\partial u_Z}{\partial Z} = -\mu\varepsilon_X$$

式中，E 为弹性模量；μ 为泊松比。

因此，杆截面上将出现非均匀的横向质点位移 (u_Y, u_Z) 和质点速度 (v_Y, v_Z)。由于 $\sigma(X, t)$，进而 ε_X 只是 (X, t) 的函数，与 Y 和 Z 无关，因此有

$$\begin{cases} u_Y = -\mu\varepsilon_X Y = -\mu Y\dfrac{\partial u_X}{\partial X} \\[2mm] u_Z = -\mu\varepsilon_X Z = -\mu Z\dfrac{\partial u_X}{\partial X} \end{cases} \tag{7-42}$$

和

$$\begin{cases} v_Y = \dfrac{\partial u_Y}{\partial t} = -\mu Y\dfrac{\partial\varepsilon_X}{\partial t} = -\mu Y\dfrac{\partial v_X}{\partial X} \\[2mm] v_Z = \dfrac{\partial u_Z}{\partial t} = -\mu Z\dfrac{\partial\varepsilon_X}{\partial t} = -\mu Z\dfrac{\partial v_X}{\partial X} \end{cases} \tag{7-43}$$

由此知，横向运动的存在，使得真正的一维问题不存在，一维杆中的应力波问题成为三维问题，至少成为二维问题。

这样的横向惯性运动，产生横向运动动能。单位体积的横向运动动能表示为

$$\frac{1}{A_0\,\mathrm{d}X}\int_{A_0}\frac{1}{2}\rho_0(v_Y^2+v_Z^2)\,\mathrm{d}X\mathrm{d}Y\mathrm{d}Z = \frac{1}{2}\rho_0\mu^2 r_\mathrm{g}^2\left(\frac{\partial\varepsilon_X}{\partial t}\right)^2$$

$$r_\mathrm{g} = \frac{1}{A_0}\int_{A_0}(Y^2+Z^2)\,\mathrm{d}Y\mathrm{d}Z$$

式中，r_g 为杆截面对 X 轴的回转半径。

于是，外力作用所做的功包含两部分，一部分增加单元体应变能，另一部分转变成横向动能，有

$$\sigma_X\frac{\partial\varepsilon_X}{\partial t} = \frac{\partial}{\partial t}(E\varepsilon_X^2/2) + \frac{\partial}{\partial t}\left[\rho_0\mu^2 r_\mathrm{g}^2\left(\frac{\partial\varepsilon_X}{\partial t}\right)^2\bigg/2\right]$$

$$\sigma_X = E\varepsilon_X + \rho_0\mu^2 r_\mathrm{g}^2\frac{\partial^2\varepsilon_X}{\partial t^2} \tag{7-44}$$

如果忽略第二项，式（7-44）则变为胡克定律。换句话说，在考虑了横向惯性效应后，胡克定律将由式（7-44）表示的应变率相关的应力应变关系所取代。

利用式（7-20）和式（7-44），可得到以位移为未知函数的二阶偏微分方程

$$\frac{\partial^2 u}{\partial t^2} - \mu^2 r_\mathrm{g}^2\frac{\partial^4 u}{\partial^2 X\partial^2 t} - C^2\frac{\partial^2 u}{\partial X^2} = 0 \tag{7-45}$$

式（7-45）中的第二项即是横向惯性效应的体现。如果以谐波解

$$u(X,\ t) = u_0\exp[\,i(\omega t - kX)\,]$$

代入式（7-45），则得到

$$\omega^2 = C_0 k^2 - \mu^2 r_\mathrm{g}^2\omega^2 k^2$$

式中，ω 为圆频率，$\omega = 2\pi f$；f 为频率；k 为波数，$k = 2\pi/\lambda$；λ 为波长。

于是，得到圆频率为 ω 的谐波的相速度 C 为

$$C = \omega/k = C_0\left(\frac{1}{1+\mu^2 r_\mathrm{g}^2 k^2}\right)^{1/2} \tag{7-46}$$

可见，考虑横向惯性效应后，杆中弹性波阵面不再以恒速度 C_0 传播，而是对不同频率谐波，有不同的速度。如果 $\mu r_\mathrm{g} k < 1$，则利用级数展开，并取近似得

$$C/C_0 \approx 1 - (\mu r_\mathrm{g} k)^2/2 = 1 - 2\pi^2\mu^2\,(r_\mathrm{g}/\lambda)^2 \tag{7-47}$$

对于半径为 a 的圆杆，$r_g = a/\sqrt{2}$，于是

$$C/C_0 \approx 1 - \pi^2 \mu^2 (a/\lambda)^2 \tag{7-48}$$

式（7-48）称为考虑横向惯性效应的 Rayleigh 近似解。如果与波长相比，圆杆半径足够小，则前面忽略横向惯性效应的一维杆中的弹性应力波方程及其解是足够精确的，否则将产生较大误差。

由式（7-47）知，高频波（短波）的速度小于低频波（长波），由于弹性波可看成是不同频率谐波的叠加，因此波阵面传播过程中，应力波形将会发生改变，发生散射，这种现象称为波的弥散。进一步知，这样的散射是由杆的几何效应引起的，称几何弥散。如果杆截面沿杆轴线不均匀，也将引起弥散，也是一种几何弥散。除此之外，还有本构黏性弥散。一维杆中波的弥散使得杆横截面上应力分布不再均匀，波形产生振荡，应力脉冲前沿上升时间增大，应力脉冲峰值随传播距离而衰减。

7.6　一维弹性应力波的反射与透射

7.6.1　两弹性波的相互作用

7.6.1.1　图解法

一原来处于静止的弹性杆，在左端和右端受到突加恒值冲击载荷，如图 7-6（a）所示，于是从杆的两端发出迎面的两个强间断弹性波（应力 σ、应变 ε、质点速度 v 等状态参数跨过波阵面时发生突变），如图 7-6（b）所示，在平面（X，t）上分别用右行特征线 OA 和左行特征线 LA 表示，如图 7-6（e）所示。左行波波阵面通过之处，即跨过左行特征线 LA，杆将处于 σ_1、ε_1、v_1 状态，并根据式（7-31）及突加弹性波的性质，有 $v_1 = -C_0 \varepsilon_1$ $= -\dfrac{\sigma_1}{\rho_0 C_0}$ 或 $\sigma_1 = -\rho_0 C_0 v_1$。右行波波阵面通过之处，即跨过右行特征线 OA，杆将处于 σ_2、ε_2、v_2 状态，并有 $\sigma_2 = \rho_0 C_0 v_2$。在（$\sigma$，$v$）平面上分别对应于从 0 点突跃到 1 点、2 点，如图 7-6（f）所示。在两波相遇瞬间，如图 7-6（c）所示，断面右方杆具有质点速度 v_1，左方杆具有质点速度 v_2，紧随其后，将由两波相遇处向杆的两侧产生新的右行波 AB 和左行波 CD，如图7-6（d）和图 7-6（e）所示，新的右行波波阵面通过之处，即跨过特征线 AB，杆的状态将由 σ_1、ε_1、v_1 突跃到 σ_3'、ε_3'、v_3'，按波阵面上的守恒关系，应有

$$\sigma_3' - \sigma_1 = \rho_0 C_0 (v_3' - v_1)$$

在（σ，v）平面上对应于从 1 点跨过特征线突跃到 3′ 点。新的左行波波阵面通过之处，杆的状态将由 σ_2、ε_2、v_2 突跃到 σ_3''、ε_3''、v_3''，且有

$$\sigma_3'' - \sigma_2 = -\rho_0 C_0 (v_3'' - v_2)$$

在（σ，v）平面上对应于从 2 点跨过特征线突跃到 3″ 点。根据两波相遇后相遇界面应满足质点速度相等、应力相等的条件，有

$$\sigma_3' = \sigma_3'' = \sigma_3 \quad 和 \quad v_3' = v_3'' = v_3$$

这样由（σ，v）平面上过 1 点的左行特征线与过 2 点的右行特征线确定其交点 3。

7.6.1.2　解析法

由前面的分析知，第一次左行波通过后，杆的状态为 σ_1、ε_1、v_1 且 $\sigma_1 = -\rho_0 C_0 v_1$；第一

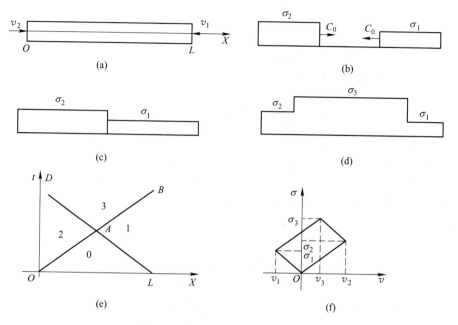

图 7-6　弹性波相互作用的图解法

次右行波通过后，杆的状态为 σ_2、ε_2、v_2 且 $\sigma_2 = \rho_0 C_0 v_2$。第二次右行波通过后，杆的状态将由 σ_1、ε_1、v_1 突跃到 σ_3'、ε_3'、v_3'，第二次左行波通过后，杆的状态将由 σ_2、ε_2、v_2 突跃到 σ_3''、ε_3''、v_3''。且有

$$\sigma_3' - \sigma_1 = \rho_0 C_0 (v_3' - v_1)$$
$$\sigma_3'' - \sigma_2 = -\rho_0 C_0 (v_3'' - v_2)$$

进一步，根据两波相遇后相遇界面应满足质点速度相等、应力相等的条件，可得二元代数方程

$$\begin{cases} \sigma_3 - \sigma_1 = \rho_0 C_0 (v_3 - v_1) \\ \sigma_3 - \sigma_2 = -\rho_0 C_0 (v_3 - v_2) \end{cases} \tag{7-49}$$

解之得

$$\begin{cases} v_3 = v_1 + v_2 \\ \sigma_3 = \sigma_1 + \sigma_2 \end{cases} \tag{7-50}$$

式（7-50）表明两弹性波相互作用时，其结果可由两作用扰动分别单独传播时的结果进行代数叠加而得。由于弹性波的控制方程是线性的，因而叠加原理必定成立。式（7-50）还表明作图法与解析法得到了相同的结果。

7.6.2　弹性波在固定端和自由端的反射

有限长杆中的弹性波传播到另一端时，将发生反射，边界条件决定反射波的性质。入射波与反射波的总效果可按叠加原理确定，反射过程的处理可按两弹性波相互作用的特例进行分析。

对图 7-6 的情况，如果 $v_2 = -v_1$，则有 $v_3 = 0$，$\sigma_3 = 2\sigma_1$，如图 7-7（a）所示，即两波相

遇处质点速度为 0，而应力加倍。这相当于法向入射弹性波在固定端（刚壁）的反射，因此法向入射弹性波在固定端反射时，可把端面想象为一面镜子，反射波正好是入射波的正像。拉伸波反射为拉伸波，压缩波反射为压缩波。

如果 $v_2 = v_1$，则有 $v_3 = 2v_1$，$\sigma_3 = 0$，如图 7-7（b）所示，两波相遇处质点速度加倍，而应力为 0。这相当于法向入射弹性波在自由端（自由表面）的反射，因此法向入射弹性波在固定端反射时，可把端面想象为一面镜子，反射波正好是入射波的倒像。拉伸波反射为压缩波，压缩波反射为拉伸波。

值得一提的是，弹性波在固定端的反射可用来说明 J. Hopkinson 关于落重冲击拉伸钢丝的早期著名实验，如图 7-8 所示，钢丝受冲击而被拉端的位置不是冲击端 A，而是固定端 B，并且冲击拉端的控制因素是落重的高度，而与落重质量的大小无关。原因是在固定端最早达到反射后的应力 $\sigma = 2\rho_0 C_0 v_0$，反射应力大小决定于冲击速度 v_0。

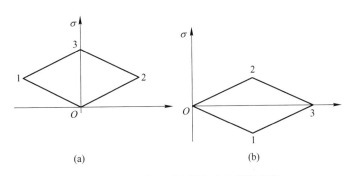
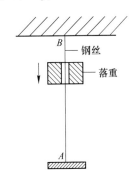

图 7-7 弹性波在固定端与自由端的反射

（a）两相同弹性波相遇后的状态；（b）两相异弹性波相遇后的状态

图 7-8 J. Hopkinson 的落重冲击拉伸钢丝实验

7.6.3 不同介质界面上弹性波的反射与透射

设有弹性波从介质 1 垂直穿到界面进入介质 2（这种情况称为正入射）。当两介质的波阻抗不同时，在界面处应力波将发生反射与透射，反射与透射的情况与介质的波阻抗密切相关。所谓波阻抗即是介质的密度 ρ_0 与纵波速度 C_0 的乘积（$\rho_0 C_0$）。

如图 7-9 所示，当从介质 1 通往介质 2 的弹性波到达两介质界面时，无论对介质 1 还是介质 2 都将引起扰动，这就是波的反射与透射。返回介质 1 中的波叫反射波，进入介质 2 中的波叫透射波。假定两介质界面始终保持接触，即既能承受压力又能承受拉力而不分离，于是根据牛顿第三定律，界面两侧质点速度和应力之间有以下关系：

$$\begin{cases} v_T = v_I + v_R \\ \sigma_T = \sigma_I + \sigma_R \end{cases} \tag{7-51}$$

式中，下标 I、R 和 T 分别表示入射波、反射波和透射波。

由波阵面上的守恒条件，将式（7-51）改写成

$$\begin{cases} \dfrac{\sigma_T}{(\rho_0 C_0)_2} = \dfrac{\sigma_I}{(\rho_0 C_0)_1} - \dfrac{\sigma_R}{(\rho_0 C_0)_1} \\ \sigma_T = \sigma_I + \sigma_R \end{cases} \tag{7-52}$$

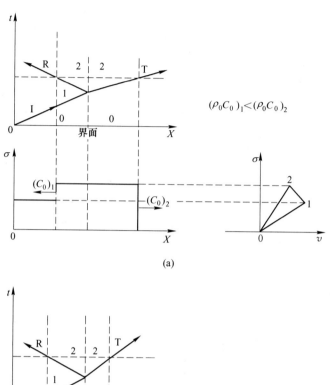

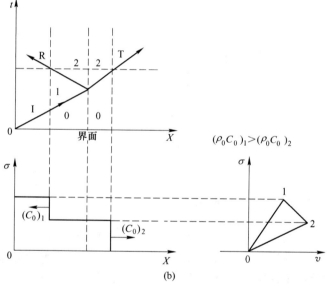

图 7-9　弹性波的反射与透射

(a) $(\rho_0 C_0)_1 < (\rho_0 C_0)_2$；(b) $(\rho_0 C_0)_1 > (\rho_0 C_0)_2$

解式（7-52），可得

$$\begin{cases} \sigma_R = F\sigma_I \\ v_R = -Fv_I \end{cases} \tag{7-53}$$

$$\begin{cases} \sigma_T = T\sigma_I \\ v_T = nTv_I \end{cases} \tag{7-54}$$

其中，

$$\begin{cases} n = (\rho_0 C_0)_1 / (\rho_0 C_0)_2 \\ F = \dfrac{1-n}{1+n} \\ T = \dfrac{2}{1+n} \end{cases} \tag{7-55}$$

式中，F 和 T 分别为反射系数与透射系数，完全取决于两介质波阻抗的比值 n。显然

$$1 + F = T$$

在 (σ, v) 平面上，以上结果相当于由经过点 1 的介质 1 的右行 $\sigma\text{-}v$ 特征线 1—2 与经过点 0 的介质 2 的左行 $\sigma\text{-}v$ 特征线 0—2 的交点 2 确定的状态，如图 7-9 所示。由于 T 总大于 0，因而透射波与入射波总同号。但 F 的情况则不同，讨论如下：

（1）如果 $(\rho_0 C_0)_1 < (\rho_0 C_0)_2$，$n<1$，则 $F>0$。这时，反射波与入射波同号，透射波在应力幅值上强于入射波（$T>1$）。这称为应力波由"软"材料传入"硬"材料的情况，如图 7-9（a）所示。

若 $(\rho_0 C_0)_2 \to \infty$，$n \to 0$，则有 $T=2$，$F=1$。这相当于弹性波在刚壁（固定端）的反射。

（2）如果 $(\rho_0 C_0)_1 > (\rho_0 C_0)_2$，$n>1$，则 $F<0$。这时，反射波与入射波异号，透射波在应力幅值上弱于入射波（$T<1$）。这称为应力波由"硬"材料传入"软"材料的情况，如图 7-9（b）所示，由此可理解各种"软"垫能起到减振缓冲作用。

若 $(\rho_0 C_0)_2 \to 0$，$n \to \infty$，则有 $T=0$，$F=-1$。这相当于弹性波在自由表面（自由端）的反射。

需要指出：即便两种介质的 ρ_0 和 C_0 各不相同，只要其波阻抗相同，即 $(\rho_0 C_0)_1 = (\rho_0 C_0)_2$，$n=1$，则弹性波通过两种介质的界面时不产生反射，这称为阻抗匹配。当不希望产生反射时，可通过选材的阻抗匹配来达到。

变截面杆中的弹性波，通过杆截面改变界面时，也发生波的反射和透射。这时，只需将界面上两侧的应力相等条件改变为总的作用力相等条件，而质点速度相等条件不变，即可按上述方法进行类似分析，并得出类似的结果。

如图 7-10 所示，下列关系成立：

$$\begin{cases} A_1(\sigma_I + \sigma_R) = A_2 \sigma_T \\ \dfrac{\sigma_T}{(\rho_0 C_0)_2} = \dfrac{\sigma_I}{(\rho_0 C_0)_1} - \dfrac{\sigma_R}{(\rho_0 C_0)_1} \end{cases} \tag{7-56}$$

由此联立求解可得

$$\begin{cases} \sigma_R = F\sigma_I \\ v_R = -Fv_I \end{cases} \tag{7-57}$$

$$\begin{cases} \sigma_T = T\sigma_I A_1 / A_2 \\ v_T = nTv_I \end{cases} \tag{7-58}$$

$$\begin{cases} n = (\rho_0 C_0 A_1)/(\rho_0 C_0 A_2) \\ F = (1-n)/(1+n) \\ T = 2/(1+n) \end{cases} \tag{7-59}$$

式中，$(\rho_0 C_0 A)$ 为广义波阻抗。

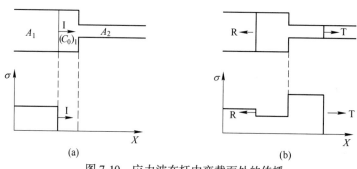

图 7-10 应力波在杆中变截面处的传播

（a）反射前的情况；（b）反射后的情况

当界面两侧材料的波阻抗相同时，$n = A_1/A_2$，这时，由于 n、T 总为正，所以透射波与入射波总是同号；而 F 的正负则根据 A_1 和 A_2 的相对大小而异。当应力波从小截面传入大截面时，$A_1 < A_2$，$n < 1$，反射波的应力和入射波的应力同号（反向加载），此时由于 $2n/(n+1) < 1$，因而透射波弱于入射波。当应力波从大截面传入小截面时，$A_1 > A_2$，$n > 1$，反射波的应力和入射波的应力异号（反向卸载），但 $2n/(n+1) > 1$，因而透射波强于入射波。这是与单纯由波阻抗（$\rho_0 C_0$）变化引起的反射、透射情况的不同之处。

由此可见，杆的大端受冲击且另一端有小杆相连时，小杆将起到"捕波器"的作用。当 $A_2/A_1 \to 0$，$n \to \infty$ 时，$2n/(n+1) \to 2$，即应力波每通过一个截面面积间断界面时，单级放大倍数的极限为 2。

7.7 弹性波斜入射时的反射与透射

7.7.1 弹性纵波在自由面上斜入射时的反射

如图 7-11 所示，一弹性纵波在与自由面法线呈 α_1 角的方向上向自由面入射和反射，产生反射纵波和反射横波。由于自由面上没有正应力和剪应力，如果仅有反射纵波，将不能实现自由面上正应力和剪应力均为零的边界条件，因此纵波斜入射时，将产生反射纵波和反射横波。图 7-11 中，入射角、反射纵波的反射角和反射横波的反射角之间满足光学折射的 Snell 定律，即

$$\frac{C_{p1}}{\sin\alpha_1} = \frac{C_{p2}}{\sin\alpha_2} = \frac{C_s}{\sin\beta_2} = C_r \quad (7\text{-}60)$$

式中，C_r 为视速度。由于 $C_{p1} = C_{p2} = C_p$，进而得到

$$\alpha_1 = \alpha_2 \quad (7\text{-}61)$$

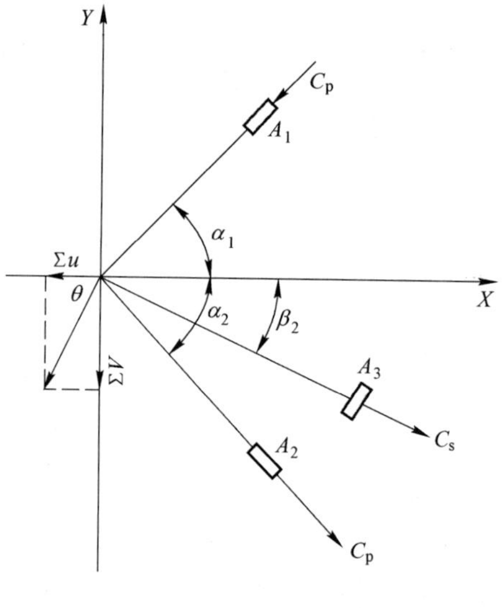

图 7-11 纵波在自由面上斜入射时的反射

$$\frac{\sin\alpha_1}{\sin\beta_2} = \frac{C_{p1}}{C_s} = \sqrt{\frac{2(1-\mu)}{1-2\mu}} \tag{7-62}$$

各波的位移之间满足下列关系

$$\begin{cases} 2(\overline{A}_2 - \overline{A}_1)\cos\alpha_1\sin\beta_2 - \overline{A}_3\cos2\beta_2 = 0 \\ (\overline{A}_2 + \overline{A}_1)\cos2\beta_2\sin\alpha_1 - \overline{A}_3\sin\beta_2\sin2\beta_2 = 0 \end{cases} \tag{7-63}$$

式中，$\overline{A}_1$、$\overline{A}_2$ 和 $\overline{A}_3$ 分别为入射纵波、反射纵波和反射横波的幅值。令

$$R = \frac{\tan\beta_2 \tan^2 2\beta_2 - \tan\alpha_1}{\tan\beta_2 \tan^2 2\beta_2 + \tan\alpha_1} \tag{7-64}$$

则由式（7-63），有

$$\begin{cases} A_2 = RA_1 \\ A_3 = A_1(R+1)\dfrac{C_p}{C_s}\tan^{-1}2\beta_2 \end{cases} \tag{7-65}$$

式中，R 为反射系数。进一步有入射应力 σ_I 与反射纵波应力 σ_R、反射横波应力 τ_R 之间的关系：

$$\begin{cases} \sigma_R = R\sigma_I \\ \tau_R = [(1+R)\tan^{-1}2\beta_2]\sigma_I \end{cases} \tag{7-66}$$

由此看出：反射系数 R 与材料的泊松比有关，如图 7-12 所示。

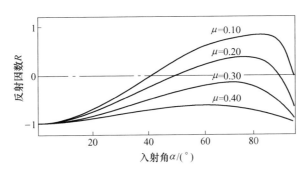

图 7-12 纵波反射系数 R 与入射角 α 的关系

进一步由图 7-12 得知：

（1）当材料的泊松比大于某一临界值时，无论入射角多大，反射系数均小于 0。

（2）当材料的泊松比小于某一临界值时，仅在一定的入射角范围内，反射系数小于 0，这一范围的大小与材料的泊松比成正比。

（3）当入射角为 0（正入射）时，仅有反射纵波，且反射系数 $R = -1$。

自由面质点运动方向 θ 由 3 个波产生位移的矢量和确定，而且可以证明 $\theta = 2\beta_2$。

7.7.2 弹性纵波在介质分界面斜入射时的反射与透射

如图 7-13 所示，弹性纵波斜入射到两介质分界面时，将产生 4 种新的波，它们是反射纵波、反射横波、透射纵波和透射横波。假定界面无相对滑动，则界面上应满足的边界条

件是：界面两边的法向位移、切向位移、法向应力、切向应力相等。并且入射角与各反射角、透射角之间同样满足 Snell 定律，即有

$$\frac{\sin\alpha_1}{C_{p1}} = \frac{\sin\alpha_2}{C_{p1}} = \frac{\sin\beta_2}{C_{s1}} = \frac{\sin\alpha_3}{C_{p2}} = \frac{\sin\beta_3}{C_{s2}} = \frac{1}{C_r} \qquad (7\text{-}67)$$

而各波的位移幅值之间则满足下列方程

$$\begin{cases} (\bar{A}_1 - \bar{A}_2)\cos\alpha_1 + \bar{A}_3\sin\beta_2 - \bar{A}_4\cos\alpha_3 - \bar{A}_5\sin\beta_3 = 0 \\[2mm] (\bar{A}_1 + \bar{A}_2)\sin\alpha_1 + \bar{A}_3\cos\beta_2 - \bar{A}_4\sin\alpha_3 + \bar{A}_5\cos\beta_3 = 0 \\[2mm] (\bar{A}_1 + \bar{A}_2)C_{p1}\cos2\beta_2 - \bar{A}_3 C_{s1}\sin2\beta_2 - \bar{A}_4 C_{p2}\left(\dfrac{\rho_2}{\rho_1}\right)\cos2\beta_3 - \bar{A}_5 C_{s2}\left(\dfrac{\rho_2}{\rho_1}\right)\sin2\beta_3 = 0 \\[2mm] \rho_1 C_{s1}^2\left[(\bar{A}_1 - \bar{A}_2)\sin2\alpha_1 - \bar{A}_3\left(\dfrac{C_{p1}}{C_{s2}}\right)\cos2\beta_2\right] - \rho_2 C_{s2}^2\left[\bar{A}_4\left(\dfrac{C_{p1}}{C_{p2}}\right)\sin2\alpha_3 - \bar{A}_5\left(\dfrac{C_{p1}}{C_{p2}}\right)\cos2\beta_3\right] = 0 \end{cases}$$

$$(7\text{-}68)$$

式中，$\bar{A}_1$、$\bar{A}_2$、$\bar{A}_3$、$\bar{A}_4$ 和 $\bar{A}_5$ 分别为入射纵波、反射纵波、反射横波、透射纵波和透射横波的幅值。正反射时，$\alpha_1 = 0$，这种情况下，$\bar{A}_3 = \bar{A}_5 = 0$。

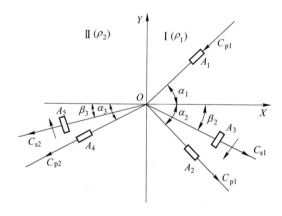

图 7-13　弹性纵波斜入射时的反射与透射

习　题

7-1　写出下列偏微分方程组的特征线及特征线上的相容关系。

(1) $\begin{cases} \dfrac{\partial\rho}{\partial t} + v\dfrac{\partial\rho}{\partial r} + \rho\dfrac{\partial v}{\partial r} + 2\rho v/r = 0 \\[3mm] \rho\left(\dfrac{\partial v}{\partial t} + v\dfrac{\partial v}{\partial r}\right) + c^2\dfrac{\partial\rho}{\partial r} = 0 \end{cases}$

$$(2)\begin{cases}\dfrac{\partial\varepsilon}{\partial t}+v\dfrac{\partial\varepsilon}{\partial x}-(1+\varepsilon)\dfrac{\partial v}{\partial x}=0\\[3mm]\dfrac{\partial v}{\partial t}+v\dfrac{\partial v}{\partial x}-(1+\varepsilon)C_0^2\dfrac{\partial\varepsilon}{\partial x}=0\end{cases}$$

7-2　一线弹性材料半无限长杆 $X\geqslant 0$，其屈服强度 $Y=500\mathrm{MPa}$，弹性模量 $E=200\mathrm{GPa}$，密度 $\rho_0=8\,\mathrm{g/cm^3}$，初始时刻杆处于自然、静止状态。杆左端 $X=0$ 处施加一渐加载荷，如图 7-14 所示。

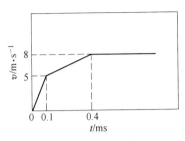

图 7-14　习题 7-2 图

（1）画出 X-t 图、v-ε 图以及 σ-v 图。

（2）画出 $t=0.2\mathrm{ms}$、$t=0.4\mathrm{ms}$、$t=0.6\mathrm{ms}$ 时刻的波形曲线。

（3）分别画出 $X=1\mathrm{m}$、$X=2\mathrm{m}$、$X=3\mathrm{m}$ 处的时程曲线。

7-3　一递增硬化材料半无限长杆 $X\geqslant 0$，其应力应变关系为

$$\sigma=\begin{cases}E\varepsilon & (\,|\sigma|\leqslant|\sigma_Y|\,)\\[2mm]\sigma_Y+A\left(\varepsilon-\dfrac{\sigma_Y}{E}\right)^2 & (\,|\sigma|>|\sigma_Y|\,)\end{cases}$$

式中，$E=200\mathrm{GPa}$；$\sigma_Y=\pm400\mathrm{GPa}$；$A=\pm10^3\mathrm{GPa}$（其中拉为正，压为负）。在杆左端 $X=0$ 处施加一载荷，如图 7-15 所示。

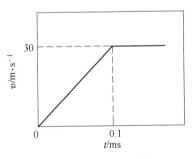

图 7-15　习题 7-3 图

（1）画出 X-t 图、v-ε 图以及 σ-v 图。

（2）画出 $t=0.2\mathrm{ms}$、$t=0.4\mathrm{ms}$、$t=0.6\mathrm{ms}$ 时刻的波形曲线。

（3）分别画出 $X=1\mathrm{m}$、$X=2\mathrm{m}$、$X=3\mathrm{m}$ 处的时程曲线。

7-4　已知两种材质的弹性杆 A 和 B 的弹性模量、密度和屈服极限分别为 $E_A=60\mathrm{GPa}$、$\rho_A=2.4\mathrm{g/cm^3}$、$Y_A=120\mathrm{MPa}$、$E_B=180\mathrm{GPa}$、$\rho_B=7.2\mathrm{g/cm^3}$、$Y_B=240\mathrm{MPa}$，试对图 7-16 所示 4 种情况分别画出 X-t 图及 σ-v 图，并确定撞击结束时间、两杆脱开时间以及分离之后各自的整体飞行速度。

7-5　已知 $\rho_0=8\,\mathrm{g/cm^3}$、$E=200\mathrm{GPa}$、$Y=240\mathrm{MPa}$，试对图 7-17 所示两不同截面杆共轴撞击的两种情况分别画出 X-t 图及 σ-v 图，并确定撞击结束时间、分离后各杆的整体飞行速度。

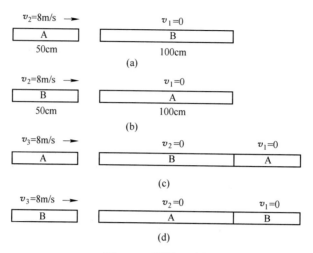

图 7-16　习题 7-4 图

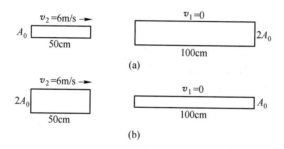

图 7-17　习题 7-5 图

8 弹塑性应力波理论

8.1 一维杆中的弹塑性应力波

以 σ_y 表示材料在一维应力下的动态屈服极限，则当撞击杆的速度 v 大于某一极限值 v_y（称为屈服速度）时，即

$$|v| > v_y = \frac{\sigma_y}{\rho_0 C_0} \tag{8-1}$$

材料进入塑性状态，被撞击杆中将产生弹性应力波和塑性应力波。塑性应力条件下，波速 $C = \sqrt{\dfrac{1}{\rho_0}\dfrac{\mathrm{d}\sigma}{\mathrm{d}\varepsilon}}$ 是应变 ε 的函数，一般不再是常数，因而特征线及其相容关系一般也不再是直线。虽然问题仍用特征线法按类似于弹性波的步骤求解，但问题变得复杂。

塑性波的波形要随波阵面的传播发生变化，有可能会聚，波剖面变得越来越陡，最后形成冲击波；也可能发散，波剖面变得越来越平坦。塑性扰动在传播过程波形如何变化，取决于材料的塑性应力应变特性。

8.1.1 材料的弹塑性应力应变模型

材料进入塑性后，其应力应变曲线的斜率 $\left(\dfrac{\mathrm{d}\sigma}{\mathrm{d}\varepsilon}\right)$ 特性决定着应力波的特性。一般 $\dfrac{\mathrm{d}\sigma}{\mathrm{d}\varepsilon}$ 不是常数，而是应变 ε 的函数，根据 $\dfrac{\mathrm{d}\sigma}{\mathrm{d}\varepsilon}$ 随应变 ε 增加变化的不同，材料分为 4 种，即递减硬化材料、递增硬化材料、先递减后递增硬化材料及线性硬化材料，如图 8-1 所示。

（1）递减硬化材料：如果材料应力应变曲线的塑性段呈现上凸特性，即 $\dfrac{\mathrm{d}^2\sigma}{\mathrm{d}\varepsilon^2}<0$，进入塑性段后，这类材料的 $\dfrac{\mathrm{d}\sigma}{\mathrm{d}\varepsilon}$ 随应变增加而减小，称为递减硬化材料，如图 8-1（a）所示。这类材料中塑性波随波阵面传播而逐渐被拉长，波速逐渐降低。许多岩石及低碳钢等具有递减硬化的特性。

（2）递增硬化材料：这类材料的应力应变曲线塑性段呈现上凹特性，即 $\dfrac{\mathrm{d}^2\sigma}{\mathrm{d}\varepsilon^2}>0$，进入塑性段后，这类材料的 $\dfrac{\mathrm{d}\sigma}{\mathrm{d}\varepsilon}$ 随应变增加而增大，称为递增硬化材料，如图 8-1（b）所示。塑性波随波阵面传播而波速增加，塑性波形不断被压缩，变得越来越窄，最后弱间断

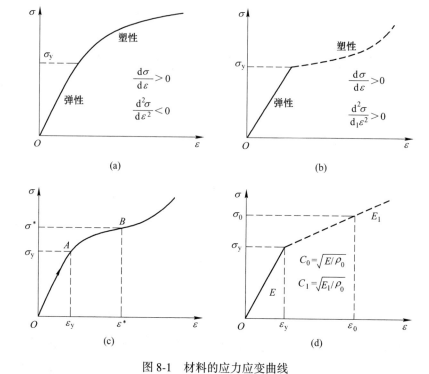

图 8-1　材料的应力应变曲线

（a）递减硬化材料；（b）递增硬化材料；（c）先递减后递增硬化材料；（d）线性硬化材料

变成强间断，形成冲击波，如图 8-2 所示。橡皮、塑料及各种强度的合金钢都属于这类材料。

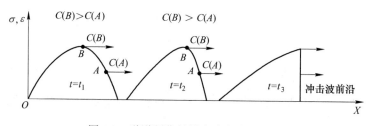

图 8-2　递增硬化材料中冲击波的形成

（3）先递减后递增硬化材料：开始进入塑性阶段，随应变增加，这类材料的 $\dfrac{d^2\sigma}{d\varepsilon^2}<0$，$\dfrac{d\sigma}{d\varepsilon}$ 随应变增加而减小，当加载应力或应变增大，超过某一临界值后，进一步增加应变，则 $\dfrac{d\sigma}{d\varepsilon}$ 随应变增加而增加，表现出 $\dfrac{d^2\sigma}{d\varepsilon^2}>0$，如图 8-1（c）所示。在高强度爆炸载荷作用下，岩石将表现出这种特性，参见第 2 章。

（4）线性硬化材料：这是对材料塑性硬化性质的简化，认为材料进入塑性后，其 $\dfrac{d\sigma}{d\varepsilon}$

不随应变增加而变化，而是不同于弹性模量 E 的另一个常数，如图 8-1（d）所示，这时材料的应力应变关系为

$$\sigma = \begin{cases} E\varepsilon & (\varepsilon \leqslant \varepsilon_y) \\ E\varepsilon_y + E_1(\varepsilon - \varepsilon_y) & (\varepsilon > \varepsilon_y) \end{cases} \tag{8-2}$$

式中，E_1 为塑性硬化模量；ε_y 为弹性应变极限。

并有一维杆中的塑性波速度为 C_1，

$$C_1 = \sqrt{(1/\rho_0)(d\sigma/d\varepsilon)} = \sqrt{E_1/\rho_0} \tag{8-3}$$

于是，材料中的塑性波形状在波阵面传播过程中保持不变，既不会出现波形发散，也不会出现波形会聚。下面仅针对线性硬化材料进行分析。

此外，还有弹性理想塑性材料，这种材料进入塑性后，$\dfrac{d\sigma}{d\varepsilon} = 0$，应力不再随应变增加而改变。为简化问题分析，弹性理想塑性的材料模型简化在弹塑性静力学问题分析中经常用到。

需要注意：对理想塑性材料，应力应变曲线的斜率为零，材料具有无限制的塑性流动，而一维杆中的塑性应力波速度为零，但是在一维应变条件下，理想塑性材料的塑性波速度并不为零，而是等于 $\sqrt{\dfrac{E}{3(1-2\mu)\rho_0}}$。

8.1.2　一维杆中的塑性加载波

对于塑性波，前面针对弹性波的质量守恒、动量守恒仍然成立，本构关系仍可用式 (7-18)，于是塑性波的二阶偏微分方程或一阶偏微分方程组在性质上与弹性波相同。

类似地，得到塑性波问题的特征线和特征线上的相容关系

$$dX = \pm Cdt$$
$$dv = \pm Cd\varepsilon$$

由于线性硬化材料的塑性波速度为常数 C_1，可对上两式积分，得到代数形式的特征线方程及其相容关系。因此半无限长杆中初始式、边界条件式条件下的弹塑性波问题求解步骤与弹性波问题相同（见图 8-3），归结为在 AOX 区解初值问题（Cauchy 问题）和在 AOt 区解混合问题（Picard 问题），而且弹性波部分与前面结果完全相同，塑性波部分的右行特征线为

$$X = C_1(t - \tau) \tag{8-4}$$

式中，τ 为任一开始时刻。

左行、右行特征线上的相容关系分别为

$$v = \int_0^\varepsilon Cd\varepsilon = \int_0^\sigma \frac{d\sigma}{C\rho_0} = \frac{\sigma_y}{C_0\rho_0} + \frac{\sigma - \sigma_y}{C_1\rho_0} \tag{8-5}$$

$$v = v_0(\tau) \tag{8-6}$$

可见，对于线性硬化材料，塑性波的特征线及特征线相容关系曲线仍为直线。但斜率与弹性波不同。

作为实例，在线性硬化材料杆端施加渐变载荷（见图 8-3（a））和突变载荷（见图

8-3（b））两种情况，弹性波在先，塑性波阵面在后，而且由于材料的塑性硬化模量小于弹性模量，塑性波速度小于弹性波速度，弹性波阵面与塑性波阵面之间的距离将逐渐增大，两者之间出现平台，呈现双波结构（见图8-3（c）（d））。

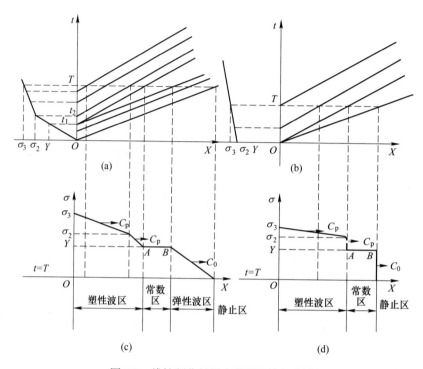

图 8-3　线性硬化材料中的弹塑性加载波
（a）渐变加载；（b）突变加载；（c）（d）双波结构

8.1.3　弹塑性波的相互作用

8.1.3.1　弹塑性波的迎面碰撞

假设长杆中右端 B 截面和左端 A 截面处产生两矩形弹塑性间断波，发生迎面相互碰撞，如图 8-4 所示，在物理平面（X, t）上有左行波的扰动线 BC（弹性波）、BE（塑性波）及右行波的扰动线 AC（弹性波）和 AD（塑性波）。在 C 点两个弹性波阵面相遇，由于两个弹性波在相互作用前的强度已经达到了弹性极限，所以在相互作用后，强度提高而转变成塑性波 CD 和 CE。在 D 点有两个塑性波相遇，相互作用后变成两个强度更高的塑性波 DG 和 DF；E 点的两塑性波相遇并相互作用，与 D 点相同。最后塑性波 DF 和 EF 相交于 F 点，变成两个新的塑性波 FH 和 FJ。

在整个相互作用过程中，特征线将（X, t）平面划分为从 1 到 9 的 9 个区域，其中 1 区是未扰动区。假设杆原来速度是 v_1（$v_1 = 0$），且不受力 σ_1（$\sigma_1 = 0$）（此处 σ_1 不代表最大主应力，只表示 1 区的应力，其他类同），则 2 区和 3 区是弹性前驱波波后的区域，其应力和速度分别如下。

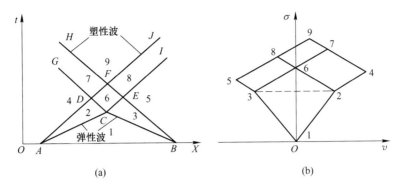

图 8-4 弹塑性波的相互碰撞

（a）特征线平面或物理平面；（b）状态平面或速度平面

2 区

$$\begin{cases} \sigma_2 = \sigma_y \\ v_2 = \dfrac{\sigma_y}{\rho_0 C_0} \end{cases} \tag{8-7}$$

3 区

$$\begin{cases} \sigma_3 = \sigma_y \\ v_3 = -\dfrac{\sigma_y}{\rho_0 C_0} \end{cases} \tag{8-8}$$

4 区、5 区为塑性波阵面通过后的区域，应力分别达到载荷值 σ_4、σ_5（均为条件所给，在此视为已知），则相应的应力、速度分别如下：

4 区

$$\begin{cases} \sigma_4（已知） \\ v_4 = v_2 + \dfrac{\sigma_4 - \sigma_2}{\rho_0 C_1} \end{cases} \tag{8-9}$$

5 区

$$\begin{cases} \sigma_5（已知） \\ v_5 = v_3 - \dfrac{\sigma_5 - \sigma_3}{\rho_0 C_1} \end{cases} \tag{8-10}$$

由图 8-4（a）知，由 3 区穿过右行塑性波特征线 CI 进入 6 区，由 2 区穿过左行特征线 CG 进入 6 区，于是有

$$\sigma_6 - \sigma_3 = \rho_0 C_1 (v_6 - v_3) \tag{8-11}$$

$$\sigma_6 - \sigma_2 = -\rho_0 C_1 (v_6 - v_2) \tag{8-12}$$

联立式（8-11）、式（8-12）求解，得 6 区的状态参数为

$$\begin{cases} v_6 = \dfrac{1}{2}\left(v_2 + v_3 - \dfrac{\sigma_3 - \sigma_2}{\rho_0 C_1}\right) = 0 \\ \sigma_6 = \left[\sigma_2 + \sigma_3 - \rho_0 C_1 (v_3 - v_2)\right]/2 = \sigma_y(1 + C_1/C_0) \end{cases} \tag{8-13}$$

由 6 区穿过右行特征线 DJ 进入 7 区，由 4 区穿过左行塑性波特征线 DG 进入 7 区，类似 6 区的情况有

$$\sigma_7 - \sigma_6 = \rho_0 C_1(v_7 - v_6) \tag{8-14}$$

$$\sigma_7 - \sigma_4 = -\rho_0 C_1(v_7 - v_4) \tag{8-15}$$

联立式（8-14）、式（8-15）求解，得 7 区的状态参数为

$$\begin{cases} v_7 = \dfrac{1}{2}\left(v_4 - \dfrac{\sigma_6 - \sigma_4}{\rho_0 C_1}\right) \\ \sigma_7 = (\sigma_6 + \sigma_4 + \rho_0 C_1 v_4)/2 \end{cases} \tag{8-16}$$

用类似方法，可进一步得到 8、9 区的状态参数，于是利用特征线方法，通过代数方程求解，可以解除弹塑性波迎面碰撞问题。图 8-4（b）所示为同一问题的依据特征线原理作图求解结果，两种求解方法的结果是一致的。

8.1.3.2 弹塑性波在固定端的反射

弹塑性波在固定端反射相当于两个等强度的弹塑性波迎面碰撞加载，而且根据固定端的条件，加载碰撞后质点速度为零。如图 8-5 所示为压缩弹塑性波右行，遇固定端反射的 $X\text{-}t$ 图、$\sigma\text{-}v$ 图和 $\sigma\text{-}\varepsilon$ 图。

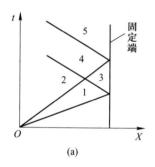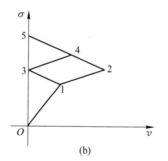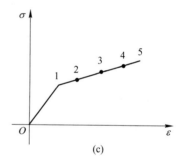

图 8-5　弹塑性波在固定端的反射

（a）$X\text{-}t$ 图；（b）$\sigma\text{-}v$ 图；（c）$\sigma\text{-}\varepsilon$ 图

弹性波前面区域为零状态，$\sigma = v = 0$；1 区为弹性波后状态，$\sigma_1 = \sigma_y$，$v_1 = v_y = \dfrac{\sigma_y}{\rho_0 C_0}$；2 区为塑性波阵面后状态，状态参数为 $\sigma_2 = \sigma_M$（载荷值由加载条件给定），$v_2 = v_y + \dfrac{\sigma_M - \sigma_y}{\rho_0 C_1}$；3 区为弹性前驱波反射后的状态，状态参数为

$$\begin{cases} \sigma_3 = (1 + C_1/C_0)\sigma_y \\ v_3 = 0 \end{cases} \tag{8-17}$$

4 区为反射塑性波与入射塑性波碰撞加载后的状态，状态参数为

$$\begin{cases} \sigma_4 = (\sigma_2 + \sigma_3 - \rho_0 C_1 v_2)/2 \\ v_4 = \left(v_2 - \dfrac{\sigma_3 - \sigma_2}{\rho_0 C_1}\right)/2 \end{cases} \tag{8-18}$$

5 区为经反射塑性波加载后的塑性波在固定端反射后的状态，状态参数为

$$\begin{cases} \sigma_5 = \sigma_4 + \rho_0 C_1 v_4 = 2\sigma_M - (1 - C_1/C_0)\sigma_y \\ v_5 = 0 \end{cases} \tag{8-19}$$

可见，塑性波在固定端反射时与弹性波不同，反射后应力增加一倍的关系不再成立。

8.1.4 塑性波的卸载

8.1.4.1 卸载波控制方程

载荷随时间增大的过程叫加载，载荷随时间减小的过程则叫卸载。如果没有卸载，弹塑性应力波与非线弹性应力波没有区别，但考虑卸载效应后，两者情况则不相同。材料进入塑性后的卸载遵从弹性规律，即卸载过程中，$\dfrac{\mathrm{d}\overline{\sigma}}{\mathrm{d}\overline{\varepsilon}} = E$（$\overline{\sigma}$ 和 $\overline{\varepsilon}$ 表示卸载过程参数）与加载模量不一定相同。换句话说，卸载波阵面是以弹性波速度传播的。如图 8-6 所示，可以写出卸载过程中的材料本构方程

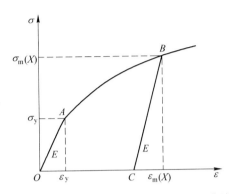

图 8-6　弹塑性材料卸载的应力应变关系曲线

$$\overline{\sigma} = \sigma_m(X) - E[\varepsilon_m(X) - \overline{\varepsilon}] \tag{8-20}$$

式中，σ_m 和 ε_m 对应于开始卸载点的应力和应变。

如图 8-7 所示为线性硬化材料的半无限长杆经加载产生弹塑性应力波后发生卸载，在 t_d 时刻加载端卸载到零，产生的卸载波阵面以弹性波速度（大于塑性波速度）追赶塑性波，进而对塑性波产生卸载。

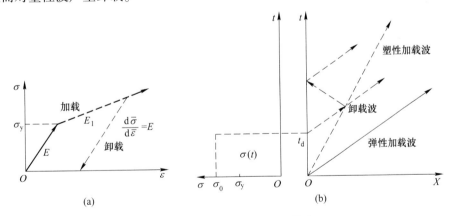

图 8-7　线性硬化材料中的卸载波
（a）应力应变曲线；（b）应力波 X-t 图

对于卸载波，连续方程（质量守恒）、运动方程（动量守恒）依然成立，但本构方程需采用式（8-20），由此得到卸载波的控制方程

$$\frac{\partial \overline{\varepsilon}}{\partial t} = \frac{\partial \overline{v}}{\partial X}, \; \frac{\partial \overline{v}}{\partial t} = \frac{1}{\rho_0}\frac{\partial \overline{\sigma}}{\partial X}, \; \overline{\sigma} = \sigma_m(X) - E[\varepsilon_m(X) - \overline{\varepsilon}]$$

式中，$\bar{\sigma}$、$\bar{\varepsilon}$、$\bar{v}$ 为卸载波的相应量。

进而，可得卸载波的一阶偏微分方程组描述的波动方程

$$\begin{cases} \dfrac{\partial \bar{\sigma}}{\partial t} = \rho_0 C_0^2 \dfrac{\partial \bar{v}}{\partial X} \\[3mm] \dfrac{\partial \bar{\sigma}}{\partial X} = \rho_0 \dfrac{\partial \bar{v}}{\partial t} \end{cases} \tag{8-21}$$

二阶偏微分方程表示的波动方程

$$\frac{\partial^2 \bar{u}}{\partial t^2} = C_0^2 \frac{\partial^2 \bar{u}}{\partial X^2} + \frac{1}{\rho_0} \frac{\partial \sigma_{\mathrm{m}}(X)}{\partial X} - C_0^2 \frac{\mathrm{d}\varepsilon_{\mathrm{m}}(X)}{\mathrm{d}X} \tag{8-22}$$

方程组式（8-21）与方程式（8-22），仍可利用特征线方法求解，他们共同的特征线及其特征线相容关系为

$$\begin{cases} \mathrm{d}X = \pm C_0 \mathrm{d}t \\[2mm] \mathrm{d}\bar{\sigma} = \pm \rho_0 C_0 \mathrm{d}\bar{v} \end{cases} \tag{8-23}$$

利用上述卸载波的控制方程特征线解，可以对不同情况下的塑性波卸载问题进行分析。

8.1.4.2　追赶卸载

图 8-7（b）所示即是追赶卸载的情形。首先自杆左端突然受载，产生右行弹性先驱波和随后的塑性加载波，经历一时间滞后出现弹性卸载波，由于卸载波速度大于塑性加载波速度，于是发生追赶，削弱塑性加载波，这称为追赶卸载。追赶卸载分强卸载和弱卸载两种情况，若经追赶卸载后，塑性加载波消失，则为强卸载追赶弱加载；反之，经一次卸载后，塑性加载波依然存在，需要多次卸载方能使塑性加载波消失，则为弱卸载追赶强加载。

图 8-8 所示为强卸载追赶弱加载。卸载波 AB 追赶塑性加载波 OB，假定它们的强度 $(\sigma_2 - \bar{\sigma}_3)$ 和 $(\sigma_2 - \sigma_1)$ 已知。由于是强卸载，发生卸载后塑性加载波将消失，出现右行弹性波 BC 和左行弹性波 BD。加载、卸载波特征线将 (X, t) 平面分为 5 个区，其中 0 区、1 区、2 区的状态参数由前面弹塑性加载波知识即可确定，不再重复。3 区为卸载波后状态，应力为 $\bar{\sigma}_3$，质点速度为 $\bar{v}_3$，可通过 2 区状态参数确定，由 $\sigma_2 - \bar{\sigma}_3 = -\rho_0 C_0 (v_2 - \bar{v}_3)$，进行整理，并将 $v_2 = \dfrac{\sigma_2 - \sigma_y}{\rho_0 C_1} + \dfrac{\sigma_y}{\rho_0 C_0}$ 代入，得

$$\bar{v}_3 = \frac{\bar{\sigma}_3}{\rho_0 C_0} + (\sigma_2 - \sigma_y)\left(\frac{1}{\rho_0 C_1} - \frac{1}{\rho_0 C_0} \right) \tag{8-24}$$

4 区中，4″ 区与 4′ 区的应力与质点速度参数相等，因此 4 区的状态参数可由下式求解：

$$\begin{cases} \bar{\sigma}_4 - \sigma_1 = \rho_0 C_0 (\bar{v}_4 - v_1) \\[2mm] \bar{\sigma}_4 - \bar{\sigma}_3 = -\rho_0 C_0 (\bar{v}_4 - \bar{v}_3) \end{cases} \tag{8-25}$$

其中需要注意到 $\sigma_1 = \sigma_y$，$v_1 = v_y$，得

$$\begin{cases} \overline{\sigma}_4 = [\,(\sigma_y + \overline{\sigma}_3) + \rho_0 C_0(\overline{v}_3 - v_y)\,]/2 \\ \overline{v}_4 = [\,(v_1 + \overline{v}_3) + \dfrac{1}{\rho_0 C_0}(\overline{\sigma}_3 - \sigma_y)\,]/2 \end{cases} \quad (8\text{-}26)$$

至此，得到了各区状态参数，如图 8-8（b）所示。图 8-8（c）所示为追赶卸载前后的应力应变图，可以看出 4″ 区与 4′ 区中，虽然应力相同，但应变不同。在 4″ 区与 4′ 区出现应变阶段间断，原因是 4″ 区中经历了塑性波作用，产生了塑性变形，而 4′ 区中没有经历塑性波和塑性变形。

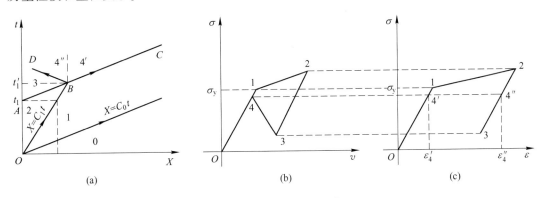

图 8-8 强卸载追赶弱加载
（a）物理平面；（b）速度平面；（c）应力应变曲线

由于是强卸载追赶弱加载，因此要求 $\overline{\sigma}_4 \leqslant \sigma_y$ ，可推得强卸载追赶弱加载的条件为

$$\frac{\sigma_2 - \overline{\sigma}_3}{\rho_0 C_0} \geqslant (\sigma_2 - \sigma_y)\left(\frac{1}{\rho_0 C_1} + \frac{1}{\rho_0 C_0}\right)/2 \quad (8\text{-}27)$$

式（8-26）和式（8-27）中，当杆端完全卸载，则以 $\overline{\sigma}_3 = 0$ 代入，可以求解相应参数。

如果是弱卸载追赶强加载，则一次卸载完成后，塑性波仍然存在，但卸载波返回经杆端反射后，将会对塑性加载波进行二次卸载，依次进行，最终塑性加载波消失。图 8-9 所示为弱卸载多次对强塑性加载波卸载的物理平面与速度平面，图中 l'_1、l'_2、l'_3 依次为各次（完全）卸载波追赶上加载波的位置。

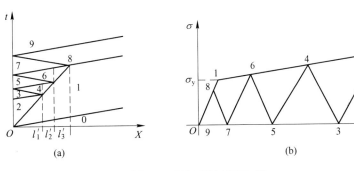

图 8-9 弱卸载追赶强加载
（a）物理平面；（b）速度平面

8.1.4.3 迎面卸载

一维杆中两相向异号的应力波相遇，产生迎面卸载；有限长细杆中的弹塑性波自由面反射，反射波与塑性波相遇也造成迎面卸载。

迎面卸载中，同样分两种情况。一种是强卸载遇弱加载，卸载波与塑性加载波相遇后，塑性波消失；另一种是弱卸载遇强加载，卸载波与塑性加载波相遇后，塑性加载波虽有削弱，但仍然存在，将出现二次卸载、三次卸载等，直至塑性加载波消失。

下面分析一维杆中两相向异号应力波的迎面强卸载遇弱加载情况。设杆中有右行弹塑性压缩波和左行弹塑性拉伸波，强度分别记为 σ_3 和 σ_4，且 $|\sigma_3| > |\sigma_4|$，首先两弹性前驱波相遇，而后两弹性波分别与两塑性波相遇，发生迎面卸载，塑性波消失，如图 8-10 (a) 所示。图 8-10 (b) 所示为相应的特征线法解得的各区状态参数，图 8-10 (c) 所示为应力应变关系。以上各图中均以压应力、压应变为正，拉应力、拉应变为负。

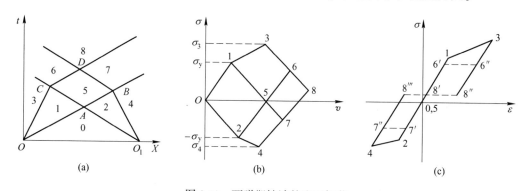

图 8-10 两弹塑性波的迎面卸载

(a) 物理平面；(b) 速度平面；(c) 应力应变曲线

类似于前面的方法，利用特征线及其相容关系，可以得到各区状态参数的代数方程解。

如果塑性波的强度较大，则一次迎面卸载后塑性波不会消失，将出现多次卸载。图 8-11 为右行拉伸波与左行压缩波发生多次迎面卸载的情形，每次卸载后塑性波强度均有减弱，最终消失。

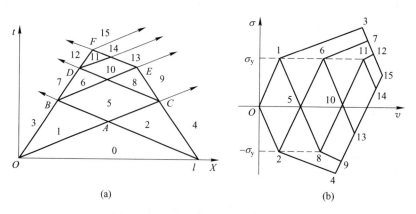

图 8-11 两弹塑性波的多次迎面卸载

(a) 物理平面；(b) 速度平面

如果一次迎面卸载后的卸载区应力绝对值小于材料的弹性极限，即图 8-11（b）中的 $|\bar{\sigma}_6| \leqslant \sigma_y$ 及 $|\bar{\sigma}_7| \leqslant \sigma_y$，则塑性波消失。由此可推得强卸载的条件为

$$\min(|\sigma_3|,\ |\sigma_4|) \leqslant \left(\frac{2C_1}{C_0 + C_1} + 1\right)\sigma_y \tag{8-28}$$

8.1.4.4　弹塑性波在自由面的反射

有限细长杆中的弹塑性应力波，弹性前驱波将首先到达杆端自由面，并发生发射，而后与塑性波相遇，对塑性波迎面卸载。根据塑性波强度的不同，迎面卸载后的应力组成状态不同。如果塑性波强度足够大，迎面卸载后，仍将有弹塑性波，其中的弹性波再次在杆端反射，这一反射波将随塑性波进行二次迎面卸载，进而还可能出现三次卸载，直到塑性波消失。图 8-12 所示为弹塑性波在杆端自由面反射，发生二次迎面卸载的情况。

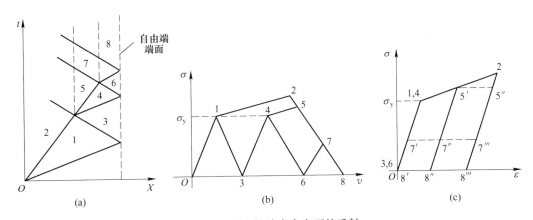

图 8-12　弹塑性波在自由面的反射
（a）物理平面；（b）速度平面；（c）应力应变曲线

图 8-12（b）中，各点所代表的状态参数分别如下：

$$\sigma_1 = \sigma_y,\ v_1 = v_y$$
$$\sigma_2 = \sigma_2,\ v_2 = v_2\ (\text{载荷条件，视为已知})$$
$$\sigma_3 = 0,\ v_3 = 2v_y$$
$$\sigma_4 = \sigma_y,\ v_4 = 3v_y$$
$$\sigma_5 = \sigma_2 - \frac{C_1}{C_0 + C_1}\sigma_y,\ v_5 = \frac{\sigma_2}{\rho_0 C_1} - \frac{\sigma_y}{\rho_0(C_0 + C_1)}\left(\frac{3C_1}{C_0} - \frac{C_0}{C_1}\right)$$
$$\sigma_6 = 0,\ v_6 = 4v_y$$
$$\begin{cases} \sigma_7 = \sigma_2(1 + C_0/C_1)/2 - \sigma_y(3 + C_0/C_1)/2 \\ v_7 = \dfrac{1}{2\rho_0 C_1}[\,(1 + C_0/C_1)\sigma_2 - (5 - C_0/C_1)\sigma_y\,] \end{cases}$$
$$\begin{cases} \sigma_8 = 0 \\ v_8 = \dfrac{1}{\rho_0 C_1}[\,(1 + C_0/C_1)\sigma_2 + (C_0/C_1 - 1)\sigma_y\,] \end{cases}$$

8.2　一维应变波

一维应力波存在于细杆中，杆截面很小，几乎不存在横向约束，且忽略横向变形的条件下，一维应力波中仅有沿轴向的应力。而一维应变波要求仅能存在沿轴向的一维应变，因此要求横向尺寸很大，横向约束完全受到限制，横向变形为零。因而，一维应变波中存在着三维应力，这使得一维应变波较一维应力波要复杂一些。下面仅对一维应变波作简要介绍。

8.2.1　一维应变状态

8.2.1.1　弹性应力应变关系

弹性状态下，一点的应力与应变之间的关系服从胡克定律，可表示为

$$\begin{cases} \varepsilon_X = \dfrac{1}{E}[\sigma_X - \mu(\sigma_Y + \sigma_Z)] \\ \varepsilon_Y = \dfrac{1}{E}[\sigma_Y - \mu(\sigma_X + \sigma_Z)] \\ \varepsilon_Z = \dfrac{1}{E}[\sigma_Z - \mu(\sigma_X + \sigma_Y)] \end{cases} \tag{8-29}$$

一维应变中由于横向约束，仅有 X 方向产生变形，因此 $\varepsilon_Y = \varepsilon_Z = 0$，由此得到

$$\sigma_X = \frac{E(1-\mu)}{(1+\mu)(1-2\mu)}\varepsilon_X \tag{8-30}$$

$$\sigma_Y = \sigma_Z = \frac{\mu}{1-\mu}\sigma_X \tag{8-31}$$

一般泊松比 $\mu = 0.2 \sim 0.5$，$\dfrac{\mu}{1-\mu} > 0$，于是可知一维应变下，三个主应力同号，材料处于三维压缩或拉伸状态。另外，式（8-30）还可以改写成

$$\sigma_X = \left(K + \frac{4}{3}G\right)\varepsilon_X \tag{8-32}$$

式中，K 为体积变形模量；G 为剪切模量。

8.2.1.2　屈服条件

一维应力条件下，屈服条件为 $|\sigma_X| = \sigma_y$，但一维应变下，材料处于三向应力条件，因此其屈服条件变得较复杂，一般采用 Mises 准则或 Tresca 准则判定。

Mises 准则：

$$(\sigma_X - \sigma_Y)^2 + (\sigma_Y - \sigma_Z)^2 + (\sigma_X - \sigma_Z)^2 = 2\sigma_y$$

Tresca 准则：

$$\max\{|\sigma_X - \sigma_Y|, |\sigma_Y - \sigma_Z|, |\sigma_X - \sigma_Z|\} = \sigma_y$$

由此得一维应变下的屈服准则，表述为

$$\sigma_X - \sigma_Y = \pm\sigma_y \tag{8-33}$$

$$\sigma_X = \pm \frac{1-\mu}{1-2\mu}\sigma_y \tag{8-34}$$

由式（8-34）知，在泊松比的取值范围 $0.2\sim0.5$ 内，$\frac{1-\mu}{1-2\mu}>1$，一维应变波使材料的屈服极限较一维应力条件提高 $1.5\sim3.0$ 倍。利用式（8-33）、式（8-34），可画出一维应变的屈服轨迹线，如图 8-13 所示。

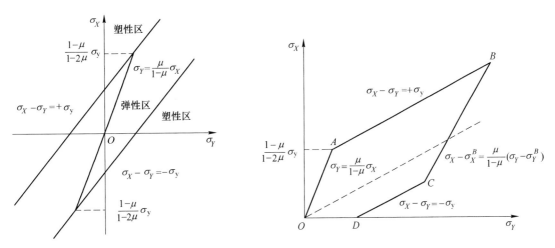

图 8-13 一维应变下的屈服轨迹线

当 $|\sigma_X|$ 超过 $\frac{1-\mu}{1-2\mu}\sigma_y$ 时，材料屈服。若继续加载，材料处于塑性区，应力沿 AB 线发展，若在 B 点卸载，应力沿 BC 线发展，在 C 点，若继续卸载，材料进入反向屈服，如图 8-13 所示。

8.2.1.3 塑性应力应变关系

一维应变状态，材料处于三向应力状态，问题变得复杂，因此这里仅就理想塑性模型进行论述。

将应力分解成平均应力和应力偏量两部分，即

$$\sigma_X = S_X + p \tag{8-35}$$

$$p = (\sigma_X + \sigma_Y + \sigma_Z)/3 = (\sigma_X + 2\sigma_Y)/3 \tag{8-36}$$

式中，S_X 为应力偏量；p 为平均应力。

由广义胡克定律有

$$p = K\varepsilon_X \tag{8-37}$$

由于处于塑性状态，$\sigma_X - \sigma_Y = \pm\sigma_y$，于是有

$$S_X = \sigma_X - p = \frac{2}{3}(\sigma_X - \sigma_Y) = \pm\frac{2}{3}\sigma_y \tag{8-38}$$

及塑性区的应力应变关系

$$\sigma_X = K\varepsilon_X \pm 2\sigma_y/3 \tag{8-39}$$

8.2.2　一维应变弹塑性波

一维应变波仍然遵循质量守恒和动量守恒，即有

$$\frac{\partial v_X}{\partial X} = \frac{\partial \varepsilon_X}{\partial t}$$

$$\frac{\partial \sigma_X}{\partial X} = \rho_0 \frac{\partial v_X}{\partial t}$$

但是，应力应变关系应针对弹性波或塑性波分别采用式（8-33）或式（8-39）。由此得到与一维应力波形式相同的一维应变波的波动方程。一维应变波方程仍然可用特征线方法求解，其特征线及其相容关系为

$$\begin{cases} dX = \pm C dt \\ d\sigma_X = \pm \rho_0 C dv_X \end{cases} \tag{8-40}$$

或

$$\begin{cases} dX = \pm C dt \\ d\varepsilon_X = \pm \dfrac{1}{C} dv_X \end{cases} \tag{8-41}$$

于是，有一维应变弹性波速度 C_e 为

$$C_e = \sqrt{\frac{1}{\rho_0}\frac{d\sigma_X}{d\varepsilon_X}} = \sqrt{\frac{1}{\rho_0}\frac{(1-\mu)E}{(1+\mu)(1-2\mu)}} = \sqrt{\frac{K+4G/3}{\rho_0}} \tag{8-42}$$

由于泊松比在 0~0.5 之间取值，可以证明，一维应变弹性波的速度大于一维应力弹性波的速度。

对于一维应变塑性波，波速 C_p 为

$$C_p = \sqrt{\frac{1}{\rho_0}\frac{d\sigma_X}{d\varepsilon_X}} = \sqrt{\frac{K}{\rho_0}} \tag{8-43}$$

可以看出，与一维应力波相同，一维应变塑性波的速度小于一维应变弹性波的速度。因此，当进入塑性后，仍然会出现弹性前驱波和后续塑性波构成的双波结构。

同样，一维应变波也会遇到界面反射及透射问题，这些问题的分析方法与前面讲述的一维应力波相似，但应注意两方面的不同：

（1）一维应力弹塑性波及其卸载主要针对线性硬化模型进行，而一维应变弹塑性波采用理想塑性模型，但分析中也有相似之处。

（2）一维应变波卸载中，存在反向塑性加载现象，问题比一维应力波更为复杂。

8.3　弹塑性波通过界面的透射与反射

本节仅在上一章弹性应力波透射与反射的基础上，进一步讨论一维弹塑性应力波和一维弹塑性应变波通过界面的透射与反射。

8.3.1　一维弹塑性应力波通过界面的透射与反射

前面述及，弹性应力波通过界面的透射、反射情况与界面两侧介质的波阻抗有关。对

于弹塑性波，情况要复杂得多。这时，有弹性波阻抗和塑性波阻抗，并且需要考虑界面两侧介质的相对强度，而且这三者之间的相对大小是独立的，不存在相互依赖关系。于是，需要考虑的界面两侧不同介质的组合情况比较多。

下面将利用特征线作图方法就几种不同的介质组合情况进行讨论。在讨论中，认为应力波从介质 1 通过界面进入介质 2，将介质 1 的弹性波阻抗、塑性波阻抗和弹性极限分别表示为 $(\rho_0 C_0)_1$、$(\rho_0 C_1)_1$ 和 σ_{y1}，将介质 2 的相应量依次表示为 $(\rho_0 C_0)_2$、$(\rho_0 C_1)_2$ 和 σ_{y2}。

（1）$(\rho_0 C_0)_1 < (\rho_0 C_0)_2$，$(\rho_0 C_1)_1 < (\rho_0 C_1)_2$ 及 $\sigma_{y1} < \sigma_{y2}$。这种情况，相当于应力波从"软介质"进入硬介质，首先弹性前驱波 0—1（以特征线两侧的数字表示相应的波，后面同样处理）先到达界面，并反射、透射，形成透射弹性波 0—3 和反射塑性波 1—3，然后反射波 1—3 与塑性波相遇，迎面加载，形成强度更高的两个塑性波 2—4 和 3—4，随后 3—4 到达界面，透射、反射，形成透射弹性波 3—5 和反射塑性波 4—5，如图 8-14（a）所示。如果介质的 σ_{y2} 不够高，$\sigma_{y2} < \sigma_5$，3—4 的透射将在介质 2 中出现弹塑性波 3—5 和 5—6，如图 8-14（b）所示，甚至 0—1 的透射在介质 2 中形成弹塑性波。

利用特征线作图方法，可以确定图 8-14（a）中各区域的状态，如图 8-14（c）所示，以及对应于图 8-14（b）中各区域的状态，如图 8-14（d）所示。也可以利用特征线及其相容关系方程组求代数解，得到问题的解，在此不再述及。

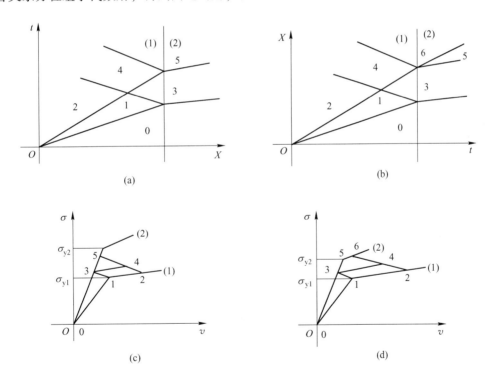

图 8-14　一维弹塑性应力波界面反射的弹塑性加载

（a）$\sigma_{y2} > \sigma_5$ 时的弹塑性应力波透射域反射 $X\text{-}t$ 图；（b）$\sigma_3 < \sigma_{y2} < \sigma_6$ 时的弹塑性应力波透射域反射 $X\text{-}t$ 图；

（c）与（a）对应的 $\sigma\text{-}v$ 图；（d）与（b）对应的 $\sigma\text{-}v$ 图

（2）$(\rho_0 C_0)_1 < (\rho_0 C_0)_2$，$(\rho_0 C_1)_1 > (\rho_0 C_1)_2$ 及 $\sigma_{y1} < \sigma_{y2}$。这时，弹性前驱波的反射，将

与塑性波迎面加载，形成塑性波 2—4 和 3—4，该塑性波达到界面反射后，将形成弹塑性透射波 3—5 和 5—6（ $\sigma_3 < \sigma_{y2} < \sigma_6$ ），但反射波将是卸载波，使介质 1 中的应力降低，如图 8-15 所示。

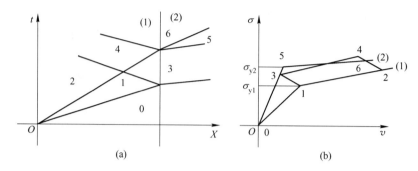

图 8-15   弹塑性应力波界面反射的弹性加载与塑性卸载

（a） $X\text{-}t$ 图；（b） $\sigma\text{-}v$ 图

（3） $(\rho_0 C_0)_1 > (\rho_0 C_0)_2$ 且 $(\rho_0 C_1)_1 > (\rho_0 C_1)_2$ 。这时将出现应力波界面反射的弹性卸载。如果塑性强度不够高，将不可能达到界面。而且视 σ_{y2} 大小不同，透射波可能为弹性波或弹塑性波，对此透射波的分析方法类似图 8-15 情形，不再重复。

（4） $(\rho_0 C_0)_1 > (\rho_0 C_0)_2$ 且 $(\rho_0 C_1)_1 < (\rho_0 C_1)_2$ 。这时，如果入射塑性波强度足够高，能够达到界面，将出现反射弹性卸载和反射塑性加载，如图 8-16 所示。

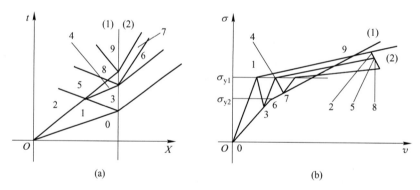

图 8-16   弹塑性应力波界面反射的弹性卸载与塑性加载

（a） $X\text{-}t$ 图；（b） $\sigma\text{-}v$ 图

8.3.2   一维弹塑性应变波通过界面的透射与反射

一维应变波通过界面的透射与反射遵循与一维应力波透射、反射相同的规律，问题的分析方法也与一维应力波基本相同。在此，仅就几种情况作简要分析。

（1） $(\rho_0 C_0)_1 < (\rho_0 C_0)_2$ ， $(\rho_0 C_1)_1 < (\rho_0 C_1)_2$ 。这种情况下，反射波将与入射波发生迎面加载，使应力波进一步加强。图 8-17 所示为针对理想塑性材料模型的分析结果。弹性前驱波先达到界面发生透射、反射，反射波与塑性波相遇，两塑性波迎面加载。而后塑性波达到界面发生透射、反射，强度进一步加强，透射波视材料屈服极限大小不同，可能是弹性波或弹塑性波。需要注意，对于相同材料，一维应变波的弹性波、塑性波、波阻抗及屈

服极限均与一维应力波情况不同。图 8-17 中，$\sigma'_{y1} = \dfrac{1-\mu_1}{1-2\mu_1}\sigma_{y1}$，$\sigma'_{y2} = \dfrac{1-\mu_2}{1-2\mu_2}\sigma_{y2}$，且 $\sigma'_{y1} < \sigma'_{y2}$。

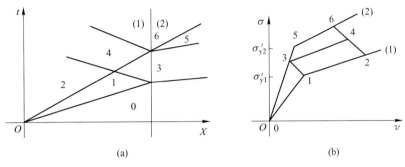

图 8-17　一维应变波通过界面的弹塑性反射加载

（a）X-t 图；（b）σ-v 图

（2）$(\rho_0 C_0)_1 < (\rho_0 C_0)_2$ 但 $(\rho_0 C_1)_1 > (\rho_0 C_1)_2$。这种条件下，将发生反射弹性波加载和反射塑性波卸载，如图 8-18 所示。σ'_{y1} 与 σ'_{y2} 相对大小不同，结果不同。如果 $\sigma'_{y1} < \sigma'_{y2}$，则有图 8-18（a）和图 8-18（b）的结果；当 $\sigma'_{y1} > \sigma'_{y2}$ 时，将出现反射弹性波卸载和反射塑性波卸载，如图 8-19 所示。

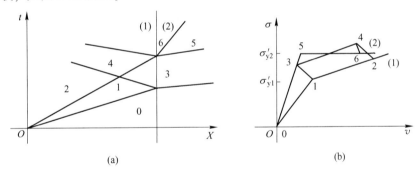

图 8-18　一维应变波通过界面的反射弹性波加载和反射塑性波卸载

（a）X-t 图；（b）σ-v 图

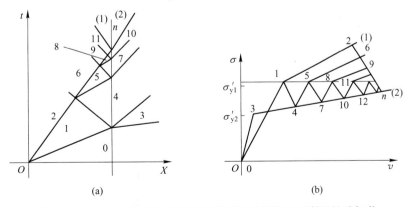

图 8-19　一维应变波通过界面的反射弹性波卸载和反射塑性波卸载

（a）X-t 图；（b）σ-v 图

8.3.3 弹塑性波通过界面透射与反射的基本规律

根据已完成的分析及前章弹性波透射、反射的分析，可以得到一维应力波与一维应变波通过界面时的一些基本规律。

（1）对于一维应力波，分析针对弹性线性硬化塑性材料模型，一维应变波则针对线弹性理想塑性材料模型进行。

（2）入射波通过介质产生同样性质的透射波，入射波为压缩波，透射波也为压缩波，入射波为拉伸波时，透射波也为拉伸波；但反射波的情况则因界面两侧介质的波阻抗不同而异，当波从波阻抗小的介质进入波阻抗大的介质时，反射波性质不变，与入射波同为压缩波或拉伸波，反射波与后续入射波相遇，迎面加载；当波从波阻抗大的介质进入波阻抗小的介质时，反射波性质改变，入射波为压缩波时，反射波变成拉伸波，反之亦然，反射波与后续入射波相遇时迎面卸载。

（3）界面两侧的弹性波阻抗相对大小与塑性波阻抗相对大小之间没有约束关系，如介质 1 的弹性波阻抗大于介质 2 的弹性波阻抗，不意味塑性波阻抗之间也有同样关系。界面两侧介质屈服极限之间的相对大小也不受波阻抗关系的影响。

（4）界面透射侧介质或材料的屈服强度相对入射侧介质的屈服强度的大小会影响透射波的结构，透射侧介质强度较小时，将出现弹塑性双波结构。如果透射侧介质的屈服强度足够大，则可能只有弹性透射波。

（5）无论何种性质的波，在 $X\text{-}t$ 平面上的特征线斜率由波速和行进方向决定，在 $\sigma\text{-}v$ 平面上的特征线（$X\text{-}t$ 平面上的特征线的相容关系）斜率由波阻抗和波行进方向决定。

（6）分析一维应变波的透射、反射问题时，需要特别注意反向屈服现象。

习 题

8-1 一线性硬化材料的半无限长杆，其材料常数为：$\rho_0 = 8\text{g/cm}^3$，$Y = 240\text{MPa}$，$C_0 = 5\text{km/s}$，$C_1 = 0.5\text{km/s}$。杆端承受一持续时间为 1ms 的矩形脉冲载荷。试求弹性卸载波和塑性加载波第一次相互作用后使塑性波消失的最大打击应力，并求出塑性变形区的长度。假定需经过第二次相互作用后塑性波才消失，试问这时最大打击应力及塑性变形区的长度各为多少？

8-2 半无限长杆的材料为弹性-线性硬化材料，其弹性波速 C_0 和 C_1 均已知，且 $C_1 = C_0/10$。若在杆端作用一如图 8-20 所示的应力载荷 $\sigma(t)$，试采用刚性卸载来近似确定杆中残余应变段的长度。

8-3 证明一维应变加载下的弹塑性材料有如下的 $\sigma_X\text{-}\varepsilon_X^{\text{p}}$ 关系：

$$\sigma_X = \frac{1-\mu}{1-2\mu}Y(\varepsilon_X^{\text{p}}) + \frac{E}{2(1-2\mu)}\varepsilon_X^{\text{p}}$$

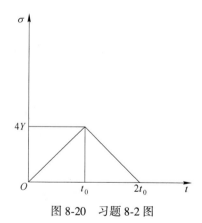

图 8-20 习题 8-2 图

9 霍普金森岩石动力学实验技术

岩石爆破技术的发展给岩石动力学性质的研究提出了更高的要求，岩石动力学性质方面的研究成果又促进了岩石爆破理论与技术的发展更趋深入，为更准确描述爆炸载荷作用下岩石的破坏过程创造了条件。爆炸等冲击载荷作用下，岩石的力学性质表现比静载荷下的力学性质复杂许多，因而给试验研究方法和测试系统提出了较高要求。近年来，国内外许多学者将分离式霍普金森压杆技术应用于岩石动力学性质研究中，对冲击载荷下岩石的力学特性进行了许多研究，取得了许多有益的研究成果，同时也对霍普金森压杆技术提出了改进意见，使得这一技术正日趋完善。

本章介绍分离式霍普金森压杆技术原理与相关技术，以及应用这一技术在岩石动力学性质研究取得的相关成果。

9.1 霍普金森压杆技术原理

霍普金森压杆，全称为分离式霍普金森压杆（split Hopkinson pressure bar，缩写为SHPB）。它是由霍普金森（Hopkinson）于1914年提出的，经过近100年的发展，现已成为材料动力学性质研究的重要工具。霍普金森压杆本质上是简单的弹性杆，在杆的一端施加应力（压力）载荷 $p(t)$，在杆中引起弹性应力波，弹性波通过试件时，使试件发生变形（有时包含塑性变形），通过正确的测量方法，应用一维杆中的应力波理论可以得到试件输入、输出端的一些参数。在杆保持弹性状态的前提下，进一步可以得到所加的应力载荷，也可以得到试件及杆端的位移。目前，利用霍普金森压杆测试系统，可以方便得到加载脉冲的应力-应变、应力-时间、应变-时间、应变率-时间等动态曲线，因而可以利用霍普金森压杆实验系统来研究材料动力学性质的应变率敏感性及材料的动态本构关系等。

图 9-1 所示为霍普金森压杆测试方法的原理图，从左向右依次为撞击杆、输入杆、试件、输出杆、动量杆和缓冲器。压杆采用高强度合金钢制成。要求压杆与试件的接触面加工平整并保持平行，压杆用塑料或尼龙稳定地支撑在底座上，以便不会造成应力波的形状改变。动量杆的作用是带走输出杆传来的动量，由缓冲器吸收。撞击杆与输入杆应具有相同材料、相同直径，以使撞击应力波无反射地传入输入杆。由于撞击杆自由面（左面）的反射，输入杆中入射应力波的持续长度是撞击杆的 2 倍。

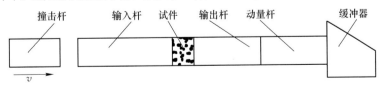

图 9-1　霍普金森压杆原理图

当输入杆中的入射应力波到达试件界面时，一部分被反射，另一部分通过试件透射进输出杆。这些入射、反射和透射应力的大小取决于试件材料的性质。由于加载应力波的作用时间比应力经过短试件中波的时间要大得多，因此在加载应力波的作用期间，试件中将发生多次应力波内反射，这些内反射使得试件中的应力很快地趋向均匀化，因此分析时可忽略试件内部应力波的变化效应。

图 9-2 所示为试件与弹性杆界面上应力波的作用过程。带下标 I、R、T 的量分别为入射波、反射波、透射波的相应量。根据试件与压杆的界面条件和一维杆中的应力波理论，有位移表达式

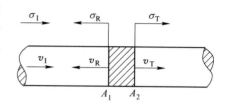

图 9-2 应力波在试件与弹性杆界面上的作用

$$u = C_0 \int_0^t \varepsilon \, \mathrm{d}t \qquad (9\text{-}1)$$

式中，u 为位移；C_0 为弹性纵波速度；ε 为应变；t 为时间。

于是，界面 A_1 上的位移 u_1 为

$$u_1 = C_0 \int_0^t (\varepsilon_I - \varepsilon_R) \, \mathrm{d}t \qquad (9\text{-}2)$$

界面 A_2 上的位移 u_2 为

$$u_2 = C_0 \int_0^t \varepsilon_T \, \mathrm{d}t \qquad (9\text{-}3)$$

这样，试件中的平均应变 ε_S 为

$$\varepsilon_S = \frac{u_1 - u_2}{l_0} = \frac{C_0}{l_0} \int_0^t (\varepsilon_I - \varepsilon_R - \varepsilon_T) \, \mathrm{d}t \qquad (9\text{-}4)$$

式中，l_0 为试件的原始长度，根据试件中应力均匀化的假设，试件长度应远小于输入应力波的波长，于是可认为 $l_0 \to 0$，且认为试件中的应力均匀化、无衰减，因此输入、输出杆中的应变有如下关系：

$$\varepsilon_I + \varepsilon_R = \varepsilon_T \quad \text{或} \quad \varepsilon_R = \varepsilon_T - \varepsilon_I \qquad (9\text{-}5)$$

而试件两端的载荷（合力）分别是

$$\begin{cases} F_1 = EA(\varepsilon_I + \varepsilon_R) \\ F_2 = EA\varepsilon_T \end{cases} \qquad (9\text{-}6)$$

由此，试件中的平均应力 σ_S 为

$$\sigma_S = \frac{F_1 + F_2}{2A_S} = \frac{1}{2} E \left(\frac{A}{A_S} \right) (\varepsilon_I + \varepsilon_R + \varepsilon_T) \qquad (9\text{-}7)$$

式中，E 为弹性模量；A、A_S 分别为压杆和试件的截面面积。

利用式（9-5），由式（9-7）得平均应力为

$$\sigma_S = E \left(\frac{A}{A_S} \right) \varepsilon_T \qquad (9\text{-}8)$$

由式（9-5）与式（9-4），得试件的平均应变率为

$$\dot{\varepsilon}_S = -\frac{2C_0}{l_0} \varepsilon_R \qquad (9\text{-}9)$$

可见，根据一维杆中的应力波理论，在压杆上记录得到入射波、反射波、透射波的应变-时间历史后，即可确定试件端面上的受力和引起的位移，进一步，可以得到材料的应力-应变-应变率的关系，即动态本构关系。

下面，结合图 9-3 简要分析试件中的应力经过多次反射后趋于入射应力的情况。试件的波阻抗 $(\rho_0 C_0 A)_S$ 小于压杆的波阻抗 $\rho_0 C_0 A$，于是界面 A_1 处的反射系数 F 为

$$F = \frac{\rho_0 C_0 A - (\rho_0 C_0 A)_S}{\rho_0 C_0 A + (\rho_0 C_0 A)_S} \tag{9-10}$$

透射系数 T_1 为

$$T_1 = \frac{A}{A_S}(1 - F) \tag{9-11}$$

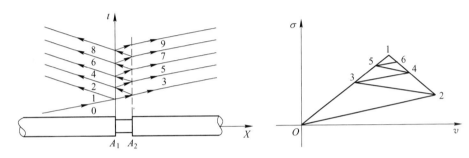

图 9-3　应力波在试件压杆界面的多次透射反射

应力波通过试件传到界面 A_2 时，其反射系数为 $-F$，因而界面 A_2 处的透射系数 T_2 为

$$T_2 = \frac{A}{A_S}(1 + F) \tag{9-12}$$

如图 9-3 所示，假设输入杆中入射波的应力是 σ_1，它传播到界面 A_1 时，透射进试件中的应力是 $\sigma_1 T_1$，此透射应力波阵面继续向前传播遇到界面 A_2 时再一次向输出杆透射，透射进输出杆的应力变为 $\sigma_1 T_1 T_2$，此透射波后 3 区的状态是

$$\sigma_3 = \sigma_1 T_1 T_2 = \sigma_1(1 - F^2) \tag{9-13}$$

而试件中的应力波在界面 A_2 透射的同时，还要发生反射，反射回试件中的应力为 $\sigma_1 T_1 F$，它回到界面 A_1 时再一次向试件中反射形成 4 区，其反射应力的强度为 $\sigma_1 T_1 F^2$，类似地，当它返回到界面 A_2 时，必然再次反射，其中透射进输出杆中的应力为 $\sigma_1 T_1 T_2 F^2$，它与 3 区的应力叠加，形成 5 区，5 区的应力为

$$\sigma_5 = \sigma_1 T_1 T_2 F^2 + \sigma_3 = \sigma_3(1 + F^2) = \sigma_1(1 - F^4) \tag{9-14}$$

依此类推，7 区的应力为

$$\sigma_7 = \sigma_1(1 - F^6) \tag{9-15}$$

一般输出杆第 n 道波后的应力即第 （2n+1） 区的应力为

$$\sigma_{2n+1} = \sigma_1(1 - F^{2n}) \tag{9-16}$$

因为 $F<1$，因此

$$\lim_{n \to \infty} \sigma_{2n+1} = \sigma_1 \tag{9-17}$$

由此可以看出，只要应力脉冲长度远远大于试件的厚度，那么试件内的应力波经过多

次反射后，可以视为处处相等。因此，假设试件内的应力、应变均匀分布是合理的。

　　李夕兵对非脉冲方波形式的入射应力波进行了同样的分析，所得到的结论是：应力波在试件（岩石）中来回反射 2~3 次后，两端的应力差值已变得很小，岩石中的应力、应变即开始达到均匀。可以认为非脉冲方波的入射应力波在试件内应力、应变的均匀分布假设也是合理的。

9.2　霍普金森压杆测试系统

　　如图 9-4 所示，霍普金森压杆测试系统由主体设备、发射系统和测试系统三大部分组成，包括动力源、弹性压力杆、支承架、测试分析仪表等。

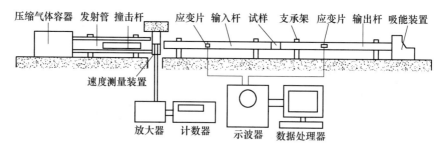

图 9-4　霍普金森压杆测试系统示意图

9.2.1　动力源

　　动力源的作用是给撞击杆提供动力，使其加速运动，而后撞击入射杆，在入射杆中产生脉冲应力波。动力源有多种，撞击杆可以由压缩空气驱动，也可以由压缩氮气、轻气炮（分一级轻气炮和二级轻气炮两种）或炸药平面波发生器来驱动。它们各具特点，能够满足不同目的的试验测试要求。目前，在岩石动态力学性质研究中，普遍采用压缩空气来推动撞击杆，这种动力源包括撞击杆、发射管、空气压缩机和控制阀，其主要特点是安全可靠、试验费用低，以及可以实现不同的撞击速度和压力。发射管和撞击杆的长度可变，并且可以将撞击杆设计成不同的规格形状，如柱型、台锥型和台阶型等，以实现不同的加载应力波形。

　　利用这样的装置，撞击杆的最大运动速度可达到 30m/s，不仅能够满足岩石受冲击、爆破作用研究的需要，而且还能用来研究其他材料高加载率下的力学特性。不同加载方法所达到的加载（应变）率范围见表 9-1。

表 9-1　不同加载方法所得到的加载率

加载率/s^{-1}	$<10^{-5}$	$10^{-5} \sim 10^{-1}$	$10^{-1} \sim 10^1$	$10^1 \sim 10^3$	$>10^4$
载荷状态	蠕变	静态	准动态	动态	超动态
加载手段	蠕变试验机	普通液压或刚性伺服试验机	气动快速加载机	霍普金森压杆或其改型装置	轻气炮或平面波发生器或电磁轨道炮

李夕兵、单仁亮利用这种动力源的霍普金森压杆对岩石动力学性质进行了研究。图 9-5 为李夕兵采用的加载动力源装置。

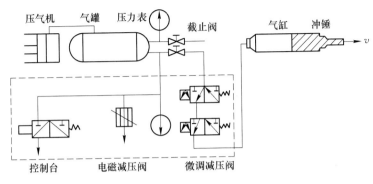

图 9-5　使用压缩空气的动力发射装置

霍普金森试验装置的气压与弹速的关系如图 9-6 所示。设撞击杆长度为 l，质量为 m；发射管内径为 d，截面面积为 S，长度为 L，撞击杆后端面气体压力为 p，某时刻撞击杆后端面位置距发射管左端 x。忽略摩擦力和能耗，撞击杆速度 v 可由牛顿第二定律得到，为

$$\frac{\mathrm{d}v}{\mathrm{d}t} = \frac{\mathrm{d}v}{\mathrm{d}x}\frac{\mathrm{d}x}{\mathrm{d}t} = \frac{\mathrm{d}v}{\mathrm{d}x}v = \frac{pS}{m} \tag{9-18}$$

于是

$$v\mathrm{d}v = \frac{pS}{m}\mathrm{d}x$$

$$v = \left(\frac{2S}{m}\int_0^L p\,\mathrm{d}x\right)^{1/2} \tag{9-19}$$

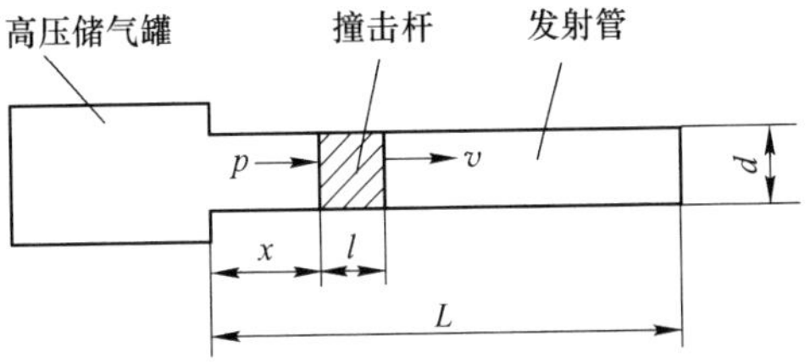

图 9-6　霍普金森压杆装置储气气压与撞击杆速度的关系

如果认为高压储气罐足够大，撞击杆发射过程中端部受到的气体压力不变，以 $\bar{p}$ 代替式（9-19）中的 p，则有

$$v = (2S\bar{p}L/m)^{1/2} \tag{9-20}$$

用无量纲的发射管长度和无量纲的撞击杆长度来表达，式（9-20）化为

$$v = \left(\frac{2\bar{p}}{\rho}\frac{L/d}{l/d}\right)^{1/2} \tag{9-21}$$

式中，ρ 为撞击杆材料的密度，$\rho = m/(Sl)$。

可见，调节发射管长度和气体压力，可实现对撞击杆速度的控制。

如果考虑撞击杆运动过程中气体膨胀引起的压力降低，且认为气体膨胀服从等熵规律，即

$$p_0 V_0^\gamma = p(V_0 + Sx)^\gamma \tag{9-22}$$

式中，p_0、V_0分别为初始压力和储气罐初始体积；γ 为气体等熵膨胀指数，对空气可取 $\gamma = 1.4$，对氦气可取 $\gamma = 1.66$。

于是，式 (9-18) 变为

$$\frac{\mathrm{d}v}{\mathrm{d}t} = \frac{p_0 V_0^\gamma S}{m(V_0 + Sx)^\gamma} \tag{9-23}$$

进一步，有

$$v\mathrm{d}v = \frac{p_0 V_0^\gamma S}{m(V_0 + Sx)^\gamma}\mathrm{d}x$$

将上式两端积分，得到

$$\int_0^{v_p} v\mathrm{d}v = \int_0^L \frac{p_0 V_0^\gamma S}{m(V_0 + Sx)^\gamma}\mathrm{d}x \tag{9-24}$$

式中，v_p 为撞击杆脱离发射管的速度。

由此，得到

$$v_p = \left\{ \frac{2p_0 V_0}{m(\gamma - 1)} \left[1 - \frac{V_0^{\gamma-1}}{(V_0 + SL)^{\gamma-1}} \right] \right\}^{1/2} \tag{9-25}$$

9.2.2 弹性压力杆

弹性压力杆包括撞击杆、输入杆、输出杆和动量杆。弹性压力杆采用高强度的合金钢制作，如 40Cr 合金钢，它的弹性极限高达 800MPa，相应的弹性极限冲击速度为 40m/s。此外，要求弹性压力杆的端面必须加工光滑平整，以便于应力顺利通过界面。

9.2.3 支承架

支承架由包括两根长度可变的槽钢和固定在其上的升降架组成，用于安放、固定弹性杆。支承架的高度和直线度应可调，以适应更换不同直径的弹性压力杆。

9.2.4 测试分析仪表

这是霍普金森压杆测试系统的主要部分，包括撞击杆速度测量，输入杆、输出杆中的应变测量，以及配套的信号分析处理设备。

9.2.4.1 速度测量

霍普金森压杆技术要求准确测定撞击杆撞击输入杆时的末速度。如图 9-7 所示为常见的速度测试系统，当撞击杆撞击输入杆时，将会依此遮挡第一、第二激光束，通过光电放大转换电路可以得到撞击杆通过两激光束的时间差 Δt，由于两激光束的距离 L 已知，因而可求得撞击杆的末速度 v_f。

$$v_f = \frac{L}{\Delta t} \tag{9-26}$$

这一测速系统无机械接触，也不增加被测部件的负荷，使用方便可靠，能获得较高的精度。为保证速度测量的精度，L 应在系统时间分别允许的条件下取较小值。

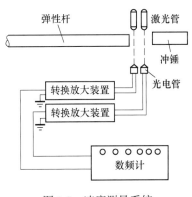

图 9-7 速度测量系统

9.2.4.2 应变测量

应变测量由粘贴在输入杆、输出杆上的应变片、超动态应变仪和信号记录、存储、显示仪器组成的系统完成。对应变片，这里要求应变片基长应满足

$$l \leqslant \frac{C}{20f} \tag{9-27}$$

式中，l 为应变片基长；f 为应力波频率；C 为弹性应力波速度。

以压杆中应力波速度 $C = 6000\text{m/s}$，应力波最高频率 $f = 20\text{kHz}$，则应变片基长应为

$$l \leqslant \frac{6000}{20 \times 20000} \times 1000 = 15\text{mm}$$

对于霍普金森压杆中的脉冲应变波，采用 1×1、2×2 或 2×5 的应变片都可满足要求。

一般由应变片得到的应变信号比较微弱，不能直接记录、显示，而应该采用超动态应变仪将应变信号放大。选择应变仪时，首先要考虑其工作频响，必须使被测信号的频率处在应变仪的工作频响范围内，否则就会使被测波形发生畸变，造成测量误差。其次，还应考虑仪器间的阻抗匹配，输入、输出间的衔接，工作稳定性等。针对霍普金森压杆的测试情况，采用压缩空气驱动撞击杆时，宜选用工作频响在 0~200kHz 的超动态应变仪。

如果采用半导体应变片，则可以不必进行应变放大，而直接进行信号的存储、显示和处理。

信号的显示由示波器完成，霍普金森压杆的测量应变信号，应采用工作频带较宽的电子示波器。正确使用示波器，应注意下面几点：

（1）正确选择工作量程，包括 y 轴偏转灵敏度和扫描速度的选择。y 轴偏转灵敏度选择偏低，则信号波形偏转太小，利用照相记录图像读数时的测量误差增大。偏转灵敏度选择偏高，则信号波形偏转过大，这时即使 y 轴放大器仍然处于线性工作段，但由于示波管边缘区的偏转系数是非线性的，也同样使测量误差增大。扫描速度选择偏快，则可能在示波管上只显示部分波形。反之，若选择偏慢，则波形将压缩在一起，不易观察波形的细节。一般使整个波形展开在全屏的三分之一范围为好。

（2）扫描工作方式的选择。对于爆炸冲击载荷测量来说，示波器都工作在触发扫描状态。根据试验条件和试验目的可以选择内触发，也可选择外触发。应根据触发信号的幅值和极性，正确选择相应的触发电平和极性，否则可能造成不正常的扫描，不能记录正确的波形或者记录不到波形。在某些示波器中，触发通道设有门电路，此时最好采用外触发，并设计一个单次触发电路，以保证获得一个完整、清晰的波形记录。

（3）对短持续时间的冲击波形测量，要想获得一个清晰的照相记录，应该选用后加速电压高、具有正程加亮措施的示波器，示波管荧光屏发光颜色为蓝光或黄光为好。显示图形应及时转换成数字信号，记录在计算机硬盘或专门的存储器中，以便分析、再现使用。

最后，还需要对测得的信号进行分析处理，这时可以采用高速数据采集分析仪，或采用瞬态记录仪来一同完成信号的显示、存储和处理。瞬态记录仪是继高速数-模变换器（D/A 变换器）和半导体存储器出现后发展起来的新型动态参数测量分析仪器，属于数字化测量仪器。它实质上是将一个电压模拟信号经过快速采样和比较变成一个数字化的信息，然后将所得的信息储存在存储器中，这些信息资料可以以数字的形式记录下来，也可以直接输入电子计算机进行运算和处理。在需要观察这个模拟输入信号时，可以通过数-模变换器（D/A 变换器）将存储的数字信息转变为模拟信号，直接输入到一个模拟量记录或显示设备中，将该信号显示或记录。在数-模变换过程中，可以用不同的速度回放再现，因而可以达到频率变换的目的。对于一个单次的瞬变过程，在重放时可以周期性地再现，因而在示波器上可以获得一个稳定的波形，以利于观察和拍摄记录。

瞬态记录仪对于研究和观测某些快速变化的单次过程或者研究某些过渡过程的细节是十分有用的工具，它在爆炸冲击波形测量系统中也有着广泛的应用前景。此外，由于它将一个模拟量经过 A/D 变换转变为数字化的信息，因此它可以很方便地和数据处理中心或微处理机连接，以利于实现数据处理的自动化。

与使用电子示波器一样，使用瞬态记录仪时，应注意做到：

（1）灵敏度和采样速度的选择。在使用仪器时，灵敏度选择要适当。若量程太小，可能造成记录的波形被限幅。若量程选择太大，则模拟量的测量精度降低，因为数字显示的绝对误差为 ±1 个字。因此在使用中一般粗略估计输入信号的幅度，使之在满量程值的 60%~80% 为宜。

同样，采样速度的选择也要综合考虑。对于一个随时间变化的模拟量来说，采样速度越快，经过 A/D、D/A 变换后的失真越小，但存储器的容量有限，仪器能够记录的最大持续时间为

$$t_{max} = t_s N$$

式中，t_s 为采样时间；N 为存储容量。

因此应该根据测量要求来选择采样速度。若要记录一个完整的波形，在选择时还要兼顾考虑波形的持续时间。

（2）触发方式的选择。选择的主要依据在于对被测信号的起始零点和过程的持续时间的测量要求。若对起始零点和持续时间的测量精度要求较高时，最好采用外触发方式。仪器工作在自动触发状态时，无论哪一种工作方式都多多少少会产生零点时间的偏移。在使用中同样要注意"触发方式""触发极性"按键和"触发电平"调节旋钮是否置于所要求的状态，否则可能使存储器不投入工作，得不到记录结果。

（3）仪器的连接。有关仪器输入端的接法以及仪器和各类模拟记录器的连接方法应按照规定进行，仪器和计算机连接时应增加相应的接口设备。

由此，对霍普金森压杆技术中的应变测试，可以采用如图 9-8 所示的瞬态应变测试系统。

近年来，随着电子技术及计算机技术的发展，测试中的数据记录、存储、转化与分析能力得到很大增强，设备实现了高度的集成化和智能化，并与计算机形成一体，可进行编程控制和数据处理，甚至实现了测试数据的远程传输和远程控制，极大方便了实验测试工作，同时也提高了测试精度和测试效率。

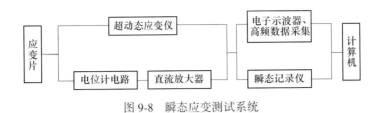

图 9-8 瞬态应变测试系统

9.3 霍普金森压杆技术在岩石动力学性质研究中的应用

利用霍普金森压杆技术研究岩石的动态力学性质，可追溯到 20 世纪 60 年代，1968 年 Kumar 利用 SHPB 对玄武岩、花岗岩进行了研究，1970 年 Hakalento 利用 SHPB 对大理岩、花岗岩和砂岩进行了研究，1983 年 Kumano 和 Goldsmith、Mohanty、Blanton 等利用 SHPB 对三轴应力条件下的砂岩、石灰岩、凝灰岩、页岩进行了研究。我国北京科技大学的于亚伦、中南工业大学的李夕兵、中国科技大学的席道瑛等、中国矿业大学的单仁亮等，分别利用 SHPB 进行了岩石的动态力学性质研究。中国科学院力学研究所、北京科技大学、中国科技大学、中南大学、中国矿业大学等单位较早拥有霍普金森压杆技术完备的测试系统，早些年我国学者发表的岩石动态力学性质的研究成果大都是利用这几个单位的 SHPB 设备完成的。这里，主要介绍他们的部分研究成果。

9.3.1 花岗岩、大理岩的动态本构关系

中国矿业大学的单仁亮在其完成博士论文的过程中，利用 SHPB 对花岗岩的本构关系进行了研究，实测了花岗岩受冲击破坏过程中的应变率、应变、应力等的时程曲线，并得到以下基本结论。

图 9-9 为花岗岩的冲击应力应变关系。当冲击速度为 $6.2 \sim 19.6 \mathrm{m/s}$、应变率在 $100 \sim 600 \mathrm{s^{-1}}$ 时，花岗岩的应力应变曲线在峰前大多具有跃进特性，曲线在上升到第一极大值后，随着应变的增加，应力往往先降低至极小值然后再升高至最大值，在第一极大值之前，不管撞击速度或加载的应变率多大，曲线大多近似为直线，并且偏离不大，能够较好地重叠，这说明花岗岩在这一阶段具有较好的线弹性，其斜率（弹性模量 E）一般在 $0.4 \times 10^5 \sim 1.0 \times 10^5 \mathrm{MPa}$。在第一极大值之后，特别是在峰（最大值）后，应力应变曲线将与冲击速度及试件的破坏程度密切相关，其形态会发生很大差异。冲击速度较低时，试件被撞击后仍然保持完整的情况下，应力应变曲线在峰后能够立即出现回弹；当冲击速度很高时，应力应变曲线在峰后随着变形的持续增加，而应力（岩石试件抵抗载荷的能力）不断降低，甚至在应力下降至零时应变仍然在增加，说明这时的花岗岩试件已经完全破碎且已经从侧向飞离输入杆和输出杆，使得试件与钢杆之间的接触面成为自由状态，试件的"应变"实际上是入射波后期在自由端的反射结果，因而是虚假的；当冲击速度中等，试件虽然已经破坏但并没有被严重破碎时，峰后应变一般是先增加后减小，说明试件在变形后期仍然具有一定的反弹。

如图 9-10 所示为大理岩的冲击应力应变关系，可以看出大理岩的本构曲线在峰前一

段沿正斜率直线上升，在峰后大多先是沿负斜率直线下降，然后沿垂直线下降。与花岗岩的本构曲线特性具有明显的不同，首先峰前直线的斜率（弹性模量 E）与碰撞速度或加载的应变率具有一定的相关性，一般应变率越大弹性模量越大。在试验范围内，大理岩的动态弹性模量为 $1.8\times10^4\sim5.0\times10^4$ MPa；其次，在峰前峰后的曲线之间有一个较短的近似水平的线段，它代表大理岩在受到冲击后的塑性特性；再次，大理岩试件的本构曲线在峰后只有一类卸载（负斜率）和刚性卸载（斜率为无穷），很少产生二类卸载（正斜率）。

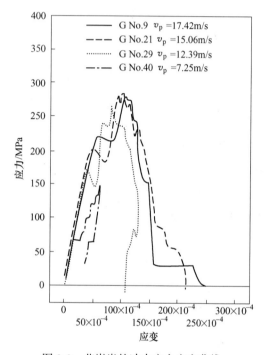

图 9-9   花岗岩的冲击应力应变曲线

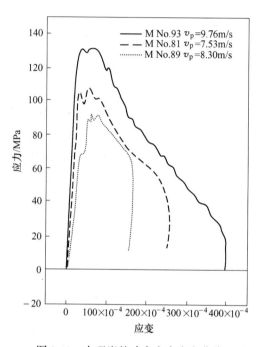

图 9-10   大理岩的冲击应力应变曲线

大理岩和砂岩的 $\sigma\text{-}\varepsilon$ 曲线具有如下 3 个特点：

（1）除干燥大理岩和含油饱和砂岩的 3 条加载线几乎重合外，其他 $\sigma\text{-}\varepsilon$ 曲线的加载线斜率不断变化，加载段从 σ 很小时就分开了。研究者认为这可能是岩石本身的结构致密程度不均匀造成的，可见大理岩的结构相对于砂岩均匀而致密。

（2）卸载曲线的斜率几乎都大于加载曲线的斜率，说明卸载模量大于加载模量。

（3）呈现极为明显的滞回效应。图 9-9、图 9-10 中应力应变曲线滞回由可恢复的弹性变形和不可恢复的塑性变形组成，后者可能主要由裂隙面间的摩擦运动引起。金属的塑性是位错的迁移，而岩石的塑性与此不同。根据摩擦学原理，施加外力使静止的物体开始滑动时，物体产生一极小的预位移，而达到新的静止位置，预位移大小随切向力而增大。物体开始做稳定滑动时的最大预位移为极限位移，与之对应的切向力为最大静摩擦力，当达到极限位移后，摩擦系数将不再增加。

9.3.2   不同围压下岩石的动态本构关系

北京科技大学的于亚伦利用 SHPB 装置，对不同岩石的动态本构关系及强度特性等进行了研究，冲击载荷下岩石的本构方程式（9-28）的力学模型及解析图，如图 9-11 和图 9-12 所示。该模型以两点假设为基础：（1）岩石破坏前的变形与静载条件下的变形斜率相同，呈线性变化；（2）岩石破坏后的应变率分两部分，即弹性应变率和塑性流动的蠕变应变率。在屈服点以前，岩石的变形表现为线性弹性变形，在屈服点以后出现应变软化。这样的岩石全应力应变关系可用冲击载荷下岩石的本构方程表示，即

$$\dot{\varepsilon} = \frac{\dot{\sigma}}{E} + \frac{1}{\kappa}\left(\frac{\sigma - \sigma_s}{\sigma_s}\right)^n \tag{9-28}$$

式中，$\dot{\varepsilon}$ 为应变率；$\dot{\sigma}$ 为应力率；σ 为动应力；σ_s 为静载压缩破坏后的应力；E 为岩石的弹性模量；κ、n 为岩石的固有常数，参见表 9-2。

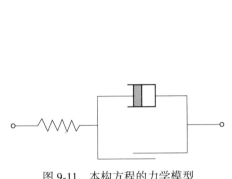

图 9-11 本构方程的力学模型

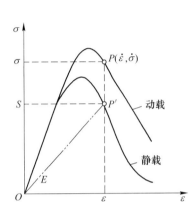

图 9-12 本构方程的解析图

表 9-2 岩石本构方程中的 n、κ 固有常数

岩 石	n	κ / s	相关系数
细粒石灰岩	1.53	7.75×10^{-3}	0.976
粗粒石灰岩	1.54	5.05×10^{-3}	0.968
凝灰岩	2.91	1.03×10^{-3}	0.973
砂岩	1.41	5.08×10^{-3}	0.985

在有围压条件下，砂岩的动态本构关系用轴应力差-轴应变的关系来表示。由图 9-12 可以看出，在不同的围压下，随着应变率的增加，砂岩的强度增加，但曲线形状几乎不变。

单仁亮根据花岗岩、大理岩的 SHPB 冲击加载试验结果，认为岩石的动态本构关系可用统计损伤失效模型来描述，如图 9-13 所示。

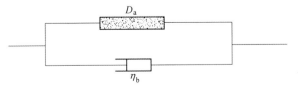

图 9-13 统计损伤失效模型

他假定:

（1）岩石试件可看成损伤体 D_a 与黏缸 η_b 的并联体，于是有

$$\begin{cases} \varepsilon = \varepsilon_a = \varepsilon_b \\ \sigma = \sigma_a + \sigma_b \end{cases} \tag{9-29}$$

（2）损伤体在损伤出现前是线弹性的，平均弹性模量 E 服从双参数（m，α）的 Weibull 分布，且有

$$\begin{cases} E(\varepsilon,\ \alpha) = \dfrac{m}{\alpha}\varepsilon^{m-1}\exp\left(-\dfrac{\varepsilon^m}{\alpha}\right) \\ D = 1 - \exp\left(-\dfrac{\varepsilon^m}{\alpha}\right) \\ \sigma = E\varepsilon(1-D) = E\varepsilon\exp\left(-\dfrac{\varepsilon^m}{\alpha}\right) \end{cases} \tag{9-30}$$

（3）黏壶的本构关系为

$$\sigma = \eta\frac{d\varepsilon}{dt} \tag{9-31}$$

将式（9-30）、式（9-31）代入式（9-29），则得花岗岩的本构关系:

$$\sigma = E\varepsilon\exp\left(-\frac{\varepsilon^m}{\alpha}\right) + \eta\frac{d\varepsilon}{dt} \tag{9-32}$$

式中，4 个参数 E、m、α、η 需要分析实测的应变波形，试算确定。通常 E 与岩石的冲击应力应变曲线的初始上升斜率相近，用 E 表示未损伤岩石的初始弹性模量；m 表示 Weibull 分布中分布曲线的形状系数，一般在 1 附近变化；α 一般位于峰值应力对应的应变与平均应变之间；n 的变化范围一般在 0.1~0.5。

花岗岩、大理岩受冲击时的应力应变曲线，实线为实测曲线，虚线为利用式（9-32）计算得到的曲线。

9.3.3　岩石的动态断裂强度与应变率的关系

早在 20 世纪 60 年代就有人研究岩石的动态断裂强度与应变率的关系，一致认为岩石的强度与应变率成正比。1991 年，W. A. Olsson 发表了常温下应变率在 $10^{-6} \sim 10^4 \text{s}^{-1}$ 时的凝灰岩单轴抗压强度的研究成果。应变率从 10^{-6}s^{-1} 变化到 76s^{-1} 时是借助刚性伺服试验机完成的；应变率从 76s^{-1} 变化到 10^4s^{-1} 时，试验借助 SHPB 设备完成。所得到的基本结论是: 应变率小于某一临界值时，强度随应变率的变化不大；而当应变率大于某一临界值时，强度随应变率迅速增大，如图 9-14 所示。这种关系可表示为

$$\sigma_d \propto \begin{cases} \dot{\varepsilon}^{0.007} & (\dot{\varepsilon} \leqslant 76\text{s}^{-1}) \\ \dot{\varepsilon}^{0.35} & (\dot{\varepsilon} \geqslant 76\text{s}^{-1}) \end{cases} \tag{9-33}$$

Green 和 Perkin 等进行的实验研究，以及苏联学者对大理岩的研究，均得到了同样的结论。

W. A. Olsson 还指出，当应变率在 100s^{-1} 量级时，岩石的破坏时间为 20~23μs，试样破坏成许多碎块；而当应变率达到 100s^{-1} 量级时，试样破坏后的碎块大多小于 2mm，几乎是粉末状。

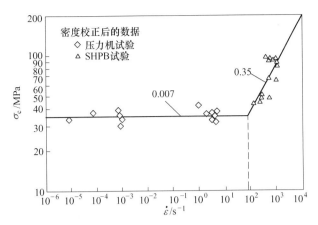

图 9-14　凝灰岩的单轴抗压强度与应变率的关系

（虚线对应于 $\dot{\varepsilon} = 76\text{s}^{-1}$）

Kumar 利用 SHPB 装置研究了温度与应力率对玄武岩、花岗岩单轴抗压强度的影响关系，其试验温度为 77~300K，应力率为 0.14MPa/s~2.1×10⁵GPa/s。试验结果表明：静载下这两种岩石的强度很接近，当应力率达到 0.14MPa/s 时，它们的强度分别为 192.5MPa 和 203MPa，当应力率进一步达到 2.1×10⁵GPa/s 时，它们的强度分别为 413MPa 和 490MPa。结果还表明：加载率增大对岩石强度的影响与降低温度的影响是一致的，如图 9-15 所示。

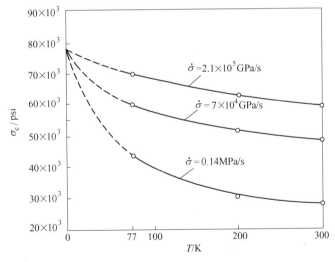

图 9-15　温度与应力率对玄武岩单轴抗压强度的影响

（1psi = 6.89476×10³Pa）

陆岳屏、杨业敏和寇绍全也利用 SHPB 对砂岩、石灰岩的动态破碎应力与弹性模量进行了测试，结果如下：应变率在 100~200s⁻¹ 范围内，与静载状态相比，砂岩的弹性模量提高了 30%，强度提高了 40%；石灰岩的弹性模量提高了 20%，强度提高了 30%。

李夕兵等也利用岩石 SHPB 装置进行了动态强度实验、应力波特性、岩石对应力波能量的传播、吸收及破碎能耗等诸多方面的研究，取得了许多有意义的成果。对这方面研究有兴趣的读者请参考相关文献。

9.3.4　岩石动态破坏形态与应变率关系

　　许金余等借助霍普金森实验装置进行了角闪岩、砂岩、云母石英片岩等 5 种岩石的动态试验，研究了单轴应力下不同应变率时岩石的破坏形态。其部分实验结果如图 9-16、图 9-17 所示。

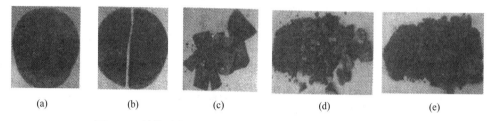

图 9-16　单轴动态压缩下角闪岩的破坏形态与应变率的关系

（a）$\dot{\varepsilon}=34.6\mathrm{s}^{-1}$；（b）$\dot{\varepsilon}=51.3\mathrm{s}^{-1}$；（c）$\dot{\varepsilon}=83.3\mathrm{s}^{-1}$；（d）$\dot{\varepsilon}=100.3\mathrm{s}^{-1}$；（e）$\dot{\varepsilon}=143.5\mathrm{s}^{-1}$

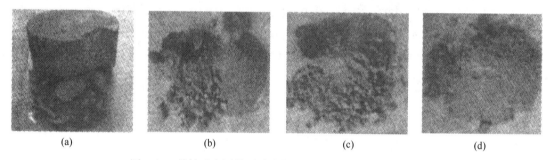

图 9-17　单轴动态压缩下砂岩的破坏形态与应变率的关系

（a）$\dot{\varepsilon}=51.5\mathrm{s}^{-1}$；（b）$\dot{\varepsilon}=83.3\mathrm{s}^{-1}$；（c）$\dot{\varepsilon}=93.4\mathrm{s}^{-1}$；（d）$\dot{\varepsilon}=100.0\mathrm{s}^{-1}$

　　三轴加载条件下，围压对云母石英片岩破坏形态的应变率效应见表 9-3。

表 9-3　围压对云母石英片岩动态破坏应变率效应的影响

围压	破坏形态			
围压 $p=2\mathrm{MPa}$	$\dot{\varepsilon}=98.5\mathrm{s}^{-1}$	$\dot{\varepsilon}=125.2\mathrm{s}^{-1}$	$\dot{\varepsilon}=139.8\mathrm{s}^{-1}$	$\dot{\varepsilon}=161.7\mathrm{s}^{-1}$
围压 $p=4\mathrm{MPa}$	$\dot{\varepsilon}=104.1\mathrm{s}^{-1}$	$\dot{\varepsilon}=121.6\mathrm{s}^{-1}$	$\dot{\varepsilon}=143.5\mathrm{s}^{-1}$	$\dot{\varepsilon}=164.1\mathrm{s}^{-1}$

试验研究得出的基本结论是：单轴加载下，随应变率增加，岩石强度增加，但破碎块度数量增加，尺寸减小；不同岩石具有相同的趋势，但破坏效应的敏感性有一定区别；在有围压作用的条件下，岩石破坏与应变率之间的关系与单轴受压条件下的变化趋势相同，但围压增高引起的岩石破坏形态的变化与应变率增高产生的效应相反；围压增大，岩石的动态强度也是增大的。

9.3.5 其他岩石类材料的动态性质

霍普金森试验装置在岩石动力学性质研究中得到越加广泛应用的同时，也逐渐在混凝土等材料的动态性质研究中得到了应用。岩石、混凝土、钢纤维混凝土等归为岩石类材料。

胡时胜、王道荣利用直锥变截面大直径霍普金森压杆研究了混凝土受冲击载荷作用的动态本构关系，如图 9-18 所示为其测得的研究结果。可见，冲击载荷作用下，混凝土的应变率效应十分明显，而且其损伤软化效应十分明显，并很快超过应变硬化效应和应变率硬化效应，导致试件材料很快破裂。

胡时胜等进行了混凝土层裂的实验研究，研究得出的混凝土层裂强度的应变率效应如图 9-19 所示。此外，在实验中发现，较低应变率下被破坏的试件，大多为沿骨料和砂浆的接触面开裂；而在较高的应变率下，骨料被拉裂的现象出现较多。这一现象可用来解释层裂强度的应变率效应：一般将混凝土看为三相复合材料，即骨料相、砂浆相和过渡区相，过渡区相为最薄弱的一环，因为其中含有大量的微裂缝等缺陷。在较低的应变率下，过渡区相中的微裂缝会在拉应力的作用下扩展，并与砂浆相中的裂缝相连通而使试件破坏；当应变率很高时，由于材料的变形很快，过渡区相中的微裂缝来不及扩展，骨料就会承受较大的拉应力而使其中的裂缝扩展并与砂浆相的裂缝连通，材料破坏。因此，在较低的应变率下，混凝土的抗拉强度主要取决于砂浆相和过渡区相，而与骨料相的强度没有太多的关系；在较高的应变率下，骨料相的强度将影响混凝土的强度，在实验中就出现了较高的层裂强度，混凝土的层裂强度随应变率的增加而提高。

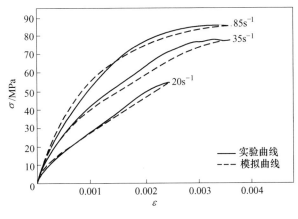

图 9-18 实验与模拟本构曲线对比

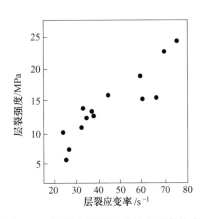

图 9-19 混凝土层裂强度的应变率效应

巫绪涛等研究了钢纤维混凝土冲击压缩下的动态性质，分析了钢纤维的增韧作用等特性，如图 9-20 所示为实验得到的应力应变曲线。研究得出的主要结论是：钢纤维对高强混凝土破坏强度的增强效应突出体现在静态试验中，随钢纤维含量的增加而增强效果增加；但随着应变率的增加，这种增强效果逐渐减弱；钢纤维含量的多少对混凝土应力应变曲线的上升段影响较小，而对下降段的影响较大，随着钢纤维含量的增加，下降段趋缓，反映了韧性减缓、脆性降低的趋势。此外，对相同基体强度混凝土，钢纤维低含量混凝土呈粉碎破坏，钢纤维高含量混凝土留芯或碎成块状。这一现象也定性地反映出钢纤维对混凝土的增韧效应。

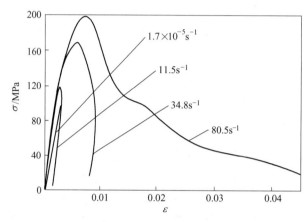

图 9-20　不同应变率下的钢纤维混凝土应力应变曲线

9.4　霍普金森压杆技术的改进

最早的霍普金森压杆是 1914 年由 Hopkinson 提出的，1949 年 Kolsky 对之进行了改进，达到了今天广泛使用的形式——分离式霍普金森压杆。为此，分离式霍普金森压杆也称为 Kolsky 杆。然而，这样的霍普金森压杆主要是为研究金属材料的动态力学性能提出的。近 40 多年来，由于岩石动力学和岩石爆破理论的发展，霍普金森压杆技术在岩石动力学性质研究中得到了广泛应用，同时也对分离式霍普金森压杆系统做了许多有益的改进，从而为岩石动态力学性质的研究提供了更加可靠的实验手段。

9.4.1　直锥变截面霍普金森压杆

刘孝敏、胡时胜认为，混凝土等复合材料内部存在大量不规则的裂隙和气泡，利用分离式霍普金森压杆研究其动态力学性质时，为避免试验的分散性，压杆的直径必须足够大。为此，他们设计、制作了直锥变截面的分离式霍普金森压杆试验装置。如图 9-21 所示为这样的测试系统和直锥变截面杆。通过变截面杆中应力波的二维分析，他们得到了直锥变截面直杆中的应力波特性与直锥变截面几何尺寸的关系，即：一个矩形脉冲从这种杆的小端进入大端，其透射波的峰值和平台的放大倍率仅与大小端的直径之比有关，一维应力波理论所提供的设计公式有效。而透射波的波形，尤其是波形的头部则与直锥变截面过渡段的几何形状有关，过渡段的长度 L 越大，即半锥角 α 越小，透射波在横截面上的应力分布越均匀，但是波形中从峰值到平台所需的时间也越长；相反，若过渡段的长度 L 越小，虽然波形中从峰值到平台所需的时间缩短了，但它的二维效应显著了，具体表现为透射波在横截面上的分布不均匀，波形尤其是波形的前面部分，高频振荡严重且不对称。

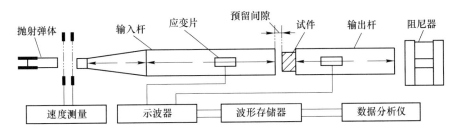

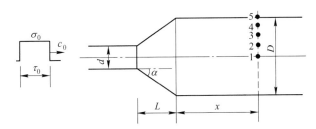

图 9-21 直锥变截面 SHPB 及其变截面杆

另外，与圣维南原理相一致，直锥变截面杆过渡段所引起的二维效应随离锥形段距离的增加而减弱。透射扰动随着远离端面距离的增加，应力分布的均匀性得到了改善，整个波形尤其是它的前面部分也得到了改善，如图 9-22 所示。

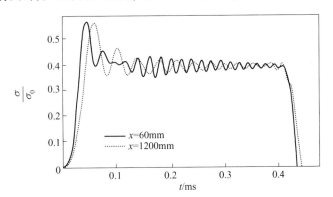

图 9-22 直锥变截面杆中不同截面处的透射波形

9.4.2 分离式霍普金森压杆（SHPB）中的预留间隙法

Hopkinson 压杆系统中，输入杆被撞击杆撞击后，产生矩形加载波的波形常带有明显的振荡，并且波头具有一上升前沿，如图 9-23 所示。这是由于压杆的横向惯性效应，矩形加载波在杆中产生弥散造成的（另外撞击杆和输入杆撞击面不平行也会影响加载波上升沿的陡峭程度），并且这种影响随远离透射端距离的增大而增大。在一般情况下，这种弥散现象仅影响试验结果曲线初始部分的精度。然而脆性材料（如花岗岩）的破坏应变很小，仅千分之几，因此其高应变率实验时试件达到破坏的历时将非常短，与加载波的上升沿历时相当，这使得用 Hopkinson 压杆对其实施较高应变率实验变得不可能。刘剑飞、胡时胜、胡元育等针对这种现象，提出了所谓预留间隙的方法。

常规实验法是将试件与输入杆和输出杆夹紧，而预留间隙法是将试件与输出杆贴紧，而与输入杆留一适当间隙（间隙距离为要避开的入射波波头弥散部分的历时与撞击杆速度的乘积），利用弹性波在间隙自由面的镜像反射可以避开具有上升前沿且振荡幅值很大的入射波波头部分对试件的作用，使得实际作用到试件上的加载波为上升沿历时为零且波形又十分平坦的加载波中后部分，极有效地改善加载波的质量。

图 9-23 为采用两种方法得到的实验结果，选用的材料为有机玻璃，可见常规实验法得到的结果（曲线 1）由于弥散效应波头部分振荡较大，而预留间隙法得到的结果（曲线 2）具有较为平整的波形，并与曲线 1 的中后部分能很好地吻合（因为弥散对实验结果中后部分影响不大）。因此，刘剑飞等利用预留间隙法成功方便地解决了在 Hopkinson 压杆上对花岗岩材料实施高应变率实验碰到的困难，并获得了很好的实验结果，如图 9-24 所示。

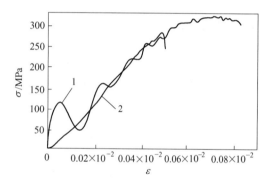

图 9-23　两种方法得到的应力应变曲线比较
1—振荡的波形；2—平整的波形

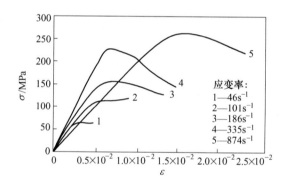

图 9-24　花岗岩的动态应力应变关系

9.4.3　不同撞击杆形状的 SHPB 测试系统

为了研究不同应力波形状对岩石破碎效果的影响，李夕兵等设计了多种形状的撞击杆，并进行了相应的入射应力波形测量。图 9-25（a）、图 9-25（e）、图 9-25（f）分别为长、中长、短圆柱形撞击杆，图 9-25（b）为锥形杆，图 9-25（c）、图 9-25（d）为梯形中长撞击杆；图 9-25（a′）~（f′）为对应的入射应力波形。

9.4.4　用于研究硬脆材料的 SHPB

常规的 SHPB 用于研究陶瓷等硬脆性材料的动态力学性质时，存在一定的局限性。为了获得可靠的试验数据，需要对常规的 SHPB 进行改进。目前已有许多对常规 SHPB 的改进方法，下面的一种（如图 9-26 所示）是由 W. Chen 和 G. Ravichandran 提出的。他们利用改进的 SHPB 对氮化铝的动力学性质进行了研究，取得了满意结果。

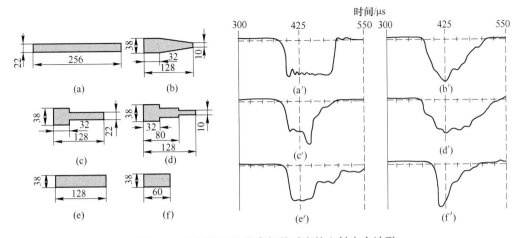

图 9-25　不同形状的撞击杆及对应的入射应力波形

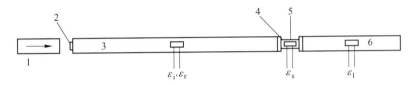

图 9-26　W. Chen 和 G. Ravichandran 改进的 SHPB 示意图

1—撞击杆；2—脉冲校形器；3—输入杆；4—约束 WC 板；5—试件；6—输出杆

W. Chen 和 G. Ravichandran 对常规 SHPB 的改进有如下几个方面：

（1）设置脉冲应力波校形，保证力学平衡。在输入杆的自由端放置一薄铜片对脉冲应力波校形，这一薄铜片称为脉冲应力波校形器。设置脉冲应力波校形器后，可防止陶瓷硬脆材料试件在达到力学平衡前发生破坏。设置脉冲应力波校形器可实现将试件中的应变率限制在一定范围。

（2）设置硬化板。常规的 SHPB 主要用于研究硬度小于压杆的金属材料的塑性力学行为。在这样的条件下，与试件接触的压杆端部表面在变形过程中保持为平面且平行，因而试件中的应力近乎为均匀应力状态。然而，当试件为陶瓷等高硬度材料时，加载过程中试件将压入压杆，进而在试件边沿引起应力集中，应力集中将使试件提早破坏，造成试验数据无效。为减少压入和应力集中，须在试件和压杆之间设置硬度大、强度高、波阻抗匹配的隔板，避免试件的压入和应力集中。

（3）直接测量应变。由于陶瓷等材料变形过程中产生的应变很小（0.1%～0.2%），难以对常规 SHPB 中的反射脉冲应变进行精确测量，试验过程中，可靠的应变测量方法应当是将应变片贴于试件表面上。用这一方法可同时进行轴向应变和横向应变的测量。

（4）试件分离。采用常规 SHPB 技术，由于输入杆中的后续反射波的作用，试件可能被多次加载。为了弄清严格控制加载历史后破坏模式的特点，并不希望对试件进行多次加载。使输出杆比输入杆短，能够实现单次脉冲加载。这样改进后，较短的输出杆起到动量捕捉器的作用，在输入杆中的反射拉伸脉冲再次反射形成的压缩应力载荷到达试件前，输出杆将运动脱离试件。

（5）加侧向约束。当需要进行三轴应力条件下材料的动态力学性质实验时，W. Chen 和 G. Ravichandran 也提供了一种简单有效的方法。这就是在试件上加侧向约束。在圆柱形试件侧表面上加装紧缩配合的金属环可以实现试件的侧向约束。环的内径略小于试件的直径，安装紧缩环时，将环加热，使其内径膨胀，以使试件滑入环内，紧缩环冷却后即对试件侧面施加约束力，约束力的大小与环的材料和环的厚度有关，薄壁环条件下，即环的厚度 t 远小于环的内径 r 时，侧向约束力 σ_1 近似为

$$\sigma_1 = \frac{\sigma_y t}{r} \tag{9-34}$$

式中，σ_y 为环材料的屈服极限。

由于紧缩环容易制造，且不需要对 SHPB 进行更多的改进，因而这种力学约束方法有一定的优越性。此外，紧缩塑性变形环能够维持试件不散落，因而可以在试验后对试件的破坏模式进行观察。即便脆性材料在加载过程中破碎也是如此。在计算试件中的应力时，约束金属环的贡献可以忽略。如图 9-27 所示为 W. Chen 和 G. Ravichandran 得到的氮化铝在约束与非约束时的静态、动态应力应变曲线。

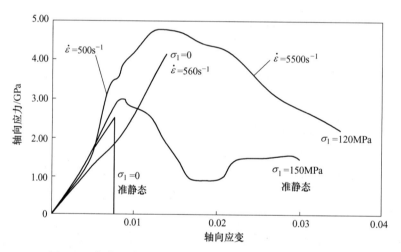

图 9-27 氮化铝在约束（σ_1 = 120MPa）与非约束时的静态

（$\dot{\varepsilon} = 4 \times 10^{-4} \mathrm{s}^{-1}$）、动态（$\dot{\varepsilon} = 5 \times 10^{2} \mathrm{s}^{-1}$）应力应变曲线

9.4.5 用于软材料的 SHPB

常规的 SHPB 系统用于进行低强度、低波阻抗材料的动态力学性能实验时，只有少部分载荷脉冲通过试件进入输出杆。事实上，根据一维杆中的应力波理论，试件中的应力可用下式估算：

$$\sigma(t) = \frac{2A_s \rho_s C_s}{A_0 \rho_0 C_0 + A_s \rho_s C_s} \frac{A_0}{A_s} \sigma_1(t) \tag{9-35}$$

式中，下标 0 和 s 分别代表压杆和试件中的量，如果试件的波阻抗 $A_s \rho_s C_s$ 远小于压杆的波阻抗 $A_0 \rho_0 C_0$，则式（9-35）中的应力 $\sigma(t)$ 将很低。因此，用常规 SHPB 时，经过软试件

进入输出杆的输出信号的幅值很小。这时，噪声干扰将使测量结果无法得到正确解释。为了准确确定低强度、低波阻抗材料的动态力学响应，使测量的输出信号具有一定的可测幅值，需要对常规的 SHPB 做必要的改进。

此外，常规 SHPB 中的入射应力脉冲的典型上升时间小于 $10\mu s$，由于低波阻抗材料的波速较低，在这样短的时间内，软试件不能达到均匀变形，SHPB 的基本假设不能成立，测量结果不可能得到正确解释。为此，必须保证试件在破坏前的动力平衡和均匀变形。

一种改进方法是使用中空的铝输出杆，来克服上述各种不确定性。由于中空的铝输出杆降低了弹性模量，减少了短面积，因而能将输出杆中的信号提高一个数量级，这对于玻璃质、橡胶类聚合物，能够获得精确的应力历史。但如果材料的强度和波阻抗很低，如泡沫塑料等，那么将需要对输出杆中信号用更高灵敏度的可靠实验技术来提高测量的信噪比，有效测量高应变率下这类材料的动态力学响应。

W. Chen 等提出的方法是在铝输出杆的中间设置同直径的压电传感器（x 切割石英晶体片），以直接测量与时间相关的透射应力，如图 9-28 所示。x 切割晶体检测 x 方向应力时的灵敏度大于表面粘贴应变片的间接方法。自制石英传感器的波阻抗十分接近铝输出杆的波阻抗，因此石英切片的置入不会影响输出杆中一维波的特性。石英传感器也可以设置于试件与压杆（输入杆或输出杆）之间，但对于软材料，这样做会因为压缩过程中软材料过大的侧向变形损坏脆性的石英晶体。相比之下，在输出杆中间置入同直径的石英晶体传感器，测量输出杆的透射力将具有较好的重复性，并能避免石英晶片的频繁破坏，从而使得置埋石英传感器的方法成为可靠的动力学实验方法。

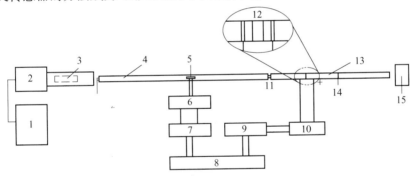

图 9-28　W. Chen 等提出的低强度低阻抗材料试验的 SHPB

1—储气罐；2—气炮；3—撞击杆；4—入射杆；5—应变片；6—惠斯通电桥；
7，9—前置放大器；8—示波器；10—电荷放大器；11—试件；
12—石英晶体；13—输出杆；14—绝缘体；15—吸收器

为了将石英晶片置入输出杆中间，需将输出杆切断。切割表面须进行打磨、抛光，使其不平整度不大于 $0.01mm$，切割面垂直于杆轴，不同心度在 $0.01mm$ 以内。晶片的负极用环氧塑脂（TRA-DUCT 2909）胶于与试件接触的半节输出杆末端，正极与另一半输出杆相接，而不粘连，以使压缩透射波通过石英晶体而不反射，当压缩透射波在输出杆的自由端反射成拉伸波时，因石英晶片未粘连，拉伸波到达时，输出杆分离，晶片完好无损。

图 9-29 所示为利用这种改进的 SHPB 系统得到的 RTV630 硅胶和泡沫聚苯乙烯的动态应力应变关系。

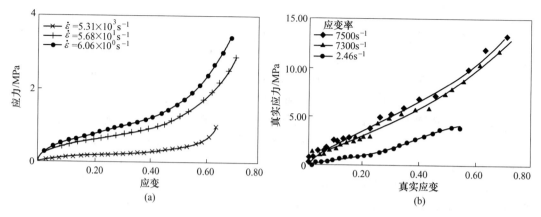

图 9-29　软材料的动态应力应变关系

（a）RTV630 硅胶；（b）泡沫聚苯乙烯

9.5　霍普金森拉、扭杆及三轴霍普金森压杆

9.5.1　霍普金森拉杆

将霍普金森压杆进行一定的改变，可以用于材料受拉的动态力学性质试验。图 9-30 是其中的一种结构，称为套筒式霍普金森拉杆。这种情况下，撞击产生的压缩脉冲不是在压杆上传播，而是在压杆外层的管壁里传播。当压缩脉冲传到管底时，在自由端反射拉伸波，回传通过压杆和试件，使试件受拉。这种装置可以实现高于 $10^3 s^{-1}$ 的应变率加载，但存在的问题是：容易出现载荷偏心，难将测试精度控制在 5% 以内，而且由于应力波在杆、管底部连接处的耗散，所产生的拉伸波上升时间很长。

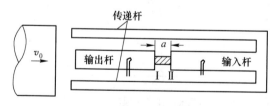

图 9-30　套筒式霍普金森拉杆

为了克服套筒式 Hopkinson 拉杆的缺点，Nicholas 提出了另外形式的 Hopkinson 拉杆，如图 9-31 所示。这一装置由撞击杆 A 和两根压杆 B、C 组成。当撞击杆 A 碰撞压杆 B 时，在压杆 B 中产生波长等于 2 倍撞击杆 A 长度的压缩应力脉冲。当压缩应力脉冲传到试件附近时，由于肩套的作用，试件不承受压应力，压应力由肩套承担，即压缩应力脉冲经过肩套传入压杆 C，一直到自由面反射成拉伸波。由于试件与压杆 B、C 用螺纹连接，因此反射拉伸应力脉冲经过试件传播。在试件与压杆 B、C 的连接处，拉伸应力波发生透反射，这一过程与 SHPB 的过程类似。Nicholas 利用这样的装置得到了 AlSi304 不锈钢的拉伸应力应变曲线，如图 9-32 所示，图中低应变率的曲线是在液压控制机完成的。但由于在岩石表面加工螺纹存在困难，这一方法不适合岩石试件。

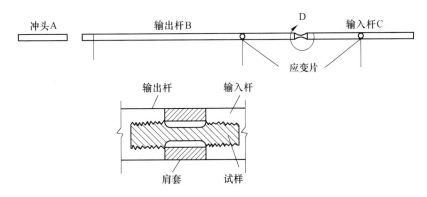

图 9-31　Nicholas 提出的 Hopkinson 拉杆

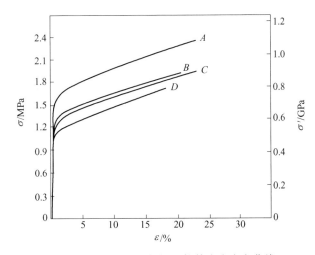

图 9-32　AlSi304 不锈钢的拉伸应力应变曲线

最近，有人为了克服这种装置由于试件横截面积远小于实心的输出杆横截面积（Nicholas 装置设计为 1/18）带来的透射波强度较弱和由于输入杆在连接螺纹试件的端部存在一个盲孔，因而拉伸波的反射不能完全代表试件的变形等缺点，采用了空心的 Hopkinson 杆取代了 Nicholas 装置中的实心 Hopkinson 杆。据称，这一改进不但使透射波得到了明显的改善，而且由于空心杆与螺纹试件连接处不存在盲孔，因而不存在拉伸波在盲孔底面 B 的自由反射，从而提高了计算试件变形的测量精度。

9.5.2　霍普金森扭杆

图 9-33 所示为 J. L. Lewis 和 J. D. Campbell 发展的扭转 SHB 装置。由于扭转 SHB 装置具有不存在横向惯性和端部摩擦效应等优点，因而得到了迅速发展。作为与加载杆一个整体的部分，在加载杆中央带有一截头锥形凸缘，并用环氧树脂与固定的夹盘相黏合。为产生陡峭波前的扭转波，加载杆的一端通过电动机和减速齿轮慢慢地旋转，施加的扭矩被储存在加载杆的左边部分，直到环氧树脂接合处达到其断裂时的载荷，这时，储存的扭矩迅

速释放，加载的扭矩传到杆的右边，这个加载扭矩的大小是释放的扭矩的一半，并等于传输到右边的卸载扭矩。

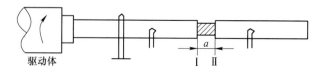

图 9-33　J. L. Lewis 和 J. D. Campbell 的扭转 SHB 装置

近年，A. Gilat 和 C. S. Cheng 也发展了一种扭转霍普金森杆（SHB）装置，如图 9-34 所示。利用这一装置，A. Gilat 和 C. S. Cheng 对 1100-O 铝的动力学性质进行了研究，图 9-35 为 A. Gilat 和 C. S. Cheng 得到的 1100-O 铝的剪应变-剪应力的关系。

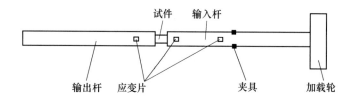

图 9-34　A. Gilat 和 C. S. Cheng 发展的扭转霍普金森压杆

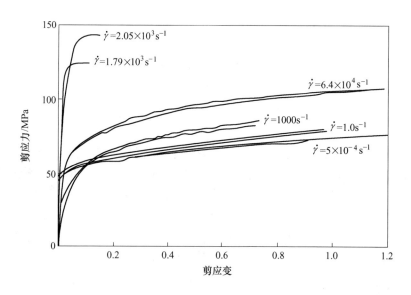

图 9-35　1100-O 铝在不同应变率下的剪应变-剪应力关系

9.5.3　三轴应力霍普金森压杆

为研究材料在围压作用下，轴向受冲击载荷时的性质，人们提出了三轴应力霍普金森压杆试验装置。图 9-36 为日本北海道大学在 20 世纪 70 年代岩石动力试验 SHPB 的基础上于 20 世纪 80 年代发展的岩石三轴动力学试验装置。试件置于压力容器（如图 9-37 所示）内，通过液压传动装置施加围压静载荷。当输入杆被撞击后，对试件施加轴向冲击载荷。设置不同的围压值，可以得到岩石所受围压对其动力学性质的影响。

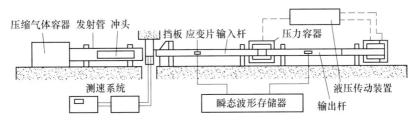

图 9-36　岩石三轴应力霍普金森压杆

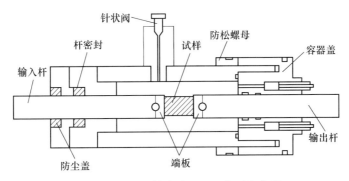

图 9-37　岩石三轴应力 SHPB 的压力容器

9.5.4　岩石动态拉伸特性的霍普金森间接法测量系统

近年来，随着岩石爆破、岩石钻孔、地下工程防护等研究的深入，精确确定岩石动态抗拉强度等岩石动态性质，变得日益重要和迫切，因此出现了依据岩石静态抗拉强度试验原理的岩石动态性质测定的霍普金森测试系统，用于研究岩石动态抗拉强度及动态断裂韧度的应变率相关性。

图 9-38 所示为 Q. Z. Wang 等提出的用于测量岩石材料动态弹性模量和动态抗拉强度的实验系统。实验中，霍普金森压杆对岩石试件产生冲击，试件可以是巴西圆盘，也可以是带有平台的巴西圆盘（如图 9-39 所示），该系统可在试件中心产生应变率达到 $451s^{-1}$ 的拉伸载荷。

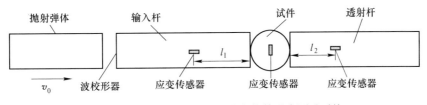

图 9-38　霍普金森压杆岩石动态拉伸强度测试系统

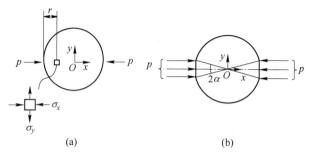

图 9-39　霍普金森实验中的试件

（a）巴西圆盘试件；（b）带平台的巴西圆盘试件

对图 9-39（a）的试件，受压轴线上的主应力分量为

$$\sigma_x = \frac{2p}{\pi DB} \frac{D^2}{r(D-r)} \tag{9-36}$$

$$\sigma_y = -\frac{2p}{\pi DB} \tag{9-37}$$

式中，p 为试件受到的压力；D 为试件直径；B 为试件厚度；r 为受压轴线上应力计算点与试件边缘的距离。

对图 9-39（b）的试件，则由受压轴线上的主应力与巴西圆盘情况不同，其受压轴线上的主应力描述为

$$\sigma_x = 2.973 \frac{2p}{\pi DB} , \ \sigma_y = -0.964 \frac{2p}{\pi DB} \tag{9-38}$$

进一步，根据格里菲斯强度准则，推导得到拉应力 σ_t 计算式为

$$\sigma_t = 0.95 \frac{2p}{\pi DB} \tag{9-39}$$

在大理岩上完成的实验表明，在试件中心达到 $451s^{-1}$ 的高应变率加载条件下，大理岩的拉伸强度和弹性模量比静载下的相应值高出几倍。

S. H. Cho 等也对岩石的动态拉伸劈裂强度进行了实验研究，他们采用的实验系统如图 9-40 和图 9-41 所示，该系统采用水下爆炸驱动装置加载，使试件发生劈裂破坏，从而测定岩石的动态抗拉强度。

利用该系统完成了凝灰岩和砂岩在不同应变率下的抗拉强度测试，所得结果如图 9-42 所示。

9.5.5　岩石动态断裂韧度霍普金森实验系统

Z. X. Zhang 等利用霍普金森压杆对高加载率下岩石断裂韧度的应变率效应进行了研究，研究采用的实验装置如图 9-43 所示。实验试件采用北京房山辉长岩和大理岩加工而成，研究得到的结论有：岩石的静态断裂韧度近似为常数，动态断裂韧度（加载率 $\dot{k} > 10^4 \mathrm{MPa \cdot m^{1/2} \cdot s^{-1}}$）随加载率增加而增加（如图 9-44 所示），具有关系

$$\log K_{\mathrm{Id}} = a\log(\dot{k}) + b \tag{9-40}$$

式中，K_{Id} 为动态断裂韧度；$\dot{k}$ 为加载率；a 和 b 为待定常数。

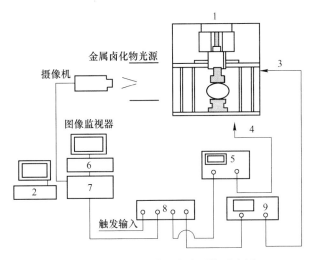

图 9-40 岩石动态劈裂实验系统示意图

1—动态加载系统；2—计算机；3—电雷管；4—载荷传感器；5—数字存储示波器；
6—图像记录仪；7—高速图像系统；8—脉冲发生器；9—起爆电路

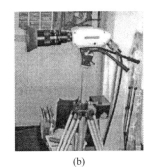

(a)   (b)

图 9-41 动态加载系统与高速摄影相机

（a）动态加载系统；（b）高速相机

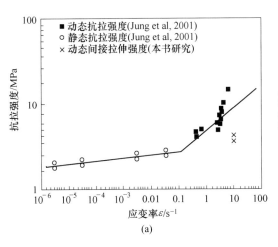
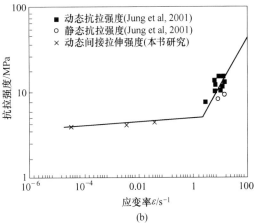

(a)   (b)

图 9-42 实验测得的凝灰岩及砂岩的抗拉强度与应变率关系

（a）凝灰岩；（b）砂岩

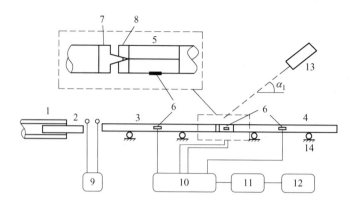

图 9-43   高加载率条件下岩石动态断裂特性的 SHPB 系统
1—气体炮；2—撞击杆；3—输入杆；4—输出杆；5—试件；6—应变传感器；7—楔体；8—钢片；
9—测速装置；10—应变放大器；11—瞬态记录仪；12—计算机；13—高速照相机；14—支架

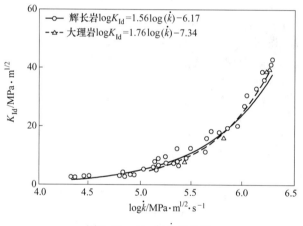

图 9-44 K_{Id} 与 $\dot{k}$ 的关系

对断裂试件的宏观观察表明，受动载作用的试件部分（与断裂表面垂直）存在明显的裂缝分叉，且加载率越高，分叉越多。进一步，在很高的加载率（$\dot{k}>10^6\text{MPa}\cdot\text{m}^{1/2}\cdot\text{s}^{-1}$）下，岩石试件破成几个碎块，而不是像静载作用下的那样破成两半。

借助霍普金森压杆装置，F. Dai 和 K. Xia 采用切槽半圆形弯曲（NSCB）法（如图9-45所示）和 V 型预裂隙巴西盘（CCNBD）法（如图9-46所示）进行了实验研究，探寻岩石动态断裂韧度的加载率相关性，实验得到了岩石的动态起裂韧度和裂缝传播韧度（如图9-47所示）等多种关系。

此外，Dai、Xia 等所完成的研究还取得了如图9-48和图9-49所示的结果。

9.5.6   一种用于软材料动力学性质测量的三轴霍普金森压杆系统

聚合物等在承受动态载荷环境中的应用越来越多，如用于航天和汽车配件等。为了保证安全，需要精确了解这些材料在多轴动态载荷下的力学响应。针对聚合物类材料低强

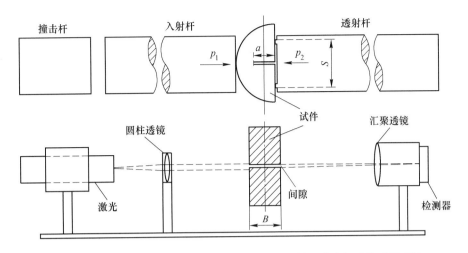

图 9-45　霍普金森压杆装置示意图——NSCB 试件和激光间隙传感器系统

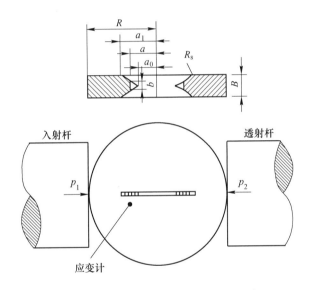

图 9-46　霍普金森装置中的 CCNBD 试件

度、低刚度的特点，W. Chen 和 F. Lu 提出了改进的 SHPB 系统，这一系统能够在比例施加侧向约束动载荷条件下，对承受轴向载荷的软试件进行实验，其原理说明如下。

这一实验系统由传统的铝合金 SHPB 压杆和固定在 SHPB 试件段的高压盒组成，如图 9-50 所示。当试件在轴向载荷下变形时，入射杆向压力盒内移动，由于试件的低阻抗，输出杆以较低的速度移出压力盒。这样，压力盒中的压杆体积增加，进而引起盒内压力增加，盒内压力与盒内流体体积的变化关系为

$$p = -\frac{K}{V_0}\delta V \tag{9-41}$$

式中，p 为盒内压力，受压为正；V_0 为盒内流体的初始体积；δV 为盒内流体体积变化；K 为流体的体积模量。

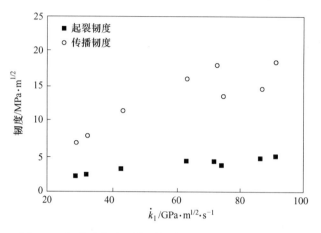

图 9-47　加载率与岩石起裂韧度和裂缝传播韧度的关系

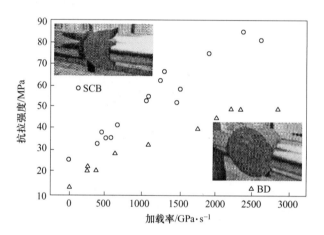

图 9-48　将巴西盘和半圆弯曲试件用于霍普金森压杆获得的岩石抗拉强度-加载率相关性

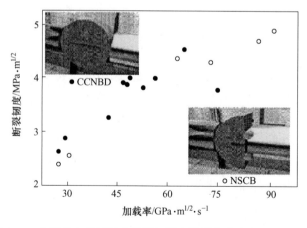

图 9-49　在霍普金森压杆中采用切槽半圆形弯曲法和 V 型预裂缝
巴西圆盘法得到的岩石断裂韧度-加载率相关性

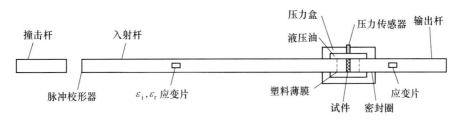

图 9-50　W. Chen 和 F. Lu 的实验系统示意图

流体的体积变化可表示为

$$\delta V = AL(\varepsilon_{xx} - \varepsilon_{kk}) \tag{9-42}$$

式中，A 为压杆与试件的共同初面积；L 为试件初始长度；ε_{xx} 为试件的轴应变；ε_{kk} 为变形中试件的体积应变，$\varepsilon_{kk} = \varepsilon_{xx} + \varepsilon_{yy} + \varepsilon_{zz}$。

在流体侧向约束条件下，侧应变相同，$\varepsilon_{yy} = \varepsilon_{zz}$。变形过程中的侧应变与轴应变成比例，即

$$\varepsilon_{yy} = -\xi\varepsilon_{xx} \tag{9-43}$$

式中，ξ 为比例因子，可能随侧向约束而变。

假定试件材料性质可用广义胡克定律描述，即有

$$\sigma_{ij} = \frac{E\mu}{(1+\mu)(1-2\mu)}\delta_{ij}\varepsilon_{kk} + \frac{E}{1+\mu}\varepsilon_{ij} \tag{9-44}$$

式中，δ_{ij} 为 Kronecker 算子；i 和 j 随 x、y、z 而变。对流体约束的情况，有

$$\sigma_{yy} = \sigma_{zz} = \sigma_{\mathrm{T}} \tag{9-45}$$

由于试件中的侧应力 σ_{T} 与液体中的约束压力 p 相同，因此将式（9-43）代入式（9-44），并与式（9-41）、式（9-42）联立，得到比例因子

$$\xi = \frac{\mu}{1 + \dfrac{2KLA}{EV_0}(1+\mu)(1-2\mu)} \tag{9-46}$$

ξ 确定后，侧向约束力 σ_{T} 与轴应力 $\sigma_{xx} = \sigma$ 的比例可写为

$$\frac{\sigma_{\mathrm{T}}}{\sigma} = \frac{\mu}{1 - \mu + \dfrac{EV_0}{2KLA}} \tag{9-47}$$

由式（9-47）可以看出，如果试件很软，$K \gg E$，则

$$\frac{\sigma_{\mathrm{T}}}{\sigma} = \frac{\mu}{1-\mu} \tag{9-48}$$

如果试件很硬，$E \gg K$，则

$$\frac{\sigma_{\mathrm{T}}}{\sigma} = 0 \tag{9-49}$$

利用这样的系统，W. Chen 和 F. Lu 得到了多轴比例加载下 RTV630 硅胶的试验典型示波图，如图 9-51 所示，RTV630 硅胶和 PMMA 在有围压、无围压两种情况下的动态应力应变曲线，如图 9-52 和图 9-53 所示。

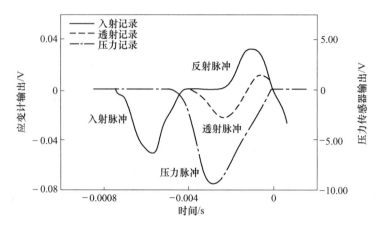

图 9-51 多轴比例加载下 RTV630 硅胶的试验典型示波图

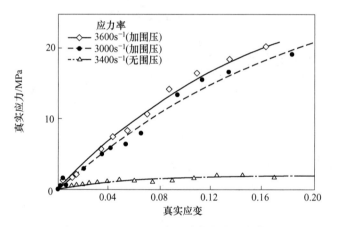

图 9-52 RTV630 硅胶的动态应力应变曲线

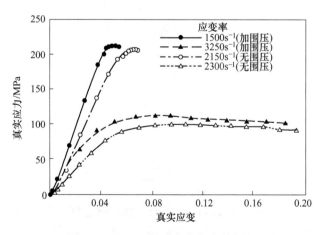

图 9-53 PMMA 的动态应力应变曲线

现阶段，霍普金森杆技术得到较大发展，已经能够满足各种动力学试验的要求。如图 9-54 所示为霍普金森剪切杆；图 9-55 为用于动态三点弯曲梁试验的一种霍普金森压杆系统。这些霍普金森杆试验装置的加载速率为 $10^1 \sim 10^4 \mathrm{s}^{-1}$，对更高加载率的材料动力学性质试验研究，需要借助轻气炮（一级或二级），或者炸药驱动飞板撞击试件等加载装置或手段来完成。

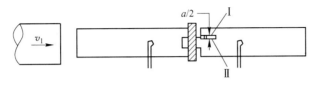

图 9-54　霍普金森剪切杆

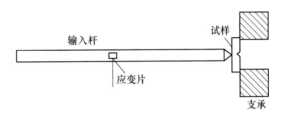

图 9-55　动态三点弯曲梁试验霍普金森杆装置

9-1　试分析霍普金森压杆装置的储气压力与撞击速度间的关系。

10　爆炸动力学数值模拟方法

10.1　波　动　现　象

大多数试验和训练都属于静态，即实验的变化很慢，以至于人们可以认为是与时间无关的。但人们也考虑动态过程，如汽车碰撞、飞行事故、飓风和热风暴的破坏等灾害。人们经历并还在继续经历，就好像它们影响到人们解决问题的方法一样。但是当处理瞬态问题时，人们必须看世界的方法。对于真实的动力学问题，许多基于静态观察发展而来的试验不再适用。现在就有必要认识两个非常重要的因素：

（1）所观察现象的变化率。

（2）信息是以有限速度传播的事实。

在力学系统中，这意味着需要同时考虑应变率和波传播效应的问题。

固体中波动的主要影响因素为固体几何特征和材料特性（力学特性）。传统方法中，采用两种不同的几何体来研究波的传播效应，即杆和平板。这两种结构明显都很简单，可用一维问题来分析，波产生一个单轴应力状态，关键参数是杆的轴向应力。杆承受弹性纵波、剪切波和扭转波。一旦达到弹性极限，弹性波和塑性波都会产生。但是这种状态下，达到高应力状态是不可能的。随着应变率的增加，二维和三维开始决定杆的变形。实验仍然可以实施，但是一旦失去单轴应力状态，分析方法就不再适用。塑性和材料破坏决定杆所能承受的应力大小。计算中，这种结构的材料使用典型的理想应力-应变曲线，这种曲线来自于典型的准静态单轴拉伸实验。

10.1.1　杆和板中的波传播

半无限体受细长圆杆的碰撞，圆杆足够长，这样可以不考虑杆后断面的波反射，同时假设撞击物与靶板为同种材料。

10.1.1.1　介质中的波动描述

不同类型的弹性波可在固体中传播，固体质点运动取决于传播方向和边界条件。这里的"质点"不考虑原子的运动。弹性力学理论基于介质连续假设，单个原子运动所产生的影响只有在聚集成整体时才予以考虑，每个材料质点都是由足够多数量的原子组成的，因此可以将其看成连续的实体，最常见的弹性波如下：

（1）纵波：质点移动平行于波的传播方向。压缩波时，质点速度 v_p 与波速 c 方向相同；如果是拉伸波，则波的传播方向与质点运动方向相反。在文献中，纵波称为无旋波、压缩波、主波或 P 波。在无限或半无限介质中它们称为胀缩波。

（2）畸变（剪切）波：传递波质点运动方向垂直于不传播的方向，介质密度不改变，并且纵向应变 ε_{11}、ε_{12}、ε_{13} 等于零。

（3）表面波：表面波与水表面的波是类似的，并且上下左右移动，形成椭圆形水移动路径。在固体中，表面波叫瑞利波。

（4）界面波：当两种不同特性的半无限介质接触时，这种波在它们的界面上产生。

（5）层状介质中的波：这种波在地震学中尤其重要。地震产生的波，其位移的水平分量要远大于其垂直分量，特性与瑞利波不一样，地球是由不同特性的地层组成的，因此会出现不同特性的波。

（6）弯曲波：这种波包括梁、板、壳体结构中一维或二维弯曲的波。

10.1.1.2 碰撞杆中的波动描述

事实上，前面章节已对这部分内容作了讨论。本节主要包括问题的隐含信号，从另一个角度再来分析这些问题。如图 10-1 所示一端受到扰动的杆，这个扰动可以是突加脉冲、另一个杆的撞击或者撞击刚体障碍物等，图中所示的 c 和 v 两个速度，其中 c 被称为扰动传播的速度或者称为声速。它与材料特性有关，而且它的数值取决于尺寸和边界条件，这一点随后说明。图 10-1 撞击杆中的声速和质点速度的描述在 Δt 时间内扰动传播的距离为 $c\Delta t$。扰动所经过的距离 $c\Delta t$ 内的材料质点都受到了影响。超过这个距离，材料质点仍处于初始状态，并没觉察到发生什么。第二个速度 v 表示质点速度，距离 $v_0\Delta t$ 是材料受到扰动后的真实变形，为什么会有两个速度呢？原因是惯性，静止状态的质点受到不平衡力的作用后开始运动，当不是瞬间就运动，它需要克服自己的惯性，需要等待临近质点且解除它对本身运动的约束。用一个不完美但是有用的类比来说明：一长排汽车行驶于有交通信号灯的单行线公路上，开始时十字路口交通信号灯为绿灯，某一时刻，信号灯变为红灯（把这个等同于杆一端受到的扰动），这个红灯信号立刻被这排的所有汽车司机看到（把这个看作杆中扰动或应力脉冲）。离路口最近的车急刹，第二辆车也急刹，但因为第一辆车的突然刹车而撞上了它。类似地，第三辆车撞上了第二辆车，以此类推。另一种波在这辆汽车中传播开来，这就是汽车变形所引起的波，这个波的速度远小于红灯出现的速度。把红灯影响到的区域长度设为 $c\Delta t$，而将运动的汽车的区域组成距离设为 $v\Delta t$。

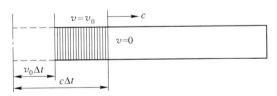

$t=0$，压缩脉冲以一定的速度传入杆中
$t=\Delta t$
· 压缩波已经移动了 $c\Delta t$ 的距离
· 杆长度的运动为 $v_0\Delta t$

图 10-1 撞击杆中的声速与质点速度描述

为了表示方便，采用如下的描述方法：

（1）应力-时间。

（2）质点速度-时间。

（3）应力-距离。

（4）质点速度-距离。

利用初等的一维弹性波理论来解释这一问题，采取如下假设：

（1）研究对象为圆截面细长杆，杆的长度至少比杆的截面直径大 10 倍。

（2）此外，忽略横向应变、压剪惯性、体力、内摩擦的影响。

由牛顿第二定律，有杆中任意一点的纵向应力和纵向质点速度的关系

$$F \Delta t = mv \tag{10-1}$$

式中，F 为作用在横截面上的纵向力；Δt 为力的作用时间；m 为力所作用物体的质量；v 为力作用下 m 的速度。

因而，截面的应力强度为

$$\sigma = \rho c v \tag{10-2}$$

如果碰撞中一个物体已经运动，则可得需要采用质量速度的变化量。

10.1.2　波的反射与透射

分析细长杆碰撞刚性面的问题，如图 10-2 所示。

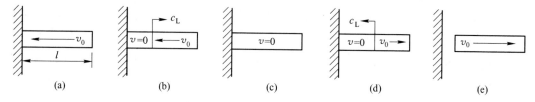

图 10-2　撞击杆的质点速度分布

（a）$t=0$；（b）$t<l/c_L$；（c）$t>l/c_L$；（d）$l/c_L<t<2l/c_L$；（e）$t>2l/c_L$

下面是分析过程：

（1）碰撞后，一个强度为 $\rho c_L v_0$ 的压缩杆，当 $0 \leqslant t \leqslant t/c_L$，波所要经过的质点速度为 0。

（2）当 $t = l/c_L$，杆静止，但处于压缩状态，所有的动能都转化为应变能。

动能为

$$E_k = \frac{1}{2}mv_0^2 \tag{10-3}$$

应变能为

$$E_s = \frac{Al}{2E}(\rho c_L v_0)^2 = \frac{1}{2}Al\rho v_0^2 \tag{10-4}$$

（3）当 $t = l/c_L$，在杆后自由面，压缩波反射成拉伸波，这个拉伸波相当于卸载波，消除了压缩波的效果。

（4）当 $t = 2l/c_L$，完全处于无应力状态，反射卸载波已经给质点一个速度 v_0，这个速度的方向与撞击方向相反。

（5）往后，杆以大小相同、方向相反的速度离开刚性面。

至此，已经讨论了杆和无边界介质。实际中，人们遇到的是有限几何体，有时是由多种材料或不规则形状构成的。当波遇到自由面、材料界面或几何不连续面时，也会发生反射，下面分析这种可能性。

10.1.3 不规则面和不同的材料

如图 10-3 所示为脉冲向右传入变截面杆，而且截面两端的材料成分不同。为了方便，不同的材料 1 和材料 2，其杆的截面面积分别记为 A_1 和 A_2，杆截面区域 1 和区域 2 入射波的强度 σ_1、质点速度 v_1 将会部分透射、部分反射，在图中用下标 R 和 T 标出。截面处必须满足两个条件：（1）界面两端的力相等。（2）界面两端的质点速度图连续。

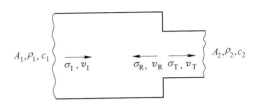

图 10-3 应力波在变截面杆中的传播

由条件（1）得 $A_1(\sigma_1 + \sigma_R) = A_2\sigma_T$，由条件（2）得 $v_1 - v_R = v_T$。

利用 $\sigma = \rho cv$，得

$$\frac{\sigma_1}{\rho_1 c_1} - \frac{\sigma_R}{\rho_1 c_1} = \frac{\sigma_T}{\rho_2 c_2} \tag{10-5}$$

解得透射应力和反射应力，表示如下：

$$\begin{cases} \sigma_T = \dfrac{2A_1\rho_2 c_2}{A_1\rho_1 c_1 + A_2\rho_2 c_2}\sigma_1 \\ \sigma_R = \dfrac{A_2\rho_2 c_2 - A_1\rho_1 c_1}{A_1\rho_1 c_1 + A_2\rho_2 c_2}\sigma_1 \end{cases} \tag{10-6}$$

由此，可得出以下推论：

（1）使 A_2/A_1 接近 0，或者让 $\rho_2 c_2 = 0$，杆的末端相当于自由面，反射波为 $\sigma_R = -\sigma_1$。因此，在自由面，压缩波反射为拉伸波（反之亦然）；质点速度在自由面加倍。

（2）当 $A_2 = A_1$ 接近无穷大时，杆的末端相当于固定端，所以 $\sigma_R = \sigma_1$，$\sigma_T = 0$。因此，在固定面，压缩波反射为压缩波；质点速度在固定面为零。

（3）在变截面处没有反射发生，$\sigma_R = 0$，$A_1\rho_1 c_1 = A_2\rho_2 c_2$，$\sigma_T = \sigma_1\sqrt{E_2\rho_2/E_1\rho_1}$。

10.1.4 波在不同连续界面中的传播

如图 10-4 所示，假设波由左向右传播。为了便于推导，设 $A_3/A_4 = 4$ 和 $A_1/A_2 = A_2/A_3 = 2$。在面积为 A_2 部分的透射应力为

$$\frac{\sigma_{T2}}{\sigma_1} = 2\frac{A_1}{A_1 + A_2} = \frac{2 \times 2}{2 + 1} = \frac{4}{3} \tag{10-7}$$

在面积为 A_3 部分的透射应力为 $\sigma_{T3} = 2\dfrac{A_2}{A_2 + A_3}\sigma_{T2} = 1.78\sigma_1$。

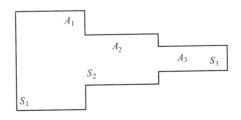

图 10-4 阶梯杆中应力放大

如果不考虑 A_2 面积，面积从 A_1 直接变化到 A_3，那么

$$\sigma_{T3} = 2\frac{A_1}{A_1 + A_3}\sigma_1 = 1.60\sigma_1$$

总之，额外的阶梯变化使应力变化大约增加 10%。因此，对于冲击加载的透射，截面的逐渐变化优于突然变化。

10.1.5 层状介质

实际中多层介质是很常见的。核反应容器的结构大多由几层钢筋和混凝土组成，储料仓和防护罩可能由整块混凝土制成。但如果载荷很大，为了降低爆炸和冲击载荷，建筑的厚度可能很大，致使建筑物的成本会非常高。一些吸能材料和混凝土的混合使用可达到同样降低压力脉冲的效果，并可极大降低建筑成本。

在实验条件下，测试经常是在多层板的结构中完成的，每层都有其各自的声阻抗（ρc）。由于买不到满足整体厚度的材料或材料非常贵，所以侵彻深度实验也是在叠层板上进行的，每一层板都用同样的材料制成。通常情况下，保护结构是由两层或更多层组成的，并且每层中间都有间隙。

如图 10-5 所示，一平波撞击 3 层面结构靶，3 层靶的声阻抗比为 1∶2∶4。波以 σ_I 的强度穿越介质 1，当它达到介质 1 和介质 2 的截面时，一部分波发生透射，一部分波发生反射。透射应力和反射应力的大小可由简单的关系式得到，如图 10-6 所示。

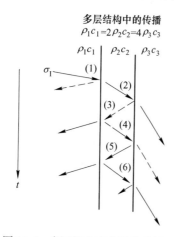

多层结构中的传播
$$\rho_1 c_1 = 2\rho_2 c_2 = 4\rho_3 c_3$$

多层结构中的传播

(1) $\sigma_{R1} = -1/3\sigma_I$ (4) $\sigma_{I4} = \sigma_{R3}$

     $\sigma_{T1} = 2/3\sigma_I$ $\sigma_{R4} = 2/81\sigma_I$

                                     $\sigma_{T4} = 4/81\sigma_I$

(2) $\sigma_{I2} = \sigma_{T1}$ (5) $\sigma_{I5} = \sigma_{R4}$

     $\sigma_{R2} = -2/3\sigma_I$ $\sigma_{R5} = 2/243\sigma_I$

     $\sigma_{T2} = 4/9\sigma_I$ $\sigma_{T5} = 8/243\sigma_I$

(3) $\sigma_{I3} = \sigma_{R2}$ (6) $\sigma_{I6} = \sigma_{R5}$

     $\sigma_{R3} = -2/27\sigma_I$ $\sigma_{R6} = 2/729\sigma_I$

     $\sigma_{T3} = -8/27\sigma_I$ $\sigma_{T6} = 4/729\sigma_I$

图 10-5   多层板中应力波的传播   图 10-6   图 10-5 中的 (1)~(6) 点处的
                                                          透射应力和反射应力值

研究发现，如果选择的声阻抗不会导致多层介质内部层裂，那么多层介质在降低透射波强度方面非常有效，并且能够减小结构的整体厚度，从而节约材料和工程费用。

如果板层之间有间隙，在间隙消除之前，动量不能传递到相邻的板层。在间隙消失之前，透射波将从自由面反射回来。如果板的运动能够使间隙消失，那么如上所述，透射和反射会同时发生。对整体靶板的改动越大，高速碰撞条件下得到的单个靶板行为差值越大。多层板的性能比同等厚度的实体要弱。板理论中，一个板的弯曲刚度为

$$D = \frac{Eh^3}{12(1-v^2)} \tag{10-8}$$

式中，h 为板的厚度；v 为泊松比；E 为弹性模量。

如果将单层板切成两层，则每一层的弯曲刚度将变为 $(h/2)^3$ 或 $h^3/8$。即使上式源于

板的准静态弹性行为，板的侵彻必定是一个存在大塑性变形的动态高速率过程，上式仍可以得出多层结构会弱化单层平板的结论。

10.1.6 斜碰撞

如图 10-7 所示，当一个脉冲斜入射到界面上，反射和透射都会形成两个波，即一个纵波和一个剪切波。Rinehart（1975）和 Jonson（1972）采用清晰度的方法分析了斜碰撞，其他学者也有这方面的成果。在数值模拟中，程序自动处理了斜碰撞或不对称扰动中波的传播，将在后面进行讨论。

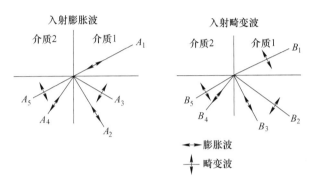

图 10-7 斜入射波的透射和反射

10.1.7 动态断裂

如果在物体中某一点处拉伸应力的强度足够大并且持续时间足够长，将发生一种被称为层裂的破坏现象。层裂来源于应力波与自由面的相互作用。

图 10-8 所示为爆炸加载引起的层裂破坏。当压缩波物体界面遇背面时，发生反射变成拉伸波，这里，这一拉伸波反向传入靶板。在某一时刻，由传入拉伸波与靶板中的拉伸波相遇，并相互加强。如果条件满足，就会发生层裂。

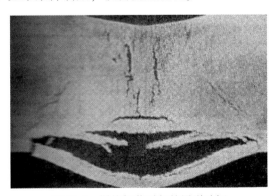

图 10-8 爆炸加载引起的层裂破坏

Rinehart 对尺寸效应对应力波的影响及脆性材料破坏作了讨论和解释。波反射导致的层裂破坏包括中心断裂、偏心加载产生的非对称断裂、角裂的发展过程、球面波作用下不同宽高比的矩形体的破坏。

当前解决问题的方法有有限差分方法和有限元方法，这些方法都耦合了适合的材料模型，可参见后面的章节。

10.2　固体中的冲击波

上一节讨论的是简单的应力状态，这种状态适用于一维分析。如果载荷远远超过了弹性极限，材料的三维开始出现，如紧缩、径向惯性、热软化都会导致材料的失效。尽管实验结果绝对有效，但原有简化已不再适用，并且已有的分析也将失效。因此，一旦单轴应力假设不再有效，那么就需要另一种求解方法。

在包括杆件结构在内的材料行为研究中，其应力接近于材料的屈服极限，且应变率在 $10^2 \sim 10^3 \mathrm{s}^{-1}$，典型的单轴应力-应变曲线将有新的变化。可以清楚看出，虽然出现了强化现象，应力却上升较小。对于一些材料，偏离一维应力状态，或失效开始之前，应力可以达到屈服点的 2~3 倍，材料的塑性限制了人们研究更高的应力。因此，为了更好地研究应力和应变率领域，必须另外探索新思路。

10.2.1　冲击载荷下的守恒方程

应变局限于一个方向，平面波在横向应变为零的材料中传播，如图 10-9（a）所示，这种情况下应力-应变曲线如图 10-9（b）所示。

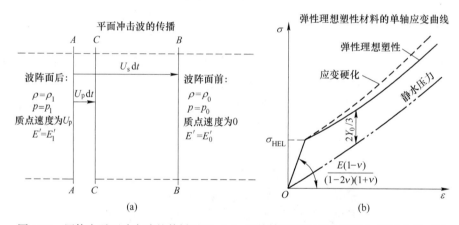

图 10-9　固体中平面冲击波的传播过程（a）和单轴应变状态下的应力-应变曲线（b）

把应变写作弹性部分和塑性应变之和，即

$$\varepsilon_1 = \varepsilon_1^{\mathrm{e}} + \varepsilon_1^{\mathrm{p}}, \quad \varepsilon_2 = \varepsilon_2^{\mathrm{e}} + \varepsilon_2^{\mathrm{p}}, \quad \varepsilon_3 = \varepsilon_3^{\mathrm{e}} + \varepsilon_3^{\mathrm{p}} \tag{10-9}$$

式中，ε_i 为主应变，其下标 $i = 1, 2, 3$；ε^{e} 的上标 e 代表弹性应变；ε^{p} 的上标 p 代表塑性应变。

在一维应变中，有

$$\varepsilon_2 = \varepsilon_3 = 0$$

因此有

$$\varepsilon_2^{\mathrm{p}} = -\varepsilon_2^{\mathrm{e}}, \quad \varepsilon_3^{\mathrm{p}} = -\varepsilon_3^{\mathrm{e}}$$

假设塑性部分的应变是不可压缩的，则有

$$\varepsilon_1^p + \varepsilon_2^p + \varepsilon_3^p = 0 \tag{10-10}$$

由对称性得知 $\varepsilon_2^p = \varepsilon_3^p$，则

$$\varepsilon_1^p = -\varepsilon_2^p - \varepsilon_3^p = -2\varepsilon_2^p \tag{10-11}$$

由 3 个主应变关系式及假设 $\varepsilon_1^p = 2\varepsilon_2^p$，得到

$$\varepsilon_1 = \varepsilon_1^e + \varepsilon_1^p = \varepsilon_1^e + 2\varepsilon_2^e \tag{10-12}$$

使用应力和弹性模量的弹性应变如下：

$$\varepsilon_1^e = \frac{\sigma_1}{E} - \frac{v}{E}(\sigma_2 + \sigma_3) = \frac{\sigma_1}{E} - \frac{2v}{E}\sigma_2 \qquad (\sigma_2 = \sigma_3) \tag{10-13}$$

$$\varepsilon_2^e = \frac{\sigma_2}{E} - \frac{v}{E}(\sigma_1 + \sigma_3) = \frac{1-v}{E}\sigma_2 - \frac{v}{E}\sigma_1 \tag{10-14}$$

$$\varepsilon_3^e = \frac{\sigma_3}{E} - \frac{v}{E}(\sigma_1 + \sigma_2) = \frac{1-v}{E}\sigma_3 - \frac{v}{E}\sigma_1 \tag{10-15}$$

利用上式，可得 ε_1 的关系式为

$$\varepsilon_1 = \frac{\sigma_1(1-2v)}{E} + \frac{2\sigma_2(1-2v)}{E} \tag{10-16}$$

在这种条件下，对于 Tresca 或 Von Mises 屈服准则，塑性条件可表示为 $\sigma_1 - \sigma_3 = Y_0$。利用此 σ_3 定义关系，得到

$$\sigma_1 = \frac{E}{3(1-2v)}\varepsilon_1 + \frac{2}{3}Y_0 = K\varepsilon_1 + \frac{2Y_0}{3} \tag{10-17}$$

式中，K 为体积模量，$K = E/[3(1-2v)]$。

对于高速碰撞现象，材料没有时间发生横向变形，因而形成单轴应力状态。随后，从边界反射回来的卸载波到达，横向变形开始产生，应力降低，并可能产生一个近似单轴应力的状态。

对于弹性一维应变这一种特殊的情况，$\varepsilon_1 = \varepsilon_1^e$，$\varepsilon_2 = \varepsilon_3 = \varepsilon_2^e = \varepsilon_3^e = 0$，$\varepsilon_1^p = \varepsilon_2^p = \varepsilon_3^p = 0$，且

$$\sigma_2 = \frac{v}{1-v}\sigma_1$$

$$\varepsilon_1 = \frac{\sigma_1}{E} - 2v^2\frac{\sigma_1}{E(1-v)}$$

最终可得

$$\sigma_1 = \frac{1-v}{(1-2v)(1+v)}E\varepsilon_1 \tag{10-18}$$

如图 10-10 所示为典型的单轴应变状态下的应力-应变曲线，对比单轴应力状态下的应力-应变曲线有以下几个明显的不同点：

（1）单轴应变曲线的模量增加了 $(1-v)/[(1-2v)(1+v)]$ 倍。

（2）单轴应变的屈服点被称为 Hugoniot 弹性极限，记为 σ_{HEL}，这是一维弹性波在平面结构中传播的最大应力。

（3）"单轴应变"曲线也被称为 Hugoniot 曲线，注意到 Hugoniot 曲线的应力和静态屈服强度 Y_0 之间有一个恒定的差值，为 $2Y_0/3$（Y_0 是静态屈服强度）。如果应变硬化材料中的屈服应力变化，σ_1 曲线和 p 曲线之间的差值就不同。如果材料强度为零，那么材料将会遵循静水压力曲线。

弹性理想塑性材料单轴应变下典型的加载曲线如图 10-11 所示。特别是 C 点发生了反向加载。如果反向加载发生，就像自由面应力波的反射，曲线的 CD 段就会延伸到应变轴以下负（拉伸）区域。假设拉伸与压缩屈服强度相同，那么这条曲线与静水压力线的距离也是 $2Y_0/3$。

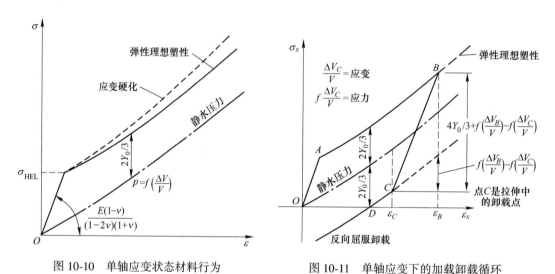

图 10-10　单轴应变状态材料行为　　　　　图 10-11　单轴应变下的加载卸载循环

10.2.2　冲击载荷下的守恒方程——Rankine-Hugoniot 突跃条件

假设材料的初始压力为 p_0，压力脉冲以 U_0 的速度传播，p_1 的作用是使材料压缩到新的密度 ρ_1，同时把压缩材料加速到 U_p。考虑与传播方向垂直的部分材料（单位横截面积），冲击波的位置在某一瞬间如图 10-9（a）中的 AA 所示。短时间（$\mathrm{d}t$）之后，冲击波阵面到达 BB，同时原来在 AA 处的物质移动到 CC 处。

受冲击波压缩后，材料质量 $\rho_0 U_\mathrm{s}\mathrm{d}t$ 所占的单位体积为 $(U_\mathrm{s}-U_\mathrm{p})\mathrm{d}t$，密度为 ρ_1，因此跨过波阵面的能量守恒可以表示为

$$\rho_0 U_\mathrm{s} = \rho_1 (U_\mathrm{s}-U_\mathrm{p}) \tag{10-19}$$

或用比容表示为

$$V_1 U_\mathrm{s} = V_0 (U_\mathrm{s}-U_\mathrm{p}) \tag{10-20}$$

动量守恒定律可表示为

$$p_1 - p_0 = \rho_0 U_\mathrm{s} U_\mathrm{p} \tag{10-21}$$

跨过波阵面的能量守恒定律可表示为

$$p_1 U_p = \frac{1}{2}\rho_0 U_s U_p^2 + \rho_0 U_s(E_1 - E_0) \tag{10-22}$$

消去 U_s 和 U_p，可以得到守恒定律的一般形式，即 Rankin-Hugoniot 关系

$$E_1 - E_0 = \frac{1}{2}(V_0 - V_1)(p_1 + p_0) = \frac{1}{2}\left(\frac{1}{\rho_0} - \frac{1}{\rho_1}\right)(p_1 + p_0) \tag{10-23}$$

式（10-23）中共有 8 个变量，认为带下标 0 的变量是已知的，则仍有 4 个变量是未知的。为了解决冲击问题，还需要另外两个关系式，一个是状态方程，另一个是边界条件。

10.2.3 Hugoniot 方程

从现在开始，提到 Hugoniot 时，所讨论的是实验确定的一条曲线。在质量和动量方程中有 4 个变量，如果能找到一个关于 4 个变量中任何两个之间的关系式，即使是由实验得到的，也可以用来描述材料的状态，那么就可采用代替的方法来确定 Hugoniot 关系，而不使用状态方程。4 个状态中，也可以采用 2 个变量确定 Hugoniot 方程，上述几个变量方程中，有 3 个非常有用：U-u 平面、p-V 平面和 p-u 平面。

10.2.3.1 U-u 平面

如果选择冲击波速度和质点速度平面内的实验数据，那么往往是一簇直线，方程式为

$$U = c_0 + su \tag{10-24}$$

式中，c_0 为零压力时曲线的截距，c_0 一般指体积声速；s 为斜率，无量纲；变量 c_0、U、u 都为速度。

体积声速表示为

$$c_B^2 = c_L^2 - \frac{4}{3}c_s^2$$

式中，c_L 为弹性纵波声速；c_s 为横波声速或剪切波速。

10.2.3.2 p-V 平面

如果将 U-u 平面的 Hugoniot 方程代入前面得到的质量和动量守恒方程，就会得到

$$p = f(V) = c_0^2(V_0 - V)[V_0 - s(V_0 - V)]^{-2} \tag{10-25}$$

Hugoniot 曲线代表冲击波前的初始状态 (p_0, V_0) 在冲击波后能够达到的终点状态 (p_1, V_1)。Rayleigh 线描述的是阶跃卸载条件，它的方程式可表示为

$$p_1 - p_0 = \frac{U^2}{V_0} - \frac{U^2}{V_0^2}V_1 \tag{10-26}$$

卸载沿等熵线，材料的等熵线与 Hugoniot 线非常接近。

10.2.3.3 p-u 平面

利用 p-u 平面的 Hugoniot 曲线和运动守恒方程可得到 1 个新方程，如果 $p_0 = u_0 = 0$，则

$$p_1 = \rho_0 u_1(c_0 + su_1) \tag{10-27}$$

它的主要作用是处理相互作用问题。

10.2.4　状态方程

为了利用流体动力学软件来计算，可以说状态方程是在一些物理条件之上，对给定初始条件下材料行为的数学描述。这说明任何状态方程都具有下述特征：

（1）1 个有效范围。

（2）1 个可以使加载和响应成为可能的结构。

下面简要介绍在数值模拟中得到广泛应用的状态方程。

10.2.4.1　Mie-Gruneisen 状态方程

其一般形式为

$$\rho p = p_{\text{ref}} + \Gamma\rho(I - I_{\text{ref}}) \tag{10-28}$$

式中，p 为压力；ρ 为密度；I 为比内能；Γ 为 Gruneisen 参数，假定它仅是体积的函数。参考状态可能是 0K，即 I_{ref} 为 0，并且 p_{ref} 是 0K 时的等温线。

为了方便，将 Hugoniot 曲线作为参考曲线，则

$$p_{\text{ref}} = p_{\text{H}}\left(1 - \frac{\Gamma\mu}{2}\right)$$

$$p_{\text{H}} = C_1\mu + C_2\mu^2 + C_3\mu^3$$

式中，C_1 为由平板撞击试验得到的经验常数；变量 $\mu = \rho/\rho_0 - 1$ 表征材料的可压缩性。

10.2.4.2　Tillotson 状态方程

区域 II（$\mu > 0$）的 Tillotson 状态方程为

$$p = \left[a + \frac{b}{\dfrac{I}{I_0(1+\mu)^2}}\right]\rho_0(1+\mu)I + A\mu + B\mu^2 \tag{10-29}$$

区域 III（$\mu > 0$ 且 $I > I_s$）的 Tillotson 状态方程为

$$p = \left[a + \frac{b}{\dfrac{I}{I_0(1+\mu)^2}}\right]\rho_0(1+\mu)I + A\mu \tag{10-30}$$

区域 VI（$\mu > 0$ 且 $I > I_s$）的 Tillotson 状态方程为

$$p = a\rho_0(1+\mu)I + \left[\frac{b\rho_0(1+\mu)I}{\dfrac{I}{I_0(1+\mu)^2}} + A\mu e^{-\beta[-\mu/(1+\mu)]}\right]e^{\alpha[-\mu(1+\mu)]^2} \tag{10-31}$$

式中，a、b、A、B、I_0、α、β 和 I 为常数，其中 a、b、α、β 为无量纲化量；A 和 B 与压力进行无量纲化；I_0 为比内能。

10.2.4.3　爆轰产物状态方程

Breker-Kistiakowsky-Wilson 状态方程为

$$\frac{pV}{RT} = 1 + Xe^{\beta X} \tag{10-32}$$

式中，p 为压力；V 为比容；R 为气体常数；T 为温度；$Xe^{\beta X}$ 为非理想项，并且是主要项，对于多数炸药，它的取值为 10~15。

Jone-Winkins-Lee（JWL）状态方程为

$$p = A\left(1 - \frac{\omega\eta}{R_1}\right)e^{-R_1/\eta} + B\left(1 - \frac{\omega\mu}{R_2}\right)e^{-R_2/\mu} + \omega\eta I \qquad (10\text{-}33)$$

式中，A、B、R_1、R_2 和 ω 为由试验确定的常数；I 为内能；并且 $\eta = \rho/\rho_0$。

10.3 快速（瞬态）现象的数值建模

为了得到快速、瞬态加载下非现象问题的解，一般可采用下列 4 种方法之一。

（1）实验方法。实验测量是一个既费时间又昂贵的事情，在测试过程中还会出现许多问题，为了得到一个有效的数据点，往往需要多次实验，成本是需要重点考虑的。在设计一个实验时，人们理想地认为不需要考虑具有统计意义的数据，但很显然这很少发生，因此，实验所得数据必须得到最大程度的应用，如果可能，可以辅之以理论和数值模型。经验曲线拟合是通过现有的大量数据发展起来的，并且这些数据广泛地应用于以后的实验和设计，其缺点是不能用于外推。

（2）半经验数据拟合方法。当从一些实验中得到大量的数据，可以在更大的范围内尝试建立某些经验关系，其中包括不同的动量、质量、速度、弹体和靶板尺寸等。该方法根据大量的数据，以无量纲参数间的关系为基础。其优点是可以补充现有的数据并降低成本。任何经验方法的缺点在于不能外推，否则将导致错误结果并将非常危险。

（3）工程模拟法。这个方法基于基本原理，利用了质量守恒定律、动量守恒定律和能量守恒。根据需要，模型建立之初会采用必要简化（例如一维行为、早期、稳定状态或后期效应的考虑），可能在开始时引入或根据需要在开始时引入几种材料特性，如屈服模型、硬化影响、断裂准则、波速等。如果材料处于非常高的压力状态，有时可能引入 1 个特别的状态方程。因为这些模型具有普遍性，所以它们比经验关系式更有用。

（4）数值模型方法。最普遍的方法是数值方法。优点是可以去掉研究对象尺寸上的任何限制，且可以考虑非线性。缺点是通常处理从简单和特定的问题到复杂和一般性的问题的过程中需要更多的数据。在全部加载时间内，数值模型需要一个材料模型的完整描述——弹性、屈服、流动及破坏，同时也需要考虑应力、应变、应变率和温度效应。这种全面材料描述尤其是与材料破坏相关的描述的缺少，是利用波传播计算机程序预测高应变率下材料行为的一个最大的限制。

10.3.1 空间离散化

有限差分方程向流体动力学软件的转化见表 10-1。首先，观察求解的方程。其次，考虑将这些方程转化成代数方程。本章将着重介绍拉格朗日网络描述。人们已经建立了一系列的代数方程来描述空间域需要对时间域做同样的工作。然后，需要增加对高应变率下材料的描述。人们已经建立了代数方程模拟原始的微分方程，并非常希望这些代数方程模拟原始的微分方程的收敛性与原始微分方程是相同的。求解快速瞬态加载问题的数值模拟，需要求解几个方程。

表 10-1 有限差分方程向流体动力学软件的转化

	微 分 方 程
空间离散	有限差分法，有限元法
拉格朗日网络描述	网络特征，滑移截面，大变形，重分，侵蚀，人工黏性
时间积分	显式方法、隐式方法
材料模型	塑性动态硬化模型、Johnson-cook 模型、Zerilli-Armstrong 模型、Bonder-partom 模型、p-a 模型、CAP 模型
破坏模型	瞬时的、时间相关的、微观机理
高应变率材料数据	实验流程、高应变率数据来源

固体在冲击波作用下的守恒方程的最常用形式中，有些参数将导致系统不稳定，这样的系统将不能满足能量和动量守恒。拉格朗日程序默认满足质量守恒所以不需要对方程进行明确说明。

质量守恒：$\dot{\rho} + \rho \dot{u}_{i,j} = o$。

动量守恒：$\rho \ddot{u} = \sigma_{ji,j} + \rho f_i$。

角动量守恒：（1）极性介质，$\rho \dot{L}_i = \rho Q_i + R_{ij,j} + \varepsilon_{ijkl}\sigma_{jk}$。

             （2）非极性介质，$\sigma_{ij} = \sigma_{ji}$。

能量守恒：$\rho \dot{E} = (\sigma_{ji}\dot{u})_j - q_{j,i} + \rho S + \rho \dot{u}_i f_i$，$E = I + 1/2 u_j u_j$。

10.3.2 弹塑性材料的本构方程

构建弹塑性材料的本构方程需要知道：

（1）应力偏量 $\dot{S}_{ij} = 2G\left(\dot{\varepsilon}_{ij} - \dfrac{1}{3}\delta_{ij}\dot{u}_{k,k}\right)$。

（2）速度应变 $\dot{\varepsilon}_{ij} = \dfrac{1}{2}(\dot{u}_{i,j} - \dot{u}_{j,i})$，$\omega_{ij} = \dfrac{1}{2}(\dot{u}_{i,j} - \dot{u}_{j,i})$。

（3）Jaumann 应力率 $\dot{\sigma}_{ij} = \overset{\triangledown}{\sigma}_{ij} + \sigma_{im}\omega_{mi} - \omega_{im}\sigma_{mi}$。

（4）总应力 $\sigma_{ij} = S_{ij} - \delta_{ij}p$；$S_{ij} = 0$，$\sigma_{ij} = -3p(\rho, I)$。

（5）Von Mises 屈服准则 $S_{ij}S_{ij} \leqslant 2Y^2/3$；如果超过屈服应力，$S = S_{ij}\dfrac{2Y^2}{3S_{ij}S_{ji}}$。

构建本构方程：

流体流动，$\dot{d} = \dot{\varepsilon}_{ij} - \dfrac{1}{3}\varepsilon_{kk}\delta_{ij}$，$\dot{d}_{kk} = 0$，$\dot{S}_{ij} = c_{ijkl}\dot{d}$（各向异性），$\dot{S}_{ij} = 2G\dot{d}_{ij}$（均值各向同性）。

状态方程含有：

（1）Mie-Gruneisen：$p = p_H\left(1 - \dfrac{\Gamma\mu}{2}\right) + \Gamma\rho(I - I_0)$，$\rho/\rho_0 - 1$。

（2）Tillotson：当 $\rho > \rho_0$ 且 $0 \leqslant I \leqslant I_s$，$p = p_{II} + A\mu + B\mu^2$，$p_{II} = I\rho\left[a + \dfrac{b}{I/(I_0\eta^2) + 1}\right]$；

当 $\rho < \rho_0$ 且 $I > I_s$，$p = aI\rho\left[\dfrac{bI\rho}{1 + I/(I_0\eta^2)} + A\mu e^{-\beta/(\mu-1)}\right]e^{-\alpha/(\mu-1)^2}$，$\eta = \rho/\rho_0$。

10.3.3 有限差分法

有限差分法称为对精确问题的近似解。这样称呼的原因是利用有限差分法可以求解人们所研究问题的物理关系式。

如图 10-12 所示为一条复杂的非线性曲线的一部分。现在可以写出区间上的导数 $Y'(X) = (Y_2 - Y_1)/H$。如果选择 $X = X_1$ 处，则称向后差分方法；如果选择 X_2 处，则称向前差分方法。可以证明中心差分方法是二阶精度或 $O(h^2)$。这意味着如果区间 2 倍，其误差就减少 4 倍，这的确是一个非常好的特性。向前和向后差分方法仅仅是一阶精度 $O(h)$。

图 10-13 显示了如何得到二阶导数。在已经对微分方程中所有的导数都建立了这样的近似之后，再返回去用差分表达式代替微分，并且在需要的点上求解可以得到一个收敛解。

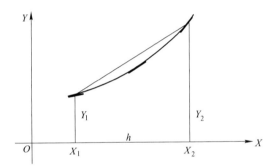

图 10-12 有限差分格式的构造

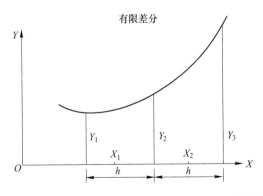

图 10-13 高阶差分的建立

现在需要用同样的方法处理问题的边界条件，且必须采用相应技巧。如果采用与微分方程一样的处理过程，将会发现所得的有限差分近似在边界仅仅是一阶精度，然而人们更希望在整个问题中保持二阶精度。简单地说，上述工作从一个单一的差分方程到一个耦合代数方程系，这个系统能通过有限差分方法间接地写成矩阵形式：

$$[\mathbf{K}]\{\mathbf{y}\} = [\mathbf{F}] \tag{11-34}$$

10.3.4　有限元法

有限元法可称为对近似问题的精确解。有限差分法是将问题控制方程写成微分方程的形式，然后系统地用差分表达代替微分方程。与有限差分不同，有限元法是在开始的时候，就离散化要求解的连续介质。首先引入近似——无限自由度的连续介质，可以有效地用有限自由度的离散系统来表示，然后对近似方程进行精确求解。

如图 10-14 所示为短实体圆柱弹体撞击平板的对称有限元模型，该模型的特征如下：

（1）选用三角形有限元（弹体 60 个单元，靶板 280 个单元）来表示连续介质。

（2）三角形单元间的相互作用仅发生在连接点或节点。若需网络中的任何其他位置信息，将通过对节点信息进行插值得到。

（3）三角形单元和节点组成的有限元系统表示了连续系统的行为，并且希望连续介质用可接受的精度来描述。

有限元的离散过程需要引入有限元的重要概念，即近似或插值函数。通过求解这个近似得到的方程组，可得到节点处位移，然后求解和利用塑性方程，由位移可以得到应变。通过本构关系，由应变可得到应力和压力，再由应力和单元体积可以求得力。必须满足一定的要求并能产生物理上合理的解。划分的单元越来越多，那么单元尺寸趋近于零。因此，插值函数必须能用于刚体运动，并且当网格加密时，能达到常应变状态。

有限元离散方法的步骤：（1）把连续介质划分为有限数量的区域，称之为"单元"。（2）这些单元只在离散点上有相互作用，称这些点为"节点"。（3）假设函数用节点的位移来定义每个节点内部的位移；从应力函数得到应变状态；利用本构关系得到应力状态；得到单元节点力；形成整体矩阵；利用标准方法求解节点位移。

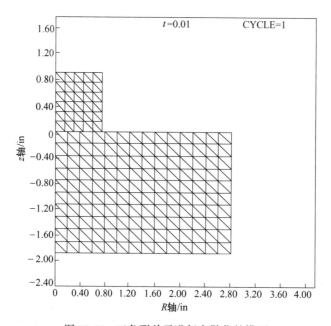

图 10-14　三角形单元进行离散化的模型

（1in＝2.54cm）

有限元法中选择插值函数的方法：所选几何的维度要与单元的自由度相等；在单元内，近似方程某些导数必须是连续的，并且这些方程和导数必须与相邻单元相容；近似方程必须满足以下条件，即刚体运动，在网格精细的情况下，每个单元都保持常应变状态。

有了节点位移，就能从应变-应力关系得到应变，得到了应变就可以从本构方程中求解应力。单元刚度矩阵可以通过变分原理等方法求解。如果需要的话，可以将局部刚度矩阵和唯一量相结合得到整体刚度矩阵。加上上边界条件和相容条件。用矩阵形式表达为

$$[K]\{u\} = \{F\} \qquad (10\text{-}35)$$

上式是针对静态问题的，对于动态问题，则方程式（10-35）变为

$$[M]\{\ddot{u}\} + [C]\{\dot{u}\} + K\{u\} = \{F\} \qquad (10\text{-}36)$$

式中，矩阵 M、C 和 K 表示质量矩阵、阻尼矩阵和刚度矩阵。在许多动力学问题中，阻尼特性知道的很少，所以通常不使用阻尼矩阵 C。

在 Buthe 的书中有一种有效率的写法，更新整体刚度矩阵，运动方程可以写为

$$[M]\{\ddot{u}\} = \{F\}^{\text{External}} - \{F\}^{\text{Internal}} \qquad (10\text{-}37)$$

实际上，这是用在所有拉格朗日波动程序中的方法。

10.3.5 Lagranggiang 程序描述

拉格朗日程序大多是显示程序，大部分结构动力学程序，显存至少一半的波动方程也是拉格朗日网络描述程序。即使在过去的 10 年里，拉格朗日程序得到了不断改进，但针对大变形问题仍需要其他方法的程序。

在求解方程开始时需要一个参考系。在拉格朗日系统中，计算是随固定质量单元的运动而进行的。经常引用的例子是警察在繁忙的高速公路上跟随一辆汽车，他的注意力集中在一辆汽车上，并且精确跟随它的运动。而在欧拉系统中，建立固定的网络且质量单元从网络中流过。这里提到的两个系统分别为拉格朗日系统和欧拉系统，如图 10-15 所示，它们具有各自的优缺点。

拉格朗日程序将材料嵌在网格上，材料追踪每一个质点的流动，网格与材料一起变形；而欧拉程序的主要问题是确定材料的运输，材料流过固定的网络，一些过程必须嵌入程序中，将材料一点运动到坐标方向中的临近单元不同程序中存在不同的方法，尚无占主导地位的同一方法。

拉格朗日程序还有 1 个问题是大变形。当随材料而扭曲的网络单元尺寸趋向于零，由于时间步长是基于很多计算网络中最小的尺寸，因此时间步长也接近于零，尽管消耗了很多计算循环但计算进展却很有限。有两个方法可以解决这些问题，最常用的方法是重分网格。当时间步长变得很小时写入一个重启文件。随后，一个新的无变形的网格覆盖出现大变形的网格上，并且质量、动量、能量和状态方程是守恒的。这样即使计算继续，也需要消耗一些成本。

10.3.6 人工黏性

在欧拉和拉格朗日程序中，基于两个原因引入人工黏性：

（1）允许具有连续方程的程序来处理在数学上不连续的冲击波。

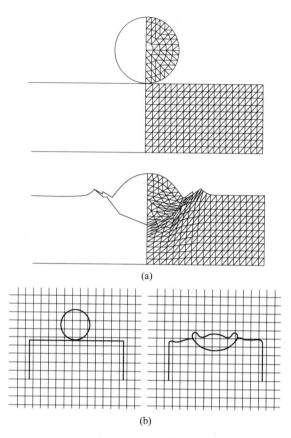

图 10-15   两种网络系统
（a）拉格朗日网络；（b）欧拉网络

（2）为四边形或六面体单元提供节点稳定，这些单元本构模型使用节点求值（简化）。

所有结构动力学和流体力学程序的数学基础都假设处理的是连续介质，因为冲击在数学上是不连续的，这样就排除了冲击波的出现。但是对于物理问题，如侵彻、炸药加载导致的材料破坏等，确实有冲击波的存在，所研究材料的自然黏性不能影响冲击波，即使它影响到了冲击波，另一个问题出现了，即怎样测定一个固体的黏性？

设计这样的数学方程是可能的，即方程允许与连续流动区连接的内部流动边界，因此可以在连续介质设置中直接调整冲击波。由于问题复杂化，计算中需要知道冲击波是什么时候形成的，并且考虑它们的出现和消失。

大多数材料自然黏性非常小。假设这里说的自然黏性是对于固体而言的，更重要的是其能通过有限的成本来测量。在固体内部会产生一个非常窄的冲击波，并且其精确解需要非常细的加密网络。

解决这个问题的方法是由 Von Neumann 和 Richtmyer 提出的。他们提出了人工黏性的概念，并加入到压力中。人工黏性的提出，的确影响了解的真实性，但是其有两个很好的特点：

（1）只影响冲击波阵面上的解，当远离冲击波，黏性就不再影响计算。

（2）保持了计算精度。

人工黏性的影响与网格的尺寸有很大的关系。采用很高的分辨率进行计算时，可能不需要它，或者不存在非常大梯度的计算时也不需要它。在粗网格计算中过分采用黏性，尤其在有关含能材料中，将会导致扰动以高非物理上的速度传播，并且导致不稳定。

作为 Von Neumann-Richtmyer 黏性的补充，另一个种类称为沙漏或张量黏性，也应用于计算程序的非全积分单元。

10.3.7 时间积分

目前，就动态问题而言，时间求解方法分两类：隐式方法和显式方法。

根据积分方法流程，所有波动方程使用的显式处理过程，有时也称为中心差分方法。问题的求解由初始条件确定速度开始，从速度得到位移，之后可以得到应变率、应变、应力、压力以及节点力。然后求解下一个时间步长（Δt）内的量。新的速度和位移可以通过上一步的速度和位移确定，并且重复上述步骤，这样就可以得到任意时间的解。

显式积分方法流程如下：

（1）设置初始时间 $t = t_0$，速度 $\dot{U}(t)$，位移 $U(t)$。

（2）通过下面的算式得到 $\dot{U}(t + \Delta t/2)$ 和 $U(t + \Delta t)$：

$$\dot{U}(t + \Delta t/2) = \dot{U}(t - \Delta t/2) + \Delta t \left[\ddot{U}(t) \right]$$

$$U(t + \Delta t) = U(t) + \Delta t \left[\dot{U}(t + \Delta t/2) \right]$$

（3）通过网格上所有单元的循环来得到内部节点力。计算应变率和应变，由本构关系计算应力，由单元应力得到节点力。

（4）计算外部载荷的节点力。

（5）由运动方程得到 $\ddot{u}(t + \Delta t)$。

（6）转到下一个时间步长。

（7）跳到第二步（$t = t + \Delta t$）。

具体来说，时间步长 Δt 必须满足 Courant 条件，即

$$\Delta t \leqslant 2/\omega \tag{10-38}$$

式中，ω 为网络的最高固有频率。

实际应用中，利用主要扰动计算固有频率，时间步长为

$$\Delta t = \frac{kl}{c} \tag{10-39}$$

式中，l 为最小网格尺寸；c 为声速；k 为稳定性系数，一般取 0.6~0.9。最远的作用点分区，单元较大，所需的时间步长为 $10\Delta t$。

10.4 流体动力学计算程序的执行过程

10.4.1 前处理

根据 ZeuS 程序的用户手册，无论是欧拉方法，还是拉格朗日等其他程序，这种流程是通用的，根据程序采用的是有限差分法还是有限元法进行离散的，图 10-16（a）的某些

部分会有所变化，图 10-16（b）实际上与拉格朗日程序是相同的，查阅有关手册，也可以发现过程是相似的。

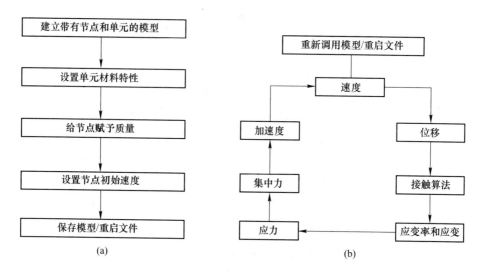

图 10-16　ZeuS 程序的处理流程
（a）ZeuS 程序的前处理过程；（b）ZeuS 计算的处理流程

对于欧拉程序，过程稍微复杂一些，一方面标有"接触算法"的方框中子程序将被处理保持离散界面电子程序代替；另一方面还有额外的子程序处理材料从单元到单元的运输，但是拉格朗日方法中的对应部分，压力、应力和力的计算将会很容易识别。

网格划分功能越灵活，程序越好用。现在要计算的几何模型已经定义，下面需要确定：

（1）每种计算对象所对应材料的特性（本构模型）。

（2）边界条件（固定或自由边界，为波传播计算附加质量。对于结构动力学软件需要更多详细的描述）。

（3）初始条件（速度、位移、体力、初始应力或温度、表面载荷）。

（4）计算中，各研究对象之间的联系。

（5）初始时间步长、最大时间步长、最小时间步长。如果超过了最小时间步长，将会导致计算的终止。此时，终止计算并进行检查。

10.4.2　计算处理

流体动力学软件的前处理部分主要生成网络，配备材料特性到每个网格或单元，附加质量，确定初始条件和边界条件，定义计算中不同对象的材料界面或边界，并把这些信息写到文件中。一般称这个文件为重启文件，在初始时刻开始计算时将要使用这些数据。开始时间不一定必须为 $t = 0$，开始时间可以任意设置。

如图 10-16（b）所示，处理器或计算处理器从初始重启文件中读取数据，并根据计算说明进行处理。在每个循环完成之后，时间会增加 δt，直到到达求解问题所需的时间。这样做既可以为后续的分析保留数据，又可以保证对信息进行有规律的保存，因此当系统出现问题时，不需要从头开始计算。一般来讲，这些计算通常都包括在称为 loop 的子程序中，有的在循环中包括了主要的计算。下面讨论 "loop" 中的各个部分。

10.4.2.1 速度和位移

通过求解运动方程来确定 t 时刻的加速度，开始积分循环。计算开始时，单元的应力状态为零。因此，在开始计算时，$t = 0$ 节点加速度为零。在所有波计算程序中确定速度和位移是非常简洁和经济的。t 时刻加速度用于计算节点的速度和位移，表示如下：

$$\dot{u}\left(t + \frac{\delta t}{2}\right) = \dot{u}\left(t - \frac{\delta t}{2}\right) + \ddot{u}(t)\delta t \tag{10-40}$$

$$u(t + \delta t) = u(t) + \dot{u}\left(t + \frac{\delta t}{2}\right)\delta t \tag{10-41}$$

注意几个事情：

（1）上式来自 Yaylor 理论的位移和速度的中心差分算法。

（2）中心差分算法仅是有条件稳定。

（3）时间步长不是常数，而且从一个循环到另一个循环的过程中是变化的。它取决于计算网格中的最小单元。它的最简单形式可以表示为

$$\delta t = k\frac{h_{\min}}{c} \tag{10-42}$$

式中，$h_{\min}$ 为所有计算中的单元的最小尺寸；c 为声速。

10.4.2.2 应变和应变率

在任何离散方案中，速度和位移的值只能在离散节点上确定，若在其他节点找到这些量和其他量，则需要进行插值。插值函数为

$$\dot{u}_i = \alpha_i + \beta_i r + \gamma_i z \tag{10-43}$$

式中，$\dot{u}$ 为单元径向（r）和轴向（z）的速度，分别用 u 和 v 表示，取决于下标 $i = 1$ 或 2。参数 α、β、γ 通过单元尺寸和节点速度确定。应变率使用下式计算：

$$\varepsilon_r = \frac{\partial \dot{u}}{\partial r}, \quad \dot{\varepsilon}_z \frac{\partial \dot{\gamma}}{\partial z}, \quad \varepsilon_\theta = \frac{\bar{\dot{u}}}{r}（轴对称）；\varepsilon_\theta = 0（平面应变） \tag{10-44}$$

$$\dot{\gamma}_{rz} = \frac{\partial \dot{u}}{\partial z} + \frac{\partial \dot{v}}{\partial r}; \quad \gamma_{r\theta} = 0; \quad \gamma_{z\theta} = 0 \tag{10-45}$$

两点注意事项：（1）因为速度的插值函数是线性形式，单元的速度和应变在空间上是常数。（2）基于上述的单元速度分布，环向应变在单元中是不均匀的。在轴对称计算中，该应变率分量是唯一的应变率分量。然后，这部分被积分，并用作失效准则和加工硬化参数。

计算失效需要体积应变和应变率，表示为

$$\varepsilon_V = \frac{V - V_0}{V_0}, \quad \dot{\varepsilon}_V = \frac{V^{t+\delta t} - V^t}{\delta t} \tag{10-46}$$

应变由应变率积分得到：

$$\varepsilon_i^{t+\delta t} = \varepsilon_i^t + \dot{\varepsilon}_i^t\delta t \tag{10-47}$$

10.4.2.3 应力破坏和惰性材料能量

当应变和应变率计算出来后，流体动力学软件就开始由本构方程来确定每个单元的应

力状态。最简单的是弹性-塑性增量形式。

从计算各向同性应变率偏量开始。

$$\dot{e}_r = \dot{\varepsilon}_r - \overline{\dot{\varepsilon}}, \ \dot{e}_z = \dot{\varepsilon}_z - \overline{\dot{\varepsilon}}, \ \dot{e}_\theta = \dot{\varepsilon}_\theta - \overline{\dot{\varepsilon}}, \ \dot{e}_{rz} = \dot{\gamma}_{rz} \tag{10-48}$$

其中,

$$\overline{\dot{\varepsilon}} = (\dot{\varepsilon}_r + \dot{\varepsilon}_z + \dot{\varepsilon}_\theta)/3 \tag{10-49}$$

根据定义,有 $\dot{e}_r + \dot{e}_z + \dot{e}_\theta = 0$,于是弹性变形中的应力偏量增量为

$$\mathrm{d}s_{rz} = G\dot{e}_{rz}\delta t + (s_r - s_z)\Omega_{rz}\delta t, \ \mathrm{d}z_z = 2G\dot{e}_z\delta t + 2s\Omega_{rz}\delta t, \ \mathrm{d}s_\theta = 2G\dot{e}_\theta\delta t, \ \mathrm{d}s_r = 2G\dot{e}_r\delta t - 2s\Omega_{rz}\delta t$$

为了检验材料的屈服,所有流体动力学软件都通过上面的计算来完成。应力偏量通过上面的则不过量而增加,这是完全的弹性计算。对于 V. Mises 屈服准则的计算如下:

$$f = (1/\overline{Y})\sqrt{\frac{3}{2}\left[(s_r^2 + s_z^2 + s_\theta^2) + 3s_{rz}^2\right]} \tag{10-50}$$

式中,$\overline{Y}$ 为动态流动应力;f 为屈服函数,如果 $f>1$,将发生屈服。

加工硬化流动应力名义值 $Y(\varepsilon_p)$ 在屈服应力 Y_0 和极限应力 Y_{ult} 之间线性变化,对应的等效塑性应变从 0 到极限应变 ε_{ult}。这种关系说明了硬化效应,如下式所示:

$$Y(\varepsilon_0) = Y_0 + (Y_{ult} - Y_0)(\varepsilon_p/\varepsilon_{ult}) \qquad (\varepsilon_p < \varepsilon_{ult}) \tag{10-51}$$

$$Y\varepsilon_p \geqslant Y_{ult} \qquad (\varepsilon_p \geqslant \varepsilon_{ult}) \tag{10-52}$$

由于增添了一些灵活的材料模型,需要定义额外的参数,即压力和温度,以及 6 个经验常数。

此外,材料参数表现为与应变率、压力或温度无关。绝对温度计算为

$$\theta = \theta_0 + \frac{E_s}{C_s\rho_0} \tag{10-53}$$

式中,θ_0 为初始绝对温度;E_s 为单位初始体积的内能;C_s 为比热容;ρ_0 为材料的初始密度。

在弹性范围内,有

$$p = \frac{\sigma_{11} + \sigma_{22} + \sigma_{33}}{3} \tag{10-54}$$

一旦超过弹性范围,压力通过状态方程确定。

关于状态方程,需要注意几个重点:

(1) Mie-Gruneisen 形式假设没有相变。

(2) 系数是体积的函数。

(3) 状态方程是从冲击波加载实验中得到的,而且确实为了用于高压状态。

所有程序的失效模型都假设材料破坏是一个瞬间过程。当某个特定的关键变量,如应力、应变或能量达到最大值时,失效马上发生。这个假设对于能量冲击很有效。动态断裂一般经历 4 个过程:

(1) 在材料的许多位置快速成核和出现裂缝。

(2) 断裂以一个相当对称的方式成长。

(3) 相邻裂缝的聚合。

(4) 通过成型一个或几个贯穿几个材料裂缝断裂面,发生层裂或破碎。

处理层裂的大量实验已经显示失效模型应考虑与时间相关的破坏因素。因此，流体动力学软件最薄弱的地方就是它对材料的处理模型。

10.4.2.4　炸药材料的压力和能量

在波动方程中，采用与惰性材料本质不同的方法来处理炸药材料。首先，炸药材料不能承受剪应力，所以只有压力需要模拟；其次，炸药没有屈服的概念；再次，用于计算材料压力的状态方程与惰性材料的不同。伽马律状态方程用于计算炸药材料的压力，其是在已有波动方程中最常用的状态方程。此外，还有其他状态方程，其他拉格朗日程序的状态方程形式为

$$p = F(\gamma - 1)I \tag{10-55}$$

式中，p 为压力；F 为材料单元的燃料分数；γ 为材料常数；I 为当前单位体积的内能。

燃料分数是一个确定已经发生燃烧爆炸反应的炸药单元的百分比，初始为零。

类似于 Mie-Gruneisen 方程，能量和压力方程必须同时求解，伴随着人工黏性增加了计算的压力值。炸药材料的声速是从炸药材料的不同关系式计算出来的，为

$$c^2 = \frac{\gamma p}{\rho} \tag{10-56}$$

式中，c 为主要材料的声速；γ 为表征炸药特性的常数；p 为单元压力，随人工黏性增加；ρ 为单元密度。

10.4.2.5　节点力

作用在节点集中质量上的集中力是通过计算静态等效于单元中分布应力的力作用在节点集中质量上的集中力得到的。如图 10-17 所示，作用在一个单元节点 i 上的径向力、轴力和切向力分别为

$$\begin{cases} F_r^i = -\pi \bar{r} \left[(z_j - z_m)\sigma_r + (r_m - r_j)\tau_{rz} \right] - \dfrac{2\pi A \sigma_\theta}{3} \\ F_z^i = -\pi \bar{r} \left[(r_m - r_j)\sigma_z + (z_j - z_m)\tau_{rz} \right] \\ F_\theta^i = -\pi \bar{r} \left[\dfrac{\bar{r}}{r_i}(z_j - z_m)\tau_{r\theta} + (r_m - r_j)\tau_{z\theta} \right] \end{cases} \tag{10-57}$$

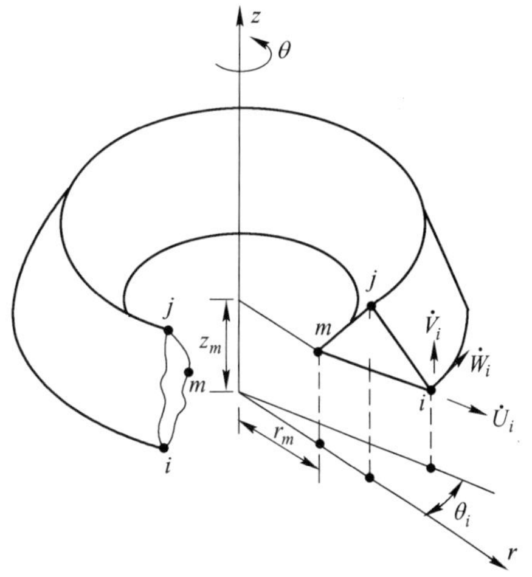

图 10-17　三角形截面单元的模型

在通过应力和应变的计算已经描述了单元属性之后，现在把注意力回转到节点力，特别是积分循环的最后阶段采用单元应力来计算几点上的等效集中力。

需要指出的是，这些方程与其他程序所采用的形式是等价的，如 EPI 程序关于集中力的计算。

10.4.3　循环处理

已经走到了单个时间步长 δt 程序的尽头，下一步是由运动方程的积分得到加速度：

$$\ddot{u} = \frac{\overline{F}_r^i}{m_i} \qquad (10\text{-}58)$$

然后，得到下一个时间增量的速度和位移，因此过程循环直到到达想要求解的时间。

10.5　动态问题数值模拟的计算实践

10.5.1　计算实践理想化

理想化过程的最终目标是把一个复杂的物理模型转化为较简单的模型，但是包括所有相关的物理信息。这是一个由许多方程组成的数学模型，这些方程近似物理模型的行为。如果数学模型的假设是合理的，那么由此导致的误差会很小。如果假设不合理，或本构模型中忽略一个关键项，那么就可能出现严重的误差。

数学模型需要一个解，由于许多高应变率加载问题不容易分析，所以要借助计算机。在计算过程中，特别是矩阵操作会发生这样的情况，几乎同等量级之间的差异必须考虑，这可能导致出现舍去误差并完全淹没计算值的情况。

10.5.2　人的因素

如果从物理系统到数学模型的理想化做得好，那么由于截断、舍去及其他有限元和有限差分格式的特性所引起的误差就很容易被发现，而且它们占据整个求解误差的比例不超过 5%。但如果网络划分不当，采用的本构模型未包括相关物理本质，或采用不当的数据来估计本构模型参数，或没有意识到不稳定或数值求解中接触面的影响，这些因素都可能使结果完全失效。计算方法有一定的内在局限性，这些条件是容易认识的，并且多数条件下都是可控的。

在应用计算程序来解决实际问题时，一些但不是所有的误差来源于以下几个方面：

（1）网格划分。改变单元或单元组的排列，选择均匀或变化的网格，甚至引入不连贯的网格，这些在某种程度上都会影响求解结果。

（2）本构模型。假设已经选择了适合的模型，考虑了高应变率载荷下材料的行为、材料失效准则，以及失效后行为的描述，但本构模型中不同材料常数值选择问题仍然存在，它们必须由与问题相适应的高应变率试验获得。在很多情况下，有些数据不可能获得，尤其是对于材料失效的情形。并且据此计算的结果也会有所不同。

（3）接触面和材料运输。拉格朗日算法引入了不同的算法来考虑接触-冲击问题，欧拉算法也有多种方法来确定材料从一个单元到另一个单元的运输，每种算法对解的影响不同。

（4）简化。由于三维问题计算耗时，有时采用平面应变问题求解。这种三维问题的近似解法，有时可能得到很好的解，但有时却完全是错误的。

10.5.3　与计算网络相关的问题

有关网络的很多因素都会影响计算结果，如单元纵横比、单元排列、均匀和变化的网格以及网络的不连贯变化等，下面逐一介绍。

（1）单元纵横比：理想计算应该选择纵横比为 1：1 的单元，但是这在二维和三维计算中几乎是不可能的。因此，当使用单元的纵横比超过 1：1 时，最好知道计算结果可能受到怎样的影响。

（2）单元排列：计算网络的排列和组合是一个问题。三角形的两种排列使计算产生不对称，结果或是太刚性，或是太柔性，这取决于对角线的方向，而采用 2 个四边形和 4 个三角形组合，性能是最佳的。有人完成了精确弹塑性解中单元排列的研究，得到了相似的结果。

（3）均匀和变化的网格：对于未显示的计算，随着空间分辨率达到 2 倍，计算时间将增加 8 倍。因此，所用的分辨率应该满足精度要求，如果比较与时间变化清晰的压力、应力或应变，对于发生在内部失效（如层裂）的情况，即使成本很高，对于有意义的计算也需要精细求解。这种情况，降低计算的精度来节省费用是不合理的，因为最大的节省是根本不进行计算。一方面，这样做的额外好处是不产生无效数据；另一方面，如果只有全局（基本）数据（剩余质量、长度、孔的尺寸、变形形状）可用于比较，而且它所提供的解释不会推得太远，那么可以进行一个合理、简单而不耗时的计算。

当设置计算网络时，有可能利用冲击问题的局部特性优势。冲击问题所伴随的高应变率和高压力、应变和温度都限制在狭窄的区域。根据撞击速度的不同，这个区域包括撞击界面 3~5 倍撞击物直径的范围。随着网络密度的增加，可以观察到 CPU 时间显著增加。对于计算仿真，比较了剩余质量、速度、孔直径、旋转速度和偏转角等参数，所得结果相似。

（4）网络的不连贯变化：不连贯网络变化在静力计算中很普遍，应力梯度在空间上是固定的，为了特定目的，足够细化的网格为了重建在空间区域上。考虑整体质量和边界条件，其他物理实体用大尺寸单元来模拟。

在动态计算中，应力的分布和压力梯度是时间和空间的函数，不能过分强调波传播控制响应。回想波传播理论，应力波是在界面、模型边界和两者之间进行反射的，且部分反射也发生在内部不连续点。

在高速碰撞问题中，根据撞击速度的不同，最严重的变形发生在 3~6 倍的弹体直径，这个区域尽可能地均匀划分，由此向外的单元尺寸逐渐增加，但每次不宜超过 10%。

10.6　数值计算的简化

当撞击物从靶板撞击面反弹时，或者撞击物的侵彻使撞击物沿着撞击面一个曲线的轨迹飞出靶板并有剩余速度，这个行为被定义为跳弹。影响跳弹速度和方向的主要因素有 3 个：

（1）冲击压力压缩撞击物和靶板，并使它们变形，随后存储的弹性能的恢复导致撞击物运动改变。

（2）靶板的特点（表面属性和几何形状、材料特性、材料分解面）和它随后的变形控制由此产生作用在撞击物上阻力的方向和大小。

（3）由阻力和摩擦产生的抵抗降低速度。

现在超高速碰撞和法医工程领域对跳弹现象有研究兴趣，超高速碰撞的许多工作是关于法向入射，但是现实中多数发生的是斜碰撞。仿真现象完全是一个三维过程，可惜很少有理论模型来处理斜入射问题，已有工作往往是极度简单或是局限于碰撞问题的初始阶段。通常，模拟开发中包括一些经验，所以反弹问题可以通过实验处理，或用有限元有限差分程序得到三维解，或利用平面应变近似。

在进行平面应变近似计算时应更加仔细，并且在解释结果时也应持相当的怀疑态度，平面应变计算有助于对三维行为的深刻理解，而对于高能问题早期的时间相应预测非常好。但若只依靠平面应变，而没有实验和精确分析的佐证，那这样进行设计则是危险的。

习　　题

10-1　证明有限差分格式的构造。

11 爆炸相似原理及其应用

11.1 量纲分析的基本方法

11.1.1 量纲分析是分析和研究问题的有效手段和方法

自然现象和工程问题研究中，研究的目的是寻求规律。首先，需要把问题涉及的物理量按属性进行分类；其次，需要找出不同物理量之间具有的相互联系；再次，进一步找出某些物理量与另外一些物理量之间所存在的因果关系。

特别是在研究新现象或新问题时，需要对现象和问题蕴涵的物理环节、关系和过程进行初步的分析，应用物理学中的基本规律，明确参数现象或问题的控制作用，分析参数间的轻重关系，并注意到只有同类的物理量才能比较大小。在此前提下，进一步分析讨论和确定因果关系，并在数学上给出明确的函数关系。

有些现象和问题的研究，可以借助或采用现成的物理、数学模型和方程；然而，对更复杂的现象或问题，无法利用现成的数学方程来表述，这时便可采用量纲分析的方法来分析问题，设计适合的模型试验来揭露或揭示问题的物理实质，从而明确因果联系。钱学森说过：由于爆炸力学要处理的问题比经典的固体力学或流体力学要复杂，似乎不能一下子从力学的基本原理出发，构筑爆炸力学理论。近期还是靠小尺寸模型实验，但要比较严密的量纲分析，从实验结果总结出经验规律，这是过去半个多世纪行之有效的研究方法。这段话，不仅适用于爆炸力学问题，同样适用于所有其他领域的复杂问题。

应该指出，运用量纲分析方法必须和对问题的基本物理内涵的中肯分析结合起来。分析越深入，结论越有用。这就需要研究者具有较为丰富的经验和适当的机敏。当然，这需要进行多次试验和修正，最终得到符合实际的结果。

11.1.2 量纲——有量纲量和无量纲量

为了辨别某类物理量和区别不同类物理量，人们采用"量纲"这个术语来表示物理量的基本属性。如长度、时间、质量显然都具有不同的属性，它们具有不同的量纲。物理量总可以按照属性分为两类：一类物理量的大小与度量时所选取的单位有关，称为有量纲量，长度、时间、速度、加速度、力、动能、功就是常见的有量纲量；另一类物理量的大小与度量时所选用的单位无关，称为无量纲量，如角度、两个长度之比、两个时间之比、两个力之比、两个能量之比等。

对于任何一个物理问题来说，出现在其中的各个物理量的量纲或是由定义给出，或是由定律给出。

11.1.3　基本量和导出量

在一个物理问题中，总可以把与问题有关的物理量分成基本量和导出量两类。基本量是指有独立量纲的那些物理量，它的量纲不能标示为其他物理量的量纲组合；导出量则是其量纲可以表示基本量量纲组合的物理量。

11.1.4　单摆

单摆是细绳的一端悬挂着一个有一定质量的物体，细绳的另一端是固定不动的，而且细绳的质量 m 比悬物的质量小得多而可忽略不计，细绳的变形比绳长 l 小得多，也可忽略不计，当悬物从铅直的自然状态沿半径为 l 的圆弧挪动到初始方位角 α，然后放开，悬物在重力的作用下做周期振荡。然而，单摆的周期 T_p 取决于 4 个参数，即悬物的质量 m、细绳的长度 l、重力加速度 g 及初始方位角 α，于是有下列函数关系：

$$T_p = f(m, l, g, \alpha) \tag{11-1}$$

显然，这里描述的是一个简单的力学系统，在函数 f 的自变量中，有 3 个独立的基本量，即 m、l、g，它们的量纲分别是质量、长度和加速度。在上述函数关系中的 α 为角度，其定义是两个长度之比，而因变量 T_p 的量纲是时间，可以表示为基本量 l 和 g 的量纲组合，即（长度/加速度）$^{1/2}$，α 和 T_p 都是导出量。

可以把 m、l 和 g 取作本问题的基本系统，用来度量问题中的所有物理量，根据上述函数关系，有

$$T_p / (l/g)^{1/2} = f(1, 1, 1, \alpha) \tag{11-2}$$

说明 $T_p / (l/g)^{1/2}$ 是 α 的函数，可以写为

$$\frac{T_p}{(l/g)^{1/2}} = f_1(\alpha) \tag{11-3}$$

方便起见，把 f_1 的下标"1"去掉，得到

$$\frac{T_p}{(l/g)^{1/2}} = f(\alpha) \quad 或 \quad T_p = (l/g)^{1/2} f(\alpha) \tag{11-4}$$

只要记住，这里的 $f(\alpha)$ 只表示 $\dfrac{T_p}{(l/g)^{1/2}}$ 是 α 的某个函数，而 $f(\alpha)$ 并不等于前面的 $f(l, m, g, \alpha)$。以后，还要不断采用这样的不带下标的 f，以表示因变量和自变量之间所存在的函数关系，而不特指函数 f 的具体形式。现在，可以得出下面的结果：（1）T_p 正比于 $l^{1/2}$。（2）T_p 反比于 $g^{1/2}$。（3）T_p 与 m 无关。（4）T_p 只取决于 α，$f(\alpha)$ 的具体形式要用实验或理论分析来确定。采用量纲分析，只需做 10 次实验就可确定 $f(\alpha)$，如果不用量纲分析法，则需要进行 10^4 次实验获取同样的结果。可见，优点太明显了。$f(\alpha) \approx f(0)$，于是近似有 $T_p = (l/g)^{1/2} f(0)$。现在，只需要做一次实验，确定常数 $f(0)$ 的数值就可以了。这个常数，从理论可导出，是 2π。

如果初始方位角 $\alpha \ll 1$，情况就简单了。

11.1.5　量纲分析的实质

量纲分析的实质主要有两点：

（1）只有同类量才能比较其大小。建立单摆理想化模型，这个原则体现在几个重要的假设之中。如：假设细绳的质量与摆锤的质量相比可以忽略不计；假设细绳的变形与绳长相比可以忽略。其实，还有一个假设，那就是假设摆在运动过程中所受到的空气阻力与所受的重力相比可以忽略。

（2）物理现象和物理规律与所选用的度量单位无关。最简单的例子可以举几何图形。一个三角形总是有 3 条边：l_1、l_2 和 l_3。不管观察者离它远还是近，观察到的形状总是相似的，或者说在不同距离看到的形状属于同一个类别，可以选择这个三角形的某一边作为单位，如选 l_1 作单位，来度量 l_2 和 l_3，就可得到另外两个边的大小，即 l_2/l_1 和 l_3/l_1，这两个无量纲量正好能描述这个三角形的类别，它们不随观察者距离的远近而改变。至于三角形的面积 A，则可用 l_1^2 作单位来度量，于是面积的大小为 A/l_1^2，这个数值也不随观察者距离的远近而改变。

上述识别几何图形的方法，可以推广来识别物理现象的类别和认识物理问题的规律。不同于几何图形，描述物理现象或问题的物理量除了长度之外，还有时间、质量等其他属性的物理量。总可以在控制这类物理现象问题的物理量中选定一组物理量作为基本量，并取代单位系统，用以度量这类现象中的任何物理量，这样得到的物理量的数值不仅是无量纲的，而且的确能反映这类现象的本质。进一步说，如果在反映问题的物理规律或因果关系中，所有自变量或应变量都采用上述度量方法得到无量纲的数值，那么这样得到的反映无量纲的因变量和自变量的因果关系，也必然客观地反映这类现象的本质。

11.2　量纲分析的基本原理

11.2.1　量纲的幂次表示

一个物理量 X 在选定了度量单位 U 后就得到了它的量值 x，即有

$$X = x\mathrm{U} \tag{11-5}$$

量值的大小随选用单位的大小而定。

对同一个物理问题或工程问题中诸多物理量所做的运算中，有两点必须注意：

（1）要选用统一的单位制。如果选用了多种单位制，必须保证在统一的单位下进行运算和分析。

（2）要注意物理量的量纲，以及它与基本量的量纲关系。如果讨论对象是一个力学问题，常取长度问题中的长度、质量和时间作为基本量，而速度、密度、力等则是导出量。

力学问题中任何一个物理量 X 都可以表示为长度、质量和时间三个基本量的量纲的幂次表达式，即

$$[X] = \mathrm{L}^\alpha \mathrm{M}^\beta \mathrm{T}^\gamma \tag{11-6}$$

式中，$[X]$ 为 X 的量纲；L、M、T 分别为长度、质量、时间的量纲；α、β、γ 则为实数。如果上式成立，那么物理量在从某一单位系 U 转到另一单位系 U′时，其量值相应从 x 变化到 x'，即

$$X = x\mathrm{U} = x'\mathrm{U}' \tag{11-7}$$

11.2.2　∏ 定理

∏ 定理,即量纲分析基本原理,是量纲分析法的理论基础。相似率转换时,长度、质量和时间各缩小 r_1、r_m 和 r_t 倍,那么量值 x 与 x' 之间应有以下比例关系:

$$x'/x = r_1^{\alpha} r_m^{\beta} r_t^{\gamma} \tag{11-8}$$

这一量值比值的表示形式,自然和上面量纲的幂次表示相互对应。

对力学问题来说,任一物理量 X 的量纲是长度、质量和时间的 L-M-T 系统均可表示为

$$[X] = L^{\alpha}M^{\beta}T^{\gamma}$$

式中,α、β、γ 为实数,而一个纯数的量纲与长度、质量、时间无关,均可表示为

$$[纯数] = L^0M^0T^0 = 1$$

下面分 5 个步骤给出量纲的幂次表示的证明。

(1) 度量某一物理量,先取定一个单位系 U,于是有 $X = xU$。

(2) 若有另一个缩小的单位系 U′,长度、质量和时间各缩小 r_1'、r_m' 和 r_t' 倍,则有 $X = xU = x'U'$。这一物理量在两个系统下的量值 x'/x 一定取决于缩小的倍数 r_1'、r_m' 和 r_t',不妨表示为

$$x'/x = f(r_1',\ r_m',\ r_t')$$

下面将取函数 f 的具体形式。

(3) 若还有一个缩小的单位系 U″,长度、质量和时间缩小 r_1''、r_m'' 和 r_t'' 倍,则有

$$X = x'U' = x''U''\ ,\ x/x' = f(r_1',\ r_m',\ r_t')\ ,\ x''/x = f(r_1'',\ r_m'',\ r_t'')$$

且有

$$x''/x' = f(r_1'',\ r_m'',\ r_t'')/f(r_1',\ r_m',\ r_t') \tag{11-9}$$

然而,从单位系 U′ 到 U″ 的缩小倍数是 r_1''/r_1'、r_m''/r_m' 和 r_t''/r_t',所以又有

$$x''/x' = f(r_1''/r_1',\ r_m''/r_m',\ r_t''/r_t')$$

(4) 比较上面两个关于 x''/x' 的表达式,便得到函数 f 满足的方程

$$f(r_1'',\ r_m'',\ r_t'')/f(r_1',\ r_m',\ r_t') = f(r_1''/r_1',\ r_m''/r_m',\ r_t''/r_t')$$

现在,固定单位系 U′,而改变单位系 U″。考虑到单位系 U″ 的选择具有任意性,可以把上式中的上标 (″) 全部去掉,而将上式化为

$$f(r_1,\ r_m,\ r_t)/f(r_1',\ r_m',\ r_t') = f(r_1/r_1',\ r_m/r_m',\ r_t/r_t')$$

对上式的两端同时取 r_1 的偏导数,并令 $(r_1,\ r_m,\ r_t) \rightarrow (r_1',\ r_m',\ r_t')$,得到

$$\partial f/\partial r_1\big|_{(r_1'',\ r_m'',\ r_t'')}\big/f(r_1',\ r_m',\ r_t') = \partial f/\partial(r_1,\ r_1')\big|_{(1,\ 1,\ 1)}\big/r_1'$$

方程右端的 $\partial f/\partial(r_1,\ r_1')\big|_{(1,\ 1,\ 1)}\big/r_1'$ 显然是个常数,可记为 α,而且上式中的 $(r_1',\ r_m',\ r_t')$ 所代表的单位系 U′ 的选择也具有随意性,所以可把上式中的上标 (′) 全部去掉,而将上式化为

$$[r_1/f(r_1,\ r_m,\ r_t)]\partial f/\partial r_1(r_1,\ r_m,\ r_t) = \alpha$$

类似地,还可得到

$$[r_m/f(r_1,\ r_m,\ r_t)]\partial f/\partial r_m(r_1,\ r_m,\ r_t) = \beta$$

和

$$[r_t/f(r_1,\ r_m,\ r_t)]\partial f/\partial r_t(r_1,\ r_m,\ r_t) = \gamma$$

其中,α、β、γ 是常数。

(5) 于是，可以求得如下积分，物理量 X 的量纲表达式应为

$$[X] = L^\alpha M^\beta T^\gamma$$

量纲是物理量的种类属性；物理量的量纲，反映该物理量的量值随基本量单位改变而改变的倍数。

11.2.3 Ⅱ 定理应用的要点

Ⅱ 定理是量纲分析的理论核心，它是由 Buckkingham 提出的，因为 Ⅱ 这个符号是由 Buckkingham 在定理的推导和证明中用来表示无量纲量的缘故。

推导和证明 Ⅱ 定理思想和步骤本质上和上节中有关单摆的论述所运用的理论完全一样。

任何一个物理定理的思想和步骤实质上和上节有关单摆的讨论所用的完全一样。任何一个物理定理总可以表示为确定的函数关系。对于某一类物理问题来说，如果问题中有 n 个自变量，a_1，a_2，$\cdots$，a_n，那么因变量 a 就是这 n 个自变量的函数，即

$$a = f(a_1, a_2, \cdots, a_k, a_{k+1}, \cdots, a_n) \tag{11-10}$$

可以在自变量中找出具有独立量纲的基本量，如果基本量的个数是 k，不妨把它们排在自变量的最前面，那么 a_1，a_2，$\cdots$，a_k 就是基本量，它们的量纲分别是 A_1，A_2，$\cdots$，A_k；其余的自变量 a_{k+1}，a_{k+2}，$\cdots$，a_n 是导出量，其量纲分别可表示为基本量的量纲的幂次式，即

$$[a_{k+1}] = A_1^{p_1} A_2^{p_2} \cdots A_k^{p_k}$$
$$[a_{k+2}] = A_1^{q_1} A_2^{q_2} \cdots A_k^{q_k}$$
$$\vdots$$
$$[a_n] = A_1^{r_1} A_2^{r_2} \cdots A_k^{r_k}$$

而且因变量 a 也是导出量，其量纲

$$[a] = A_1^{m_1} A_2^{m_2} \cdots A_k^{m_k}$$

式中，$p_1 \sim p_k$、$q_1 \sim q_k$、$r_1 \sim r_k$、$m_1 \sim m_k$ 等均是相应的幂植。

用本问题中的基本量 a_1，a_2，$\cdots$，a_k 作为单位系统，来度量上述函数关系中的各量，由此得到的量值是无量纲的纯数，满足函数关系

$$a/(a_1^{m_1} a_2^{m_2} \cdots a_k^{m_k}) = f(1, 1, \cdots, 1)；a_{k+1}/(a_1^{p_1} a_2^{p_2} \cdots a_k^{p_k})，a_{k+2}/(a_1^{q_1} a_2^{q_2} \cdots a_k^{q_k})，\cdots，$$
$$a_n/(a_1^{r_1} a_2^{r_2} \cdots a_k^{r_k})$$

上式的左端仍是无量纲因变量，记作 Ⅱ；而右端函数 f 中前 k 个数都是常数 1，对右边量 Ⅱ 不起作用，而后 $n-k$ 个量则是其作用的无量纲因变量，分别记作 Π_1，Π_2，$\cdots$，Π_{n-k}，因变量 Π_1，Π_2，$\cdots$，Π_{n-k} 的一个确定函数可记作

$$\Pi = f(\Pi_1, \Pi_2, \cdots, \Pi_{n-k}) \tag{11-11}$$

再次说明，在上述 Ⅱ 和 a 的表达式中都以 f 作为函数的符号，但此 f 非彼 f，它们的具体形式是不同的。这里采用的符号 f 只意味着因变量和自变量之间有某种函数关系，并不代表函数的具体形式。应该指出，上述无量纲自变量 Π_1，Π_2，$\cdots$，Π_{n-k} 是相互独立的，但其中任何一个 Π_i 可以用它自己在内及其他的 $\Pi_j (i \neq j)$ 组合来代替，如可取 $\Pi_1' = \Pi_1^{\alpha_1}$，$\Pi_2^{\alpha_2}$，$\cdots$，$\Pi_{n-k}^{\alpha_{n-k}}$ 来代替 Π_1，不过要求其中 Π_1 的幂值 $\alpha_1 \neq 0$。

可以把上式显函数改用隐函数的表达方式。把物理问题的因变量和自变量都统一视作变量，若其总数为 N（相当于显函数表达中的 $n+1$），记作 a_1，a_2，$\cdots$，a_N，那么物理规律可表示为下面的隐函数关系：

$$f(a_1, a_2, \cdots, a_N) = 0$$

在 N 个变量中，选出 k 个基本量，它们是 a_1，a_2，$\cdots$，a_k，而后面的 $N-k$ 个变量则是导出量。将这取作单位，上面的函数关系可化为

$$f(\Pi_1, \Pi_2, \cdots, \Pi_{N-k}) = 0$$

$f(\Pi_1, \Pi_2, \cdots, \Pi_{N-k}) = 0$ 分别对应 a_{k+1}，a_{k+2}，$\cdots$，a_{N-k} 的量值。在函数 f 的变量表达式中，前边有 k 个 1，其都是不变的常数；只有后面 $N-k$ 个 Π_1，Π_2，$\cdots$，Π_{N-k} 才是对 f 起作用的无量纲变量。因此，函数关系可以改写为

$$f(\Pi_1, \Pi_2, \cdots, \Pi_{N-k}) = 0 \tag{11-12}$$

于是，可以用一句话来概括 Π 定理的内容：问题中若有 N 个变量（包括 n 个自变量和 1 个因变量，$N = n+1$），而基本量的数目是 k，那么 $N-k$ 个无量纲变量（包括 $N-k-1$ 个无量纲自变量和 1 个因变量），它们之间形成确定的函数关系。

11.2.4 相似律

由 Π 定理知，一个物理问题所服从的规律写成有量纲的因果关系

$$a = f(a_1, a_2, \cdots, a_k, a_{k+1}, \cdots, a_n) \tag{11-13}$$

式中，a_1，a_2，$\cdots$，a_k 是基本量，而 a_{k+1}，a_{k+2}，$\cdots$，a_n 是导出量。

写成更加反映本质无量纲的因果关系

$$\Pi = f(\Pi_1, \Pi_2, \cdots, \Pi_{n-k}) \tag{11-14}$$

式中，Π 为对应于 a 的无量纲因变量，而 Π_1，Π_2，$\cdots$，Π_{n-k} 则分别为对应于 a_{k+1}，a_{k+2}，$\cdots$，a_n 的无量纲自变量。

如果用理论分析或数值模拟来求物理问题的解答，一开始就要选好问题中的基本量，并作为单位系，以度量问题的所有解；当求得解答 $\Pi = f(\Pi_1, \Pi_2, \cdots, \Pi_{n-k})$ 以后，对于一组确定的 Π_1，Π_2，$\cdots$，Π_{n-k}，便可得到相应的因变量 Π。此外，模型试验也是解决问题的有效方法，特别是对于那些物理和数学方程不清楚的问题，更需要采用模型试验这个手段。

当通过模型试验或数值模拟，得到了关系式

$$\Pi = f(\Pi_1, \Pi_2, \cdots, \Pi_{n-k})$$

那么只要让模型（m）和原型（p）的自变量 Π_1，Π_2，$\cdots$，Π_{n-k} 分别对应相等，即 $(\Pi_1)_m = (\Pi_1)_p$，$(\Pi_2)_m = (\Pi_2)_p$，$\cdots$，$(\Pi_{n-k})_m = (\Pi_{n-k})_p$，就能保证模型与原型的因变量也相等，即有

$$\Pi_m = \Pi_p \tag{11-15}$$

这就是模型试验与数值模拟所遵循的相似规律，简称相似律或模型律，而这里的无量纲自变量 Π_1，Π_2，$\cdots$，Π_{n-k} 则称为决定问题本质的相似维数。

11.2.5 应用 Π 定理的注意点

（1）表示物理规律的因果关系

$$a = f(a_1, a_2, \cdots, a_n) \tag{11-16}$$

式中，a_1，a_2，$\cdots$，a_n 必须是自变量，而不能混入因变量，也不能加入与问题无关的量，这就要求估计和比较各个自变量对因变量所起的作用，合理决定其取舍。

（2）无量纲形式的因果关系

$$\Pi = f(\Pi_1, \Pi_2, \cdots, \Pi_{n-k}) \tag{11-17}$$

式中，函数 f 的具体形式需要依靠实验或理论来求得，一般不能单纯依靠 Π 定理得到最后的结论。

在处理实验结果或数值模拟结果时，通常可以在 $(\Pi_1, \Pi_2, \cdots, \Pi_{n-k})$ 的某一个使用区域内，把结果整理成幂次关系，即

$$\Pi = c\Pi_1^{\alpha}\Pi_2^{\beta}\cdots\Pi_{n-k}^{\delta} \tag{11-18}$$

式中，c 是常数；α，β，$\cdots$，δ 是实数。也可以把它转化为对数关系，即

$$\log\Pi = \log c + \alpha\log\Pi_1 + \beta\log\Pi_2 + \cdots + \delta\log\Pi_{n-k} \tag{11-19}$$

这样一来，在双对数坐标的图纸上，$\log c$ 是截距；α，β，$\cdots$，δ 则是斜率。

（3）分析无量纲自变量 Π_i 物理意义和量级很有实际意义。如物体上受三个具有同样量纲的因素作用，可记为 F_1、F_2 和 F_3。取 F_1 为单位，从而组成两个无量纲自变量，F_2/F_1 和 F_3/F_1。若 $F_3/F_2 \ll 1$，则可以略去 F_3 的坐标，那么在无量纲自变量中，只要保留 F_2/F_1，而可略去 F_3/F_1。

（4）如果能够深入知道问题的某些物理本质或其数学表达，则会对认识因果关系中的函数 f 的形式有所帮助。

（5）可以肯定，从有量纲形式的因果关系 $f(a_1, a_2, \cdots, a_n) = 0$ 出发做实验或分析计算，不如从无量纲形式的因果关系 $\Pi = f(\Pi_1, \Pi_2, \cdots, \Pi_{n-k})$ 出发要简便得多。首先，省去了单位换算的麻烦；其次，减少了自变量的个数，从而大大减少了工作量；再者，得到的结果更加具有普遍性。

11.3　固体力学问题

本节讨论固体的变形、运动和断裂，对一些典型问题进行分析，并介绍固体力学中某些问题的研究进展。本节内容如下：弹性体的振动与波动，固体的拉伸断裂。

本节继续采用案例分析的方法分析问题的最基本物理内涵和机理，引出控制参数，在分析和推导过程中贯穿量纲分析的精神和方法，从而得到有用的结果。

本节内容安排由简到繁、先易后难、先一维后三维、先弹性后弹塑性、先静力学后动力学，最后讲述对固体动力学中最难的断裂问题的分析。

11.3.1　弹性体的振动与波动

本节对弹性体的固有振动和强迫振动以及弹性固体中波的传播现象进行量纲分析。

11.3.1.1　有限弹性体的固有频率

有限弹性体在给定的边界条件下，有特定的固有频率。弹性体的振动实际上是动能和弹性能之间不断转化的现象，动能源于介质的运动惯性，由介质的密度 ρ 表征，弹性能则源于弹性介质所具有的恢复变形的特性，由弹性常数，即杨氏模量 E 和泊松比 ν 表征。

如果给定的边界条件是位移固定的边界，而弹性体的特征长度是 l，那么弹性体的固

有频率 ω 为

$$\omega = f(l, \rho, E, v) \tag{11-20}$$

取 l、ρ、E 为基本量，由上式可得以下无量纲关系：

$$\omega l/(E/\rho)^{1/2} = f(v) \tag{11-21}$$

由上式可知，在几何形状相似的条件下，弹性体的固有频率与特征尺寸成反比，而固有周期与特征尺寸成正比。

如果模型采用与原型相同的材料，两者之间的换算关系可简化为

$$\omega_p/\omega_m = l_m/l_p$$

即频率缩比与长度缩比互为倒数，$\alpha_\omega = 1/\alpha_l$。

11.3.1.2　弹性体的强迫振动

弹性体的强迫振动与固有振动相比，差别在于有可随时间变化的外载荷作用，所以控制强迫振动的参数包括以下几方面：几何形状，l/l'，…；材料性质，ρ，E，v，…；载荷分布，在表面 S_σ 上作用有 $\sum f_\Sigma^i(x/l, y/l, z/l, t/t_0)$ 集中载荷，可以使用前文所讨论的方法折合成分布载荷；位移约束，在表面 S_W 上作用有 $Wf_W^i(x/l, t/l, z/l)$。

其中，$\sum$ 和 W 分别是特征载荷强度和特征位移，f_Σ^i 和 f_W^i 分别是载荷和位移载荷约束的故有周期，可简单取 $\dfrac{l}{(E/\rho)^{1/2}}$ 作为特征时间 t_0。

与所讨论的三维弹性体的静力分析类似，可以得到弹性体内的应力 σ_{ij} 为

$$\sigma_{ij} = g_{ij}(l, l', \cdots, \rho, E, v; \sum, W; x, y, z, t) \tag{11-22}$$

式中，函数 g_{ij} 还依赖于载荷和位移约束的分布函数。

可以取 l、ρ、E 为基本量，便得到无量纲的应力，即

$$\sigma_{ij}/E = \sum /Ep_{ij}(l'/l, \cdots, v, x/l, y/l, z/t/(l/(E/\rho)^{1/2})) +$$
$$W/lq_{iij}(l'/l, \cdots, v; x/l, y/l, z/l, t/(l(E/\rho)^{1/2}))$$

小型模拟实验要求满足以下几方面的条件：几何形状相似，$\alpha_l = l_p/l_m$；材料的柏松比相同，$\alpha_v = 1$；材料杨氏模量的缩比与特征强度的缩比相同，$\alpha_E = \alpha_\Sigma$；位移约束几何相似，$\alpha_W = \alpha_l$。因而导致在相似的时空点（$x/l, y/l, z/(l, t/(E/\rho)^{1/2})$）= 常数上，有 $(\sigma_{ij}/E_p)_p = (\sigma_{ij}/E)_m$，即 $\sigma_{ijp}/\sigma_{ijm} = E_p/E_m$。

对于边界固定的情况，无量纲的应力分布可简化为 $\sigma_{ij}/\sum = p_{ij}(l'/l, \cdots, v; x/l, y/l, z/l, t/(l/(E/\rho)^{1/2}))$ = 常数上，有

$$\sigma_{ijp}/\sigma_{ijm} = E_p/E_m \tag{11-23}$$

11.3.1.3　弹性体波与表面波的波速以及弹性波导中的波速

弹性体的波动是因为弹性介质所具有的运动惯性以及弹性恢复性能而使一处的振动向其他处传播的现象。表征运动惯性的参数是弹性介质的密度 ρ、介质的弹性常数即杨氏模量 E 和柏松比 v。

对于弹性介质而言，弹性波具有线性的特点，确定的弹性波总可以分解成若干个确定的简谐波分量。本节将对简谐波的波速，特别是体波的波速、表面波的波速和弹性波导中的波速进行量纲分析。

（1）体波的波速。假设简谐波的波长为 λ ，考虑到表征介质的惯性和恢复变形的弹性的控制参数是密度 ρ 和弹性常数 E 和 ν ，体波的波速 c 应该是上述 4 个控制参数的函数，即

$$c = f(\rho, E, \nu, \lambda) \tag{11-24}$$

可取 ρ 、 E 、 λ 为基本量，于是有以下无量纲关系： $c/(E/\rho)^{1/2} = f(\nu)$ 或 $c = (E/\rho)^{1/2} f(\nu)$ 。这说明波速与波长无关，弹性波是一种非色散波；而且体波的波速与 $(E/\rho)^{1/2}$ 成正比，比例系数是泊松比的函数。

弹性力学理论证明，弹性波可分成传播体积变形的纵波和传播形状畸变的横波两类，而且纵波速度和横波速度分别为

$$c_{\mathrm{d}} = \{(1-\nu)/[(1+\nu)(1-2\nu)]\}^{1/2} (E/\rho)^{1/2} \tag{11-25}$$

$$c_{\mathrm{s}} = \{1/[2(1+\nu)]\} (E/\rho)^{1/2} \tag{11-26}$$

可见，纵波和横波所对应的比例系数 $f(\nu)$ 分别是 $\{(1-\nu)/[(1+\nu)(1-2\nu)]\}^{1/2}$ 和 $\{1/[2(1+\nu)]\}^{1/2}$ 。

（2）表面波的波速。控制以 Rayleigh 命名的表面波现象的参数与控制体波现象的参数是相同的；两者的区别只在于表面波的波源是在表面上，而体波的波源在弹性体的内部。和上面的讨论类似，对 Rayleigh 表面波波速 c_{R} 进行量纲分析，也应得到与上面体波波速形式相同的一般表示式，即 $\dfrac{c_{\mathrm{R}}}{(E/\rho)^{1/2}} = f_{\mathrm{R}}(\nu)$ 或 $c_{\mathrm{R}} = \left(\dfrac{E}{\rho}\right)^{1/2} f_{\mathrm{R}}(\nu)$ ，只不过比例系数 $f_{\mathrm{R}}(\nu)$ 的具体形式与体波的 $f(\nu)$ 不相同而已。弹性力学证明， c_{R} 是下列方程的解：

$$(c/c_{\mathrm{s}})^6 - 8(c_{\mathrm{R}}/c_{\mathrm{s}})^4 + (24 - 16/k^2)(c_{\mathrm{R}}/c_{\mathrm{s}})^2 - 16(1 - 1/k^2) = 0 \tag{11-27}$$

式中， c_{s} 为横波的速度； k^2 为纵波速度与横波速度之比的平方，有

$$k^2 = 2(1-\nu)/(1-2\nu) > 1$$

可见， c_{R} 确实与 $(E/\rho)^{1/2}$ 成正比，比例系数也是泊松比的函数，而且 Rayleigh 波也是一种非色散波。不难证明，上述方程中的变量 $(c_{\mathrm{R}}/c_{\mathrm{s}})^{1/2}$ 在 0 和 1 之间有一个实根，即

$$0 < (c_{\mathrm{R}}/c_{\mathrm{s}})^{1/2} < 1$$

所以，Rayleigh 表面波的波速比两个的波速都小，即

$$0 < c_{\mathrm{R}} < c_{\mathrm{s}} < c_{\mathrm{d}}$$

（3）弹性波导中的波速。弹性波导是指一个方向的特别小的弹性体，在杆的一端施加压力或拉力，而扰动沿着尺寸大的方向传播，例如细长杆、薄板或薄壳都是弹性波导。弹性波一方面沿杆长和壳体的长度传播，另一方面，当扰动遇到细杆和板壳的表面，在表面边界的约束下，反复发生反射。

以表面自由的圆杆为例，杆的一端施加压力或拉力，扰动将沿着杆长的方向以压缩波或拉伸波的形式传播。控制杆中弹性波波速的参数比前面讨论多了一个，它是圆杆半径 R ，于是波的速度函数变为

$$c = f(\rho, E, \nu, \lambda, R)$$

可取 ρ 、 E 、 R 为基本量，则有下面的无量纲关系：

$$\frac{c}{(E/\rho)^{1/2}} = f(\nu, \lambda, R) \tag{11-28}$$

可知，波速不完全取决于材料的性质，还与波长 λ 有关，所以圆杆中的波是一种色散波。

这里，无量纲参数 λ/R 起着独特的作用；从另一个角度看，圆杆波导的特征尺寸（半径）具有关键作用。

可见，圆杆中的波速也正比于 $(E/\rho)^{1/2}$，只是比例系数 $f(\nu,\ \lambda/R)$ 的形式比较复杂而已。对于细杆中的长波而言，意味着 $R\ll1$，可以近似压缩波的波速为

$$\frac{c}{(E/\rho)^{1/2}} = 1 - \Pi^2\,\nu^2\,(R/\lambda)^2$$

在这种情况下，$f(\nu,\ \lambda/R)$ 具有比较简单的形式，即

$$f(\nu,\ \lambda/R) = 1 - \Pi^2\,\nu^2\,(R/\lambda)^2$$

如果 $R/\lambda\ll1/(\Pi\nu)$，则进一步近似得到常用的细杆中压缩波速度的表达式

$$c = (E/\rho)^{1/2} \tag{11-29}$$

只有在这种特殊的情况下，杆中的压缩波才是非色散波。

11.3.2　固体的拉伸断裂

1950 年，美国北极星导弹的发动机发生爆炸，由此成立了专家小组，进行现场调查和实验室研究，最终认识到设计发动机所依据的强度破坏准则是不正确的，特别是对高强度的材料，是否发生断裂不能只看拉应力或剪应力是否超过材料的强度。实验证实，表征材料断裂的是另一个指标，被称为断裂韧度 K_c，其量纲为 $F/L^{3/2}$。郑哲敏指出，从量纲分析的角度，断裂韧度不能通过传统的弹塑性力学得到解释，因为材料参数无非是弹性常数 E、ν 和屈服极限 σ_s，而 E 和 σ_s 的量纲与断裂韧度的量纲相差一个比例 $L^{1/2}$，要说明断裂现象，还应该找出其作用的材料内部的某特征长度。

下面，讨论一维应变情形下的裂缝扩展问题。为此，做出以下假设：

（1）材料是均匀的，没有内部结构。

（2）材料是弹性的，材料常数是杨氏模量 E 和泊松比 ν。

（3）原始裂缝是几何线段，除长度 $2l$ 外问题中无其他尺寸，如图 11-1 所示。

拉应力 σ_0 逐渐增加到什么数值，裂缝开始扩展？

根据假设，拉应力值应当是表征问题诸参数的函数，有

$$\sigma_0 = f(l,\ E,\ \nu) \tag{11-30}$$

取 l、E 为基本量，把上式转化为无量纲函数，即

$$\sigma_0/E = f(\nu)$$

这说明使裂缝扩展的应力与原始裂缝的长度无关，这一结论与实验不符。

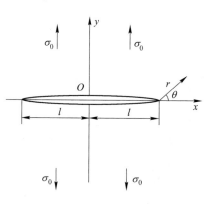

图 11-1　固体的拉伸断裂

为了描述裂缝扩展问题，需要对经典的连续介质力学加以补充。Griffith 认为，裂缝扩展新的表面，每增加单位面积的新表面需要提供相应的能量，即表面能 γ，其量纲为 M/T^2。于是，裂缝扩展所需的应力 σ_0 为

$$\sigma_0 = f(l,\ E,\ \nu,\ \gamma) \tag{11-31}$$

上式转化为无量纲的函数关系，得

$$\sigma_0/E = f(l,\ \nu,\ \gamma)$$

取 l、γ 为基本量，把上式转化为下面的无量纲关系：

$$(\sigma_0{}^2/E)/(\gamma/l) = f(\nu) \quad \text{或} \quad \sigma_0^2 l = E\gamma f(\nu) \equiv C_G \tag{11-32}$$

式中，C_G 为由材料性质 E、ν、γ 决定的常数。可以看出，裂缝开始扩展的应力 σ_0 与 $l^{1/2}$ 成反比，这与实验相符。

与上述 Griffith 的裂缝扩展条件相比，可把条件改写为

$$K_{\mathrm{I}} = K_{\mathrm{IC}}$$

即裂缝扩展的条件可表述为应力强度因子达到临界值 K_{IC}（断裂韧度）时，结合前面量纲分析的结果，有

$$K_{\mathrm{IC}} = \left[\Pi E\gamma f(\nu)\right]^{1/2} = (\Pi C_G)^{1/2}$$

线弹性力学又证明：裂缝扩展 $\mathrm{d}l$ 所释放的弹性能为 $K_{\mathrm{IC}}^2(1 - \nu^2)E^{-1}\mathrm{d}l$。

对比 Griffith 的表面能原则，有

$$K_{\mathrm{IC}}^2(1 - \nu^2)E^{-1}\mathrm{d}l = 2\gamma\mathrm{d}l \tag{11-33}$$

如果把 K_{IC} 写成 $(\Pi l)^{1/2}\sigma_{0c}$，即把 σ_{0c} 理解为使长度为 l 的裂缝扩展所要求的拉应力，则得

$$\Pi(1 - \nu^2)\sigma_{0c}^2/El = 2\gamma$$

分析知上式左端含有 σ_{0c}^2/E，表征单位体积弹性体所具有的弹性能，右端却包含 γ，表征新增单位面积表面所需要的表面能，可见参与从弹性能向表面能转化的弹性体就是厚度为 l 的沿裂缝表面的薄厚层。

如图 11-2 所示，σ_y 的最大值位于裂缝尖端 $x = l$ 处，它等于 $\sigma_y(l, 0)/\sigma_0 = c(2l/a)^{1/2}$，其中 $c = 0.73$。在 x 充分大的地方，非局部理论的解与经典弹性力学的解完全一致。

若用最大拉应力 $\sigma_y(l, 0) = \sigma_c$ 作为裂缝扩展的准则，而 σ_c 仍是材料的结合强度，则裂缝扩展的条件为

$$\sigma_0^2 l = \sigma_c^2 a/(2c^2) = C_G \tag{11-34}$$

这里，线弹性非局部理论推导得到了完全由材料性质 σ_c 和 a 决定的常数 C_G，而不依赖于弹性能转化为表面能的物理假设。

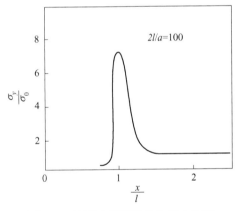

图 11-2 裂缝尖端附近的拉应力分布

分别从表面能原则及非局部弹性能理论推导得到 $C_G = 2\gamma E/[\Pi(1 - \nu^2)]$ 和 $C_G = \sigma_c^2 a/(2c^2)$，可以利用固体物理学中得到的 γ 值，代入左式得到 C_G，然后再利用右式求得 σ_c，即得 $\sigma_c = \left[(4c^2\gamma E)/(\Pi(1 - \nu^2)a)\right]^{1/2}$，这样得到的 σ_c 与固体物理学中直接算出的 σ_c 相比，两者基本一致。

11.4 流体弹塑性模型

11.4.1 化学炸药的爆炸效应问题中的相似参数

在化学炸药的爆炸效应问题中，包括反映炸药和爆炸对象两方面参数的控制，它们分别如下：

（1）炸药参数：炸药量 Q，装药密度 ρ_e，单位质量炸药所释放的化学能 E_e。

（2）爆炸对象的参数：几何尺寸 l_t，初始密度 ρ_t，初始压力 p_t。

（3）本构参数：流体性质部分有 Gruneisen 参数 γ_t，弹塑性部分有弹性常数 E_t、ν_t 和屈服极限 Y_t。

可以取 l_t、ρ_t、Y_t 为基本量，于是有下面的无量纲控制参数：

（1）炸药参数：$Q/(\rho_e l_t^3)$，$\rho_e E_e/Y_e$，γ_e。

（2）爆炸对象参数：初始参数 ρ_t/ρ_e，p_t/Y_t。

（3）本构参数：γ_t，$\rho_t c_t^2/Y_t$，b_t，E_t/Y_t ν_t。

其中，相对药量 $Q/(\rho_e l_t^3)$ 也可以用几何相似参数 $Q/(\rho_e)^{1/3}/l_t$ 代替。

对于某些实际问题，有些参数并不重要，如初始压力与爆炸对象的强度相比一般要小得多，可以不把 p_t/Y_t 当作控制参数；又如弹性变形与塑性变形相比一般要小得多，可以不把 E_t/Y_t 和 ν_t 当作控制参数。

11.4.2　高速冲击问题中的相似参数

在高速冲击问题中，包括具有高速度的冲击物体（简称弹，用下标 p 表示）和被冲击的对象（如加工对象、靶等，简称靶，用下标 t 表示）两方面的控制参数。它们分别如下：

（1）弹参数：几何尺寸 l_p，初始速度 v_0，初始密度 ρ_p，初始压力 p_p。

（2）本构参数：流体性质部分有 Gruneisen 参数 γ_p，Hugoniot 关系中的常数 c_p、b_p，弹性部分有弹性常数 E_p、ν_p 和屈服极限 Y_p。

（3）靶参数：初始尺寸 l_t，初始密度 ρ_t，初始压力 p_t。

（4）本构参数：流体性质部分有 Gruneisen 参数 γ_t，弹塑性部分有弹性常数 E_t、ν_t 和屈服极限 Y_t。

可以取 l_t、v_0、Y_t 为基本量，于是可得到下面的无量纲控制参数：

（1）弹参数：l_p/l_t，初始值 $v_0/(Y_p/\rho_p)$，p_p/Y_t。

（2）本构参数：γ_p，c_p/v_0，b_p 和 E_p/Y_t，ν_p。

（3）靶参数：初始值 p_t/Y_t。

（4）本构参数：γ_t，c_t/v_0，b_t；E_t/Y_t，ν_t。

如果弹和靶的材料相同，并且考虑到初始压力和弹性变形一般不重要，则无量纲相似参数可以减少到 5 个，即 l_p/l_t、$v_0/(Y/\rho)$、v_0/c、γ 和 b。

其中，$v_0/(Y/\rho)$ 是 $\rho v_0^2/Y$ 的平方根，后者常被称为破坏数，表征动压和强度之比，而 v_0/c 则是马赫数，表征惯性与可压缩性之比。

11.5　爆炸相似律

爆炸是在较短的时间和较小的空间内，使能量从一种形式向另一种形式的转化，并伴随产生高压、高温及冲击波效应的现象。

高的功率和功率密度必然表现为突然出现的高压，在周围介质（空气、水和各种介质）中产生很强的冲击波，并使介质发生大的变形甚至破坏。

在此，讨论冲击波传播的规律，以及爆炸应用于工业技术中的基本原理。

11.5.1 水中空气冲击波与水中冲击波

冲击波强度控制参数包括炸药参数，即装药量 Q，装药密度 ρ_e，释放能量 E_e，产物系数 γ_e；空气中初始压力 p_a，初始密度 ρ_a，绝热指数 γ_e；距离爆炸中心的距离 R。于是冲击波超压为 $(p - p_a)_m$，正压持续时间 τ_+ 是控制参数的函数，即有

$$(p - p_a)_m = f\left(qQ, \rho_e, E_e, \gamma_e, p_a, \rho_a, \gamma_a, \frac{R}{(Q/\rho_e)^{1/3}}\right) \tag{11-35}$$

$$\tau_+ = g\left(Q, \rho_e, E_e, \gamma_e, p_a, \rho_a, \gamma_a, \frac{R}{(Q/\rho_e)^{1/3}}\right) \tag{11-36}$$

6 个控制参数模型与原型相同，即 $(\rho_e, E_e, \gamma_e, p_a, \rho_a, \gamma_a)$，则无量纲的超压和持续时间便可简化为

$$(p - p_a)_m = f\left(\frac{R}{(Q/\rho_e)^{1/3}}\right)$$

$$\tau_+ = (Q/\rho_e)^{1/3}/E_e^{1/2}g\left(\frac{R}{Q/\rho_e}\right)^{1/3}$$

由于 $(Q/\rho_e)^{1/3}$ 表征炸药的特征长度，可见空中爆炸波超压峰值和正压持续时间服从几何相似率。工程界惯用的表达式为

$$\begin{cases} (p - p_a)_m = f(R/Q^{1/3}) \\ \tau_+ = Q^{1/3}g(R/Q^{1/3}) \end{cases} \tag{11-37}$$

这两个表达式左右两端的量纲是不同的。

水中冲击波与空气冲击波有许多相似的特点，但也有以下主要区别：

(1) 水比空气更难压缩。水的状态方程可以近似表述为

$$p - p_a = B\left[(\rho/\rho_w)^{\gamma_w} - 1\right] \tag{11-38}$$

式中，ρ_w 为水在常压下的密度；$B = 3050\text{kgf/cm}^2$（$1\text{kgf} = 9.80665\text{N}$）；$\gamma_w = 7.15$。峰值压力小于 1000kgf/cm^2 的水中冲击波，可被当作水中的声波。

(2) 与冲击波后的压力相比，p_a 往往可以忽略，实验测量得到的水中冲击波压力随时间的变化，如图 11-3 所示，其可近似用指数衰变律表示，即有

$$p = p_m e^{-t/\theta}$$

式中，p_m 为峰值压力；θ 为压力持续时间。

决定水中冲击波强度特性的参数来自 3 个方面，即炸药参数，包括炸药量 Q，装药密度 ρ_e，单位质量炸药所释放的化学能 E_e，爆炸产物的膨胀指数 γ_e；水中初始密度 ρ_w，状态方程压力参数 B，绝热指数 γ_w；离开爆源中心的距离 R。于是，冲击波的峰值压力 p_m 和压力持续时间 θ 应该是上述控制参数的函数，即有

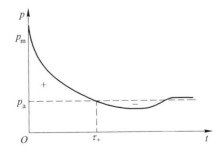

图 11-3 水中冲击波的压力随时间的变化

$$\begin{cases} p_m = f(Q,\ \rho_e,\ E_e,\ \gamma_e,\ \rho_w,\ B,\ \gamma_w,\ R) \\ \theta = g(Q,\ \rho_e,\ E_e,\ \gamma_e,\ \rho_w,\ B,\ \gamma_w,\ R) \end{cases} \quad (11\text{-}39)$$

可取 Q、ρ_e、E_e 为基本量,上述两式可化为下面的无量纲关系:

$$\begin{cases} p_m/(\rho_e E_e) = f(\gamma_e;\ \rho_w/\rho_e,\ B/(\rho_e E_e),\ \gamma_w,\ R/(Q/\rho_e)^{1/3}) \\ \theta/[\ (Q/\rho_e)^{1/3}/E_e^{1/2}\ ] = g(\gamma_e;\ \rho_w/\rho_e,\ B/(\rho_e E_e),\ \gamma_w;\ R/(Q/\rho_e)^{1/3}) \end{cases} \quad (11\text{-}40)$$

如果采用相同种类的炸药在水中做小模型实验,上述表达式可以简化为

$$\begin{cases} p_m = \rho_e E_e f(R/Q/\rho_e)^{1/3} \\ \theta = (Q/\rho_e)^{1/3} E_e^{1/2} g(R/Q/\rho_e)^{1/3} \end{cases} \quad (11\text{-}41)$$

由于 $(Q/\rho_e)^{1/3}$ 表征炸药的特征长度,水下爆炸波的压力峰值和持续时间服从几何相似律,工程界惯用以下简化表达式:

$$\begin{aligned} p_m &= f(R/Q^{1/3}) \\ \theta &= Q^{1/3} g(R/Q^{1/3}) \end{aligned} \quad (11\text{-}42)$$

对于装药密度为 $1.52\mathrm{g/cm^3}$ 的 TNT 炸药来说,当距离用 m、药量用 kg、压力用 $\mathrm{kN/m^2}$,压力持续时间用 ms 等单位时,可以将实验数据整理成以下物理量之间的经验关系:

$$\begin{cases} p_m = a(R/Q^{1/3})^{\alpha} \\ \theta = bQ^{1/3}(R/Q^{1/3})^{\beta} \end{cases} \quad (11\text{-}43)$$

式中,a、b、α、β 是纯数,$a = 534$,$b = 1.13$,$\alpha = 0.110$,$\beta = 0.24$。

(3)点源强爆炸。1941 年英国力学家 G. I. Taylor 提出了点源强爆炸理论,给出了爆炸波的传播规律及爆炸引起的运动场的自相似解。1946 年苏联力学家也独立得到了点爆炸的自相似解。下面对爆炸波的传播规律及爆炸流场的自相似解进行介绍。

1)爆炸波的传播规律。爆炸波的位置(或半径)r_s 是时间的函数,而控制参数为 l、E、p_0、ρ_0、γ,则有

$$r_s = f(t,\ l,\ E,\ p_0,\ \rho_0,\ \gamma) \quad (11\text{-}44)$$

取 t、E、ρ_0 为基本量,可写出上式的无量纲量形式为

$$r_s/[\ (E/\rho_0)^{1/5} t^{2/5}\ ] = f(l/((E/\rho_0)^{1/5} t^{2/5}),\ p_0/(E^{2/5}\rho_3^{3/5} t^{-6/5})\gamma)$$

可以将上式中的前面两个无量纲自变量,经过变换形成两个独立的无量纲自变量,由此形成新的函数关系,即

$$r_s/[\ (E/\rho_0)^{1/5} t^{2/5}\ ] = f(l/r_s,\ p_0/(E/r_s^3),\ \gamma)$$

人们感兴趣的是在空中爆炸的强度足够高的范围,基于分析,认为冲击波的传播距离 r_s 是时间 t 及 E、ρ_0 这三个变量的函数,即

$$r_s = f(t,\ E,\ \rho_0,\ \gamma) \quad (11\text{-}45)$$

仍取 t、E、ρ_0 为基本量,则有

$$r_s/[\ (E/\rho_0)^{1/5} t^{2/5}\ ] = f(\gamma)$$

将上式右端记为 ξ_s,即有

$$r_s/[\ (E/\rho_0)^{1/5} t^{2/5}\ ] = f(\xi_s),\ r_s(t) = \xi_s (E/\rho_0)^{1/5} t^{2/5}$$

或

$$\log r_s = \log \xi_s + 1/5 \log(E/\rho_0) + 2/5 \log t$$

可见，爆炸波阵面的半径按时间的 2 次、5 次幂的关系向四周扩展。在 $5/2\log r_s\text{-}\log t$ 的双对数坐标上，这是一条直线，如图 11-4 所示。

再经分析可以得到爆炸阵面上的压力表达式：

$$p_s = g(\gamma)\rho_0 (E/\rho_0)^{2/5}/t^{6/5}$$

或

$$p_s = g(\gamma)\rho_0 (r_s/t)^2$$

$g(\gamma)$ 也依赖于 γ。

2）爆炸流场的自相似解。原子弹爆炸后，即有球形强冲击波向四周传播，冲击波阵面将前方的空气突然压缩，使压力和密度突然增大，同时使静止的空气突然增速，冲击波波后的流场可以表示为

$$\begin{cases} p = f_p(r,\ t;\ E;\ \rho_0;\ \gamma) \\ \rho = f_\rho(r,\ t;\ E;\ \rho_0;\ \gamma) \\ u = f_u(r,\ t;\ E;\ \rho_0;\ \gamma) \end{cases} \tag{11-46}$$

仍取 t、E、ρ_0 为基本量，则有

$$\begin{cases} p/(\rho_0^{3/5}E^{2/5},\ t^{-6/5}) = f_p(r/((E/\rho_0)^{1/5}t^{2/5}),\ \gamma) \\ \rho/\rho_0 = f_\rho(r/((E/\rho_0)^{1/5}t^{2/5}),\ \gamma) \\ u = f_u(r/((E/\rho_0)^{1/5}t^{2/5}),\ \gamma) \end{cases} \tag{11-47}$$

在以 r 为纵坐标、t 为横坐标的平面上，可以画出一组 ξ 的等值线，即 $r = \xi (E/\rho_0)^{1/5}t^{2/5}$，如图 11-5 所示。

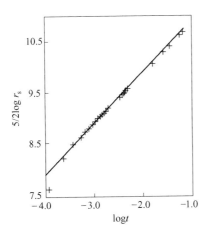

图 11-4 $5/2\log r_s\text{-}\log t$ 关系

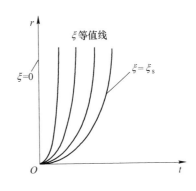

图 11-5 点源强爆炸自相似解的 ξ 等值线

11.5.2 爆破相似分析

爆破是将药包或装药在岩土介质或结构物中爆炸时，使岩土介质或结构物产生变形、破坏、松散或解体和抛掷的现象，主要应用于石方工程及结构物的拆除等。本节论述运用量纲分析方法设计及进行小规模实验，求得合适的方案以及相应的爆破相似规律，用来指导工程设计和施工。

最基本的布药方案有 3 种：集中布药、条形布药和面型布药。下面对之进行讨论。

11.5.2.1　集中药包爆破

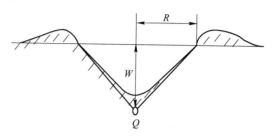

图 11-6　集中药包爆破漏斗

如图 11-6 所示为集中药包在岩土介质中进行爆破的示意图。假设药包的装药密度为 ρ_e，但单位质量炸药的化学能为 E_e，爆炸产物的膨胀指数为 γ_e，岩土介质密度为 ρ，弹性常数为 E、ν，破坏强度为 S，膨胀系数为 γ。在最小抵抗线为 W、集中药包的装药量取 Q 的情况下，爆破将对岩土介质产生破坏，把一部分岩土介质抛出去在地面上形成一个炸坑，工程上称之为爆破的可见漏斗。定义漏斗与地面相交所形成的圆的半径为 R，而把可见漏斗半径与最小抵抗线的比值定义为爆破作用指数 n，即

$$n = R/W$$

可见漏斗半径是上述参数的函数，即

$$R = f(Q, \rho_e, E_e, \gamma_e, \rho, E, \nu, S, \gamma, W)$$

可取 ρ_e、E_e、W 为基本量，于是有

$$n = R/W = f((q/\rho_e)^{1/3}/W, \gamma_e, \rho/\rho_e, E/(\rho_e E_e), \nu, S/(\rho_e E_e), \gamma) \quad (11\text{-}48)$$

如小规模实验采用与原型相同种类的炸药和岩土介质，上式可简化为

$$n = R/W = f((Q/\rho_e)^{1/3} W)$$

表明 $(Q/\rho_e)^{1/3}$ 是炸药的特征长度，上式反映的是几何相似律。

按工程习惯，有 $n = R/W = f(Q^{1/3}/W)$ 或写成 $Q/W^3 = Kf(n)$，常数 K 反映了所使用炸药和岩土介质的综合特性。其单位随 Q 和 W 单位的确定而确定。

数值模拟规整化反映所用炸药与岩土介质的综合特性，它的单位随 Q 和 W 单位的确定而确定；而 $f(n)$ 的具体形式由模型实验来确定，取 $f(n) = 0.4 + 0.6n^3$，即得

$$Q = K(0.4 + 0.6n^3)W^3 \quad (11\text{-}49)$$

式中，Q 的单位为 kg；K 的单位为 kg/m^3；W 的单位为 m。人们称以上的药量公式为豪塞尔公式。

11.5.2.2　隧渠开挖——条形药包爆破

在渠道、隧道或巷道等开挖作业中，采用条形药包爆破。常用单位开挖长度上使用的药量 q 作为参数，其量纲是 M/L。

与上节对集中药包讨论的情况类似，这里只需用控制参数 q 代替 Q，即得到决定渠道开挖半径的函数关系，即

$$R = f(q, \rho_e, E_e, \gamma_e, \rho, E_e, \nu, S, \gamma, W) \quad (11\text{-}50)$$

仍取 ρ_e、E_e、W 为基本量，可得

$$R/W = f((q/\rho_e)^{1/2}/W, \gamma_e, \rho/\rho_e, E/(\rho_e E_e), \nu, S/(\rho_e E_e), \gamma)$$

如果模型实验采用与原型相同品种的炸药和岩土介质，则可化简得到 $R/W = f((q/\rho_e)^{1/2}/W)$ 或 $q = \rho_e W^2 f(n)$。这里 $n = R/W$，q 正比于 W^2；而集中装药时药量 Q 正比

于 W^3。实际上 q 和 Q 的量纲原本相差一个长度量。换个角度，从能量分析也可得到同样的结果。可得到条形药包在单位长度上的药量公式为

$$q = K'W^2f(n)$$

这里，$n = R/W$ 和 K' 反映问题中炸药和岩土特性的有量纲的特征值。$f(n)$ 的具体形式由模拟实验确定。

若爆破在无限介质中进行，如隧道和巷道的开挖，那么表征爆破效果的特征长度（如松动区半径）和装药半径成正比。

11.5.2.3 平地定向抛掷爆破——面型布药爆破

根据与前述类似的分析，可得到下面的装药量公式：

$$q_A = K''Wf(n)$$

式中，$n = l/W$；K'' 为反映问题中炸药与岩土介质特性的有量纲的特征值；$f(n)$ 的具体形式由模拟实验确定。这里单位面积上使用的药量 q_A 正比于 W。

11.6 冲击相似律

做高速相对运动的宏观物体之间的相互冲击是一种形式的机械能（动能）向另一种相互作用的机械能（如变形能）和热能的转化现象，伴随产生冲击波及高压和高温，导致物体严重变形、破坏、甚至熔化和气化。自然界中的陨石碰撞、流星体或空间垃圾对航天飞行器的冲击，常规武器的穿甲弹或破甲弹对装甲的冲击等都属于高速冲击现象，还有另一种冲击现象，是势能或动能向另一种变形能或破碎能的转化，伴随发生突然的拉伸变形和断裂。

本节讨论 3 种反坦克弹（穿甲弹、破甲弹和碎甲弹）对装甲的破坏，超高速冲击就能射流的拉伸断裂等现象，采用量纲分析的方法开展分析和讨论。

11.6.1 杆式穿甲弹

这是一种新型的反坦克穿甲弹，称为杆式脱壳穿甲弹。如图 11-7 所示为杆式穿甲弹冲击坦克前的状态和中间状态的示意图。决定穿甲效果的因素有穿甲弹直径 d_p、长度 L_p、初始弹速 v_p 及弹性常数和屈服极限 (ρ_p、E_p、v_p、Y_p、ρ_t、E_t、v_t、Y_t)。穿甲板后 L_t 是以上因素的函数，有

$$L_t = f(d_p,\ L_p,\ v_p,\ \varphi,\ \rho_p,\ E_p,\ v_p,\ Y_p,\ \rho_t,\ E_t,\ v_t,\ Y_t) \tag{11-51}$$

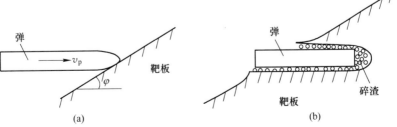

(a)　　　　　　　　　　　　　　　(b)

图 11-7　杆式穿甲弹的破甲过程

（a）穿甲的初始形态；（b）破甲的中间形态

取 L_p、ρ_p、Y_t 为基本量，于是得到下面的无量纲函数关系：

$$L_t/L_p = f(d_p/L_p,\ v_p/(Y_t/\rho_p)^{1/2},\ \varphi,\ E_p/Y_t,\ \nu_p,\ Y_p/Y_t,\ \rho_t/\rho_p,\ E_t/Y_t,\ \nu_t)$$

$$(11\text{-}52)$$

如果模型实验采用与原型相同种类的弹、靶材料，则上式简化为

$$L_t/L_p = f(d_p/L_p,\ v_p/(Y_t/\rho_p)^{1/2},\ \varphi)$$

式中，除几何相似参数外，唯一的物理参数是 $v_p/(Y_t/\rho_p)^{1/2}$，它的平方表征弹的惯性与靶的强度的比值 $\rho_p v_p^2/Y_t$，而后者正是流体弹塑性体中最重要的无量纲参数。如果模型使用与原型相同的弹速，那么模型与原型的所有几何状态都是相似的，所以穿甲现象也满足几何相似律。

11.6.2　破甲——聚能射流对装甲的侵彻

破甲弹着靶，爆炸波挤压药型罩形成射流，射流侵彻装甲板的控制参数来自 3 个方面，分别如下：

（1）聚能装药包括炸药和聚能罩两部分。炸药特征长度 L_e、密度 ρ_e，单位质量炸药的化学能 E_e，爆炸产物的膨胀系数 γ_e。

（2）药型罩特征长度 L_s，密度 ρ_s，锥角 α；靶板密度 ρ_t，弹性常数 E_t、ν_t，屈服极限 Y_t。

（3）靶板相对高度，间距（炸高）H，倾角 φ。

侵彻深度 P 可以写为上述控制参数的函数，即

$$P = f(H,\ \varphi;\ L_e,\ \rho_e,\ E_e,\ \gamma_e;\ L_s,\ \rho_s,\ \alpha;\ \rho_t,\ E_t,\ \nu_t,\ Y_t) \qquad (11\text{-}53)$$

利用与前面类似的方法，上式简化为

$$P/L_e = f(H/L_e,\ \varphi,\ L_s/L_e,\ \alpha) \qquad (11\text{-}54)$$

式中，所有变量均为无量纲的长度比，可见聚能射流的侵彻深度满足几何相似律。

11.6.3　碎甲层裂

碎甲弹的主要部分是塑性炸药，当其撞击装甲后，便在装甲表面铺开适当的面积，然后由延期雷管引爆炸药，如图 11-8 所示。爆炸在装甲板表面造成冲击波，向装甲板内部传播，当到达装甲板内部时反射拉伸波。

当拉应力达到抗拉强度时，便发生层裂，用一模型来分析层裂，存在两方面的控制参数，即炸药参数和金属板参数。

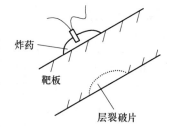

图 11-8　碎甲破裂

（1）炸药：厚度 h_e，密度 ρ_e，单位质量炸药的化学能 E_e，爆炸产物的膨胀指数 γ_e。

（2）金属板：厚度 h，密度 ρ，弹性常数 E、ν，屈服极限 Y，拉伸强度 S。

于是，层裂厚度 δ 是上述参数的函数，即

$$\delta = f(h_e,\ \rho_e,\ E_e,\ \gamma_e,\ h,\ \rho,\ E,\ \nu,\ Y,\ S) \qquad (11\text{-}55)$$

取 ρ_e、E_e、h 为基本量，上式可简化为

$$\delta/h = f(h_e/h,\ \gamma_e,\ \rho/\rho_e,\ E/(\rho_e E_e),\ \nu,\ Y/(\rho_e E_e),\ S/(\rho_e E_e)) \qquad (11\text{-}56)$$

如果模型实验采用与原型相同种类的炸药、药型罩和靶板材料，则上式可简化为

$$\delta/h = f(h_e/h)$$

可见，层裂服从几何相似律。

11.6.4 超高速冲击

陨石对行星冲击速度大于 10km/s，空间反导所用的动能弹对大气层外飞行的导弹的冲击速度略低，在 6~7km/s 的范围，上述冲击现象统称为超高速冲击，以区别一般的冲击现象，超高速冲击的主要特点是速度更高、一直在早期的冲击点附近材料的强度远小于冲击压力，而且可能发生熔化，甚至气化的现象。

在实验室内，一般采用二级轻气炮作为研究超高速冲击现象的发射弹丸装置，可是轻气炮所能得到的最高弹速只在 8km/s 左右，而且弹丸也不大，直径往往不到 1cm，可以使一些熔点不高的材料（如铝合金等）发生熔化，而往往不能模拟气化现象。另一种能使弹速达到 10~13km/s 的装置是电磁炮，可惜其弹丸更小，直径小于 1mm。

表征惯性的密度是决定弹坑直径的最重要参数，但对起第二作用的因素有不同的观点，有的认为是弹丸的速度，有的则认为是材料的强度。如果写出无量纲形式的弹坑深度的公式，即有

$$P/d_p = c\,(\rho_p/\rho_t)^m\,(v_p/v_*)^n \qquad (11\text{-}57)$$

式中，P 为弹坑深度；d_p 为弹径；ρ_p、ρ_t 为弹和靶的材料密度；v_p 为弹速。

另外，有两个经验公式：

$$P/d_p = 0.37\,[v_p/(Y_t/\rho_t)^{1/2}]^{0.56}\,(v_p/c_t)^{0.11}$$

$$P/d_p = 0.48(\rho_p/\rho_t)^{0.54}\,[v_p/(Y_t/\rho_t)^{1/2}]^{0.47}\,(v_p/c_t)^{0.11}$$

11.7 数学模拟的规整化

前述的章节属于物理模拟，即基本现象相同情况下的模拟。本节讨论数学模拟的规整化。所谓"数学模拟"，是指具有相同数学描述的物理现象之间的模拟。在求解这一类数学问题时，量纲分析的方法是有力的工具，可以用来进行合理的近似简化，得到合理的解答。下面将从函数、代数方程、常微分方程、偏微分方程四个方面进行讨论。

11.7.1 函数的规整化

函数规整化的要求是正确选择自变量、函数及其导数的尺度，使形成的无量纲函数及其各阶导数绝对值均不大于一。

设函数 v 是距离 x 的函数，而 x 定义在 $[0,\ x_0]$ 的区间内，有

$$v = f(x) \qquad (0 \leq x \leq x_0) \qquad (11\text{-}58)$$

函数 $f(x)$ 中含有某些反映本质的物理常数。现在的任务是从函数 $f(x)$ 中找出 v 及其导数的内在尺度。

首先找 v 的尺度。取 v 的最大绝对值 $|v|_m$ 作为 v 的尺度，并定义无量纲速度 v_* 为

$$v_* = v/|v|_m$$

这样，就保证了在定义区间内，$|v_*| \le 1$。

其次，找 $\mathrm{d}v/\mathrm{d}x$ 的尺度。设曲线 $v = f(x)$ 的斜率绝对值在 A 点处取得极大值，$|\mathrm{d}v/\mathrm{d}x|_\mathrm{m}$，可由 $|v|_\mathrm{m}$ 和 $|\mathrm{d}v/\mathrm{d}x|_\mathrm{m}$ 来选取 x 的尺度。在 A 点处的切线与 x 轴交于 B 点，而与水平线 $v = |v|_\mathrm{m}$ 相交于 C 点，线段 CD 在 x 轴上的投影是 DB，其长度为 l_1，且有 $l_1 = |v|_\mathrm{m} / |\mathrm{d}v/\mathrm{d}x|_\mathrm{m}$。令 $l = l_1$，并取无量纲的自变量 x_* 和一阶导数为 $(\mathrm{d}v/\mathrm{d}x)_*$。$x_* = x/l$ 和 $(\mathrm{d}v/\mathrm{d}x)_* = (\mathrm{d}v/\mathrm{d}x)/(|v|_\mathrm{m} l)$，由于 $|(\mathrm{d}v/\mathrm{d}x)_*| \le |\mathrm{d}v/\mathrm{d}x|_\mathrm{m}/(|v|_\mathrm{m}/l) = 1$，这保证了在定义区间内，$|(\mathrm{d}v/\mathrm{d}x)_*| \le 1$。

11.7.2　代数方程的规整化

欲求下列二元联立代数方程组：

$$\begin{cases} x + 10y = 21 \\ 5x + y = 7 \end{cases}$$

先看第一个方程，未知数 x 前面的系数为 1，未知数 y 的近似解为 $y = 2.1$，求得 x 的近似解为 $x = (7 - 2.1)/5 \approx 0.98$。

为了检验这样的近似是否合理，代入第二个方程，得到首项与次项的比值，即

$$x/(10y) = 0.98/21 = 0.05 \ll 1$$

似乎是合理的，而且方程的解为 $x = 1$，$y = 2$，可见上述解也是可取的。

为了规整化，将原方程的右端都化为 1，即求解

$$\begin{cases} (1/10)x + 10y = 1 \\ (1/11)x + (101/11)y = 1 \end{cases}$$

可以用消去法得到

$$\begin{cases} x = 10[1 - 1/(1 - \eta/\varepsilon)] \\ y = 1/[10(1 - \eta/\varepsilon)] \end{cases}$$

实际上，现在 $\eta/\varepsilon = 9/10 \approx 1$。由此，可以得到如下结论：

（1）先归整化，然后再将首项和次项都与右端的 1 对比，才能决定取舍。

（2）不能只考虑一个方程，要同时考虑方程组。

11.7.3　常微分方程的规整化

本节以上抛物体的轨迹问题为例，论述问题解决方法的合理性。物体只受重力的作用，忽略空气阻力的影响。抛体受到的重力大小与其到地球中心距离成反比。取地面为坐标 x 的原点，铅直向上为 x 的正向，将地面的加速度记为 $-g$，则一从地面上抛的物体的轨迹为 $x = x(t)$，服从下面的微分方程和初始条件，即

$$\begin{cases} \mathrm{d}^2 x/\mathrm{d}t^2 = -gR^2(R + x)^{-2} \\ t = 0;\ x = 0,\ \mathrm{d}x/\mathrm{d}t = v_0 \end{cases} \tag{11-59}$$

式中，R 为地球半径。

上述出现 3 个控制参数，即 g、R、v_0，于是上抛物体的轨迹写为

$$x = f(t,\ g,\ R,\ v_0)$$

这里给出两种选取基本量的方案：

（1）选取 R、v_0 为基本量，也就是特征长度选为 R，而特征时间选为 R/v_0，于是有下

面的无量纲函数关系，即

$$x/R = f(t/(R/v_0),\ g(v_0^2/R)) \tag{11-60}$$

（2）选取 R、g 为基本量，特征长度选为 R，特征时间选为 R/g^2。于是有以下无量纲函数关系，即

$$x/R = f(t/(R/g)^{1/2},\ v_0/(gR)^{1/2}) \tag{11-61}$$

对于上抛物体的运动，上抛速度不大，确切地说，一般有

$$v_0 \ll (gR)^{1/2}$$

这就是说，问题中存在一个小参数 ε，可得

$$\varepsilon = v_0^2/(gR)$$

于是，上述问题可以采用摄动法求取近似解。

下面采用两种方法，选用相应的特征尺寸，用摄动法求解。

（1）采用 R 为特征长度，R/v_0 为特征时间，分别定义无量纲的空间坐标 x_* 和时间坐标 t_*，即 $x_* = x/R$ 和 $t_* = t/(R/v_0)$，于是得到以下无量纲化后的方程和初始条件：

$$\begin{cases} \varepsilon \mathrm{d}^2 x_*/\mathrm{d}t_*^2 = -(x_* + 1)^{-2} \\ t_* = 0;\ x = 0,\ \mathrm{d}x/\mathrm{d}t = v_0 \end{cases}$$

因为上述方程左端的系数是小参数 ε，当 $\varepsilon \to 0$，方程和初始条件变为

$$\begin{cases} -(x_* + 1)^{-2} = 0 \\ t_* = 0;\ x_* = 0,\ \mathrm{d}x_*/\mathrm{d}t_* = 1 \end{cases} \tag{11-62}$$

显然 $x_* = 0$ 无解。

（2）采用 R 为特征长度，$(R/g)^{1/2}$ 为特征时间，分别定义无量纲的空间坐标 x_* 和时间坐标 t_*，即 $x_* = x/R$ 和 $t_* = t/(R/g)^{1/2}$，得到以下的方程和初始条件：

$$\begin{cases} \mathrm{d}^2 x_*/\mathrm{d}t_*^2 = -(x_* + 1)^{-2} \\ t_* = 0;\ x_* = 0,\ \mathrm{d}x_*/\mathrm{d}t_* = \varepsilon^{1/2} \end{cases} \tag{11-63}$$

当 $\varepsilon \to 0$ 时，显然有解 $x_* < 0$。显然是不对的。

一种正确的做法是估计 x 的变化范围，既然问题中有小参数 ε，即有

$$\varepsilon = v_0^2/(gR) \ll 1$$

说明抛掷高度 x_m 并不大。在这样的高度范围内，重力加速度近似等于 g，可以估计得到抛掷高度为 $x_m = v_0^2/(2g)$。再估计 t 的变化范围，抛掷到最高点的时间 t_m 为

$$t_m \approx v_0/g$$

于是，可以取 v_0^2/g 为特征长度，v_0/g 为特征时间；并定义无量纲的时空参数为 $x_* = x/(v_0^2/g)$ 和 $t_* = t/(v_0/g)$。这样，就得到下面的无量纲化的方程和初始条件：

$$\begin{cases} \mathrm{d}^2 x_*/\mathrm{d}t_*^2 = -(1 + \varepsilon x)^{-2} \\ t_* = 0;\ x_* = 0,\ \mathrm{d}x_*/\mathrm{d}t_* = 1 \end{cases}$$

当 $\varepsilon \to 0$ 时，方程和初始条件变为

$$\begin{cases} \mathrm{d}^2 x_*/\mathrm{d}t_*^2 = -1 \\ t_* = 0;\ x_* = 0,\ \mathrm{d}x_*/\mathrm{d}t_* = 1 \end{cases} \tag{11-64}$$

很容易得到以下近似解：$x_* = t_* - t_*^2/2$，可以将它还原到有量纲的形式，即 $x = v_0 t - gt^2/2$。

本例说明，虽将方程量纲化时都得到一个小参数 $\varepsilon = v_0^2/(gR)$，但还要正确选择特征尺度，做到规整化，才能求出正确的解答。

11.7.4 偏微分方程的规整化

按照规整化原则的要求，首先要选好特征长度。定义以下无量纲自变量和因变量：
$$x_* = x/l,\ y_* = y/\delta;\ u_* = u/v_0,\ v_* = v/v_0,\ p_* = p/(\rho v_0^2)$$
容易看出，在上述无量纲变量中，x_*、u_* 的数量级均为 1；至于 y_*、v_* 的量级，如果 δ 选择好，可以使 y_* 数量级为 1，这就要考察和分析无量纲化以后的方程中各量之间关系了，从中选择 δ 的大小，以后再分析 v_* 的数量级。将上式无量纲变量的定义代入方程组，得到

$$\begin{cases} \dfrac{\partial u_*}{\partial x_*} + \dfrac{l}{\delta}\dfrac{\partial v_*}{\partial y_*} = 0 \\[2mm] u_*\dfrac{\partial u_*}{\partial x_*} + \dfrac{l}{\delta}v\dfrac{\partial u_*}{\partial y_*} = -\dfrac{\partial p_*}{\partial x_*} + \dfrac{\mu}{\rho v_0 l}\dfrac{\partial^2 u_*}{\partial x_*^2} + \dfrac{l}{\delta}\dfrac{\partial u_*}{\partial y_*} \\[2mm] u_*\dfrac{\partial v_*}{\partial x_*} + \dfrac{l}{\delta}v\dfrac{\partial v_*}{\partial y_*} = -\dfrac{l}{\delta}\dfrac{\partial p_*}{\partial y_*} + \dfrac{\mu}{\rho v_0 l}\dfrac{\partial^2 v_*}{\partial x_*^2} + \left(\dfrac{l}{\delta}\right)^2\dfrac{\partial^2 v_*}{\partial y_*^2} \end{cases}$$

首先，考察守恒方程，由于 $\partial u_*/\partial x_*$ 的量级是 1，为使 y_* 量级是 1，将上述无量纲变量的定义代入方程组，即得 v_* 的数量级是 δ/l，即
$$O(v_*) = \delta/l \ll 1$$

其次，分析动量守恒方程中的 u_* 部分，由于 u_*、x_*、y_* 的量级都是 1，v_* 的量级是 δ/l，所以方程左端两项的量级都是 1。考虑到方程右端黏性项应该与左端的惯性项属于同一量级，故其量级应该是 1。然而，在该项所含的括号因子中，$\dfrac{\partial^2 u_*}{\partial x_*^2}$ 的量级是 1，而 $(l/\delta)^2\partial^2 u_*/\partial y_*^2$ 的量级是 $(l/\delta)^2$，两者相比，可以略去 $\dfrac{\partial^2 u_*}{\partial x_*^2}$。因此，有上边第二项的量级分析，可以导出 δ 的量级，即
$$\delta = O(l/(\rho v_0 l/\mu)^{1/2}) = O(l/Re^{1/2})$$
与此同时，也自然导出 $\partial p_*/\partial x_*$ 的量级也是 1。

最后，分析动量守恒方程中的 v_* 部分，不难看出 $\partial p_*/\partial y_*$ 的量级是 $\dfrac{\partial p_*}{\partial y_*} = O((\delta/l)^2)$，按照规整化的原则，可以得到 $\partial p_*/\partial y_* = 0$。

利用上述简化了的边界方程，可得到绕平板的边界流层的近似解。

边界流动是只依赖一个自变量 y/x^2 的自相似流动，进一步，解原始的微分方程问题可变为求解常微分方程的问题了。

$$\boxed{\text{习\quad 题}}$$

11-1 利用相似原理推演工程爆破装药量计算式。

参 考 文 献

[1] 戴俊. 爆破工程 [M]. 北京：机械工业出版社，2008.

[2] 戴俊. 爆破工程 [M]. 3 版. 北京：机械工业出版社，2021.

[3] 孙承纬. 爆炸物理学 [M]. 3 版. 北京：科学出版社，2021.

[4] 张保坪，张庆明，黄风雷. 爆炸物理学 [M]. 北京：兵器工业出版社，2001.

[5] 汤文辉. 冲击波物理 [M]. 北京：科学出版社，2011.

[6] 经福谦，陈文强. 动高压原理与技术 [M]. 北京：国防工业出版社，2006.

[7] 戴俊，钱七虎. 岩石爆破的块度大小控制 [J]. 辽宁工程技术大学学报（自然科学版），2008，13 （9）：54-56.

[8] 戴俊，杨永琦，罗艾民. 周边控制爆破对围岩损伤的分形研究 [J]. 煤炭学报，2000，26 （3）：265-269.

[9] JOHN J E A. Gas Dynamics [M]. Boston：Allyn and Bacon. Inc.，1984.

[10] BREKHOVSHIKH L，GONCHARON V. Mechanics of Continua and Wave Dynamics [M]. Berlin：Springer-Verlag Berlin Heidelberg，1985.

[11] PERSEN L N. Rock Dynamics and Geophysical Exploration [M]. Amsterdam：Elsevieer Scientific Publishing Company，1975.

[12] RINEHART J S. Stress Transients in Solid [M]. New Mexico：San Fe，1975.

[13] 戴俊. 岩石动力学特性与爆破理论 [M]. 北京：冶金工业出版社，2002.

[14] 王礼立. 应力波基础 [M]. 北京：国防工业出版社，1984.

[15] 马晓青. 冲击动力学 [M]. 北京：北京理工大学出版社，1992.

[16] 王礼立，胡时胜，王肖钧. 在弹塑性介质中传播的平面激波的衰减 [J]. 中国科学技术大学学报，1983，13 （1）：90-100.

[17] 孙锦山，朱建士. 理论爆轰物理 [M]. 北京：国防工业出版社，1995.

[18] 李维新. 一维不定常流与冲击波 [M]. 北京：国防工业出版社，2003.

[19] 鲍姆，斯达纽科维奇，谢赫捷尔. 爆炸物理学 [M]. 众智，译. 北京：科学出版社，1963.

[20] 刘孝敏，胡时胜. 应力脉冲在变截面 SHPB 锥杆中的传播特性 [J]. 爆炸与冲击，2000，20 （2）：110-114.

[21] 王礼立，胡时胜. 锥杆中应力波传播的放大特性 [J]. 宁波大学学报（理工版），1988，1 （1）：69-78.

[22] 虞吉林，王礼立，朱兆祥. 杆中应力波传播过程中弹塑性边界的基本性质 [J]. 固体力学学报，1982 （3）：313-324.

[23] BELL J F. Propagation of plastic Wave in Solides [J]. Jour Appl Phys.，1959，30 （3）：196.

[24] 周培基，霍普肯斯. 材料对强冲击载荷动态响应 [M]. 张保平，赵衡阳，李永池，译. 北京：科学出版社，1986.

[25] REID S R，REDDY T Y. Effects of strain hardening on the lateral compression of tubes between ripid plates [J]. International Journal of Solids and Structures，1978，14 （3）：213-225.

[26] SYMONDS P S，JONES N. Impusive loading of fully clamped beams with finite plastic deflectians and strain-rate sensitivity [J]. International Journal of Mechanical Sciences，1972，14 （1）：49-69.

[27] ZHANG T G，YU T X. A note on a " velocity sensisitive" energy-absorbing structure [J]. International Journal of Impact Engineering，1989，8 （1）：43-51.

[28] 余同希，陈发良. 用"膜力因子法"分析简支刚塑性园板的大扰度动力响应 [J]. 力学学报，1990，22 （5）：555-565.

[29] BODNER S R, AOUDI J. Stess wave propagation in rods of elastic viscoplastic material [J]. International Journal of Solids and Structures, 1983, 19 (4): 305-314.

[30] FOURIER J B J. Analytic Theoy of heat [M]. New York: Docer Publication, Inc., 1955.

[31] 郑哲敏. 连续介质力学与断裂 [J]. 力学进展, 1982, 12 (2): 133-140.

[32] 郑哲敏, 谈庆明. 破甲机理的力学分析与简化模型 [G]//郑哲敏文集. 北京: 科学出版社, 2004: 295-351.

[33] 谈庆明. 高速冲击模型律 [G]//王礼立, 等. 冲击学力学进展. 合肥: 中国科学技术大学出版社, 1992: 303-320.